U0262790

"十三五"国家重点出版物出版规划项目

长江上游生态与环境系列

长江上游水土流失与面源污染

朱 波 等 著

科 学 出 版 社

龙 門 書 局

北 京

内 容 简 介

本书针对当前长江上游地区生态环境的热点问题——水土流失与面源污染开展系统分析与综合评估，分析了长江上游地区的水土流失与面源污染现状、历史变化与演变趋势，论述了水土流失与面源污染的形成、过程规律、影响因素与人为调控措施，评估了国家系列生态环境保护工程的效益，并针对未来水土流失与面源污染控制的关键问题提出了对策与建议。本书可为国家实施"长江大保护"战略提供参考。

本书内容丰富、数据资料翔实、观点新颖、针对性强，可供从事水利与水资源、生物地球化学、水土保持与面源污染控制、生态环境保护、区域开发与管理的决策者、高等院校师生和相关研究人员参考。

审图号：GS（2021）7681 号

图书在版编目（CIP）数据

长江上游水土流失与面源污染 / 朱波等著. —北京：龙门书局，2021.12
（长江上游生态与环境系列）
"十三五"国家重点出版物出版规划项目　国家出版基金项目
ISBN 978-7-5088-6178-4

Ⅰ. ①长… Ⅱ. ①朱… Ⅲ. ①长江－上游－水土流失－研究 ②长江－上游－面源污染－研究 Ⅳ. ①S157.1 ②X501

中国版本图书馆 CIP 数据核字（2021）第 219360 号

责任编辑：张 展 李小锐 / 责任校对：樊雅琼
责任印制：肖 兴 / 封面设计：墨创文化

科 学 出 版 社 出版
龍 門 書 局
北京东黄城根北街 16 号
邮政编码：100717
http://www.sciencep.com

三河市春园印刷有限公司印刷
科学出版社发行　各地新华书店经销

*

2021 年 12 月第 一 版　开本：787×1092　1/16
2021 年 12 月第一次印刷　印张：16 1/2
字数：391 000

定价：188.00 元
（如有印装质量问题，我社负责调换）

《长江上游水土流失与面源污染》
著 者 名 单

主 笔 朱 波

成 员 （按姓氏拼音排序）

陈锐银　范继辉　付　滟　高美荣　胡杨梅　况福虹

刘刚才　鲁旭阳　罗　勇　史忠林　唐家良　汪　涛

王小国　文安邦　姚志远　张信宝

序

长江发源于青藏高原的唐古拉山脉，自西向东奔腾，流经青海、四川、西藏、云南、重庆、湖北、湖南、江西、安徽、江苏、上海等 11 个省（区/市），在上海崇明岛附近注入东海，全长 6300 余公里。其中宜昌以上为长江上游，宜昌至湖口为长江中游，湖口以下为长江下游。长江流域总面积达 180 万平方公里，2019 年长江经济带总人口约 6 亿，GDP 占全国的 42%以上。长江是我们的母亲河，镌刻着中华民族五千年历史的精神图腾，支撑着华夏文明的孕育、传承和发展，其地位和作用无可替代。

宜昌以上的长江上游地区是整个长江流域重要的生态屏障。三峡工程的建设及上游梯级水库开发的推进，对生态环境的影响日益显现。上游地区生态环境结构与功能的优劣及其所铸就的生态环境的整体状态，直接关系着整个长江流域尤其是中下游地区可持续发展的大局，尤为重要。

2014 年国务院正式发布了《关于依托黄金水道推动长江经济带发展的指导意见》，确定长江经济带为"生态文明建设的先行示范带"。2016 年 1 月 5 日，习近平总书记在重庆召开推动长江经济带发展座谈会上明确指出，"当前和今后相当长一个时期，要把修复长江生态环境摆在压倒性位置，共抓大保护，不搞大开发""要在生态环境容量上过紧日子的前提下，依托长江水道，统筹岸上水上，正确处理防洪、通航、发电的矛盾"。因此，如何科学反映长江上游地区真实的生态环境情况，如何客观评估 20 世纪 80 年代以来，人类活跃的经济活动对这一区域生态环境产生的深远影响，并对其可能的不利影响采取防控、减缓、修复等对策和措施，都亟须可靠、系统、规范科学数据和科学知识的支撑。

长江上游独特而复杂的地理、气候、植被、水文等生态环境系统和丰富多样的社会经济形态特征，历来都是科研工作者的研究热点。近 20 年来，国家资助了一大批科技和保护项目，在广大科技工作者的努力下，长江上游生态环境问题的研究、保护和建设取得了显著进展，这其中最重要的就是对生态环境的研究已经从传统的只关注生态环境自身的特征、过程、机理和变化，转变为对生态环境组成的各要素之间及各圈层之间的相互作用关系、自然生态系统与社会生态系统之间的相互作用关系，以及流域整体与区域局地单元之间的相互作用关系等方面的创新性研究。

为总结过去，指导未来，科学出版社依托本领域具有深厚学术影响力的 20 多位专家策划组织了"长江上游生态与环境系列"，围绕生态、环境、特色三个方面，将水、土、气、冰冻圈和森林、草地、湿地、农田以及人文生态等与长江上游生态环境相关的国家重要科研项目的优秀成果组织起来，全面、系统地反映长江上游地区的生态环境现状及未来发展趋势，为长江经济带国家战略实施，以及生态文明时代社会与环境问题的治理提供可靠的智力支持。

　　丛书编委会成员阵容强大、学术水平高。相信在编委会的组织下，本系列将为长江上游生态环境的持续综合研究提供可靠、系统、规范的科学基础支持，并推动长江上游生态环境领域的研究向纵深发展，充分展示其学术价值、文化价值和社会服务价值。

中国科学院院士　姚檀栋

2020 年 10 月

前　言

长江上游地区地处我国地势第一级阶梯向第二级阶梯的过渡地带，居高临下，其重要的地理位置、特殊的地质地貌特征和脆弱的生态与环境赋予了该区对中下游地区特殊的环境与生态服务功能，是长江流域的天然生态屏障。长江上游地势陡峻，加之自然环境与生态系统自身的脆弱性和长期不合理开发等人为因素的影响，水土流失严重，水土流失面积大、范围广、强度高，影响长江上游系列梯级水利工程的长期安全高效运行，并可能加剧长江中下游洪涝灾害。径流、泥沙携带大量养分迁移汇入长江干支流，不仅恶化受纳水体水质，成为长江上游水环境污染的首要原因，而且进一步加剧了三峡水库、长江中下游水环境污染。自 20 世纪 80 年代以来，国家先后投入巨资实施"长治"工程（长江上游水土保持重点防治工程）、"长防"工程（长江中上游防护林体系建设工程）等生态治理工程。1998 年长江洪水后，中央又实施"天然林保护""退耕还林""小流域综合治理"等重大生态工程。经过 30 多年的持续生态建设，长江上游地区植被恢复取得显著成效，区域生态环境恶化趋势总体上得到遏制，水土流失也得到基本抑制，干支流泥沙明显下降。但生态工程建设的成效如水土保持效果缺乏系统评估，新时期水土流失与面源污染特点与发展趋势有待进一步分析。本书力求详细介绍上述相关研究成果。

本书是在作者长期研究积累基础上，应用中国科学院分布在长江上游的金沙江下游、川中丘陵和三峡库区等重点水土流失区的野外观测试验站的长期定位监测数据，综合水利部、中国科学院和中国工程院共同组织实施的"中国水土流失与生态安全综合科学考察"及中国科学院科技促进发展项目"全国水土流失防治成效评估"的部分成果，并进一步补充区域水土流失和流域径流、泥沙监测资料，经过分析提炼编撰完成的。本书综合分析了长江上游水土流失与面源污染现状、历史变化与演变趋势，阐述了长江上游坡地水土流失与面源污染过程与驱动机制，总结了该区水土保持与面源污染控制的关键技术与模式，评估了国家水土保持生态建设工程的实施成效，并围绕实施"长江生态大保护"的国家需求，针对长江上游水土流失与面源污染控制的关键问题，提出未来流域水土流失与面源污染防治的问题、目标、措施布局与关键技术。这些研究成果、理念将为国家开展"长江生态大保护"的规划与实施提供参考。

全书共 9 章。第 1 章为长江上游自然资源与生态环境特征，由高美荣、朱波编写；第 2 章为长江上游水土流失现状与变化，由王小国、罗勇、朱波编写；第 3 章为国家级水土保持工程实施成效评估，由王小国、范继辉、罗勇、鲁旭阳编写；第 4 章为长江上游坡耕地产流产沙特征，由刘刚才、唐家良、朱波编写；第 5 章为长江上游水土保持关键技术，由朱波、付滉、胡杨梅、张信宝编写；第 6 章为长江上游典型农田养分流失规律，由朱波、汪涛、况福虹编写；第 7 章为长江上游流域侵蚀泥沙来源与输移，由史忠林、文安邦、张信宝编写；第 8 章为长江上游水土流失与面源污染模拟，由朱波、陈锐银、姚志远编写；

第9章为长江上游水土流失与面源污染控制对策与建议，由朱波编写。朱波负责全书统稿工作。

本书研究跨越时间长，先后获得国家重点基础研究发展计划项目"长江上游环境变化与产水产沙作用机制"（2003CB415202）、"典型小流域景观格局的碳氮气体交换和碳氮流失联网观测研究"（2012CB417101），国家科技支撑计划课题"川中丘陵区坡耕地整治和农林结构优化技术集成与示范"（2008BAD98B05）和中国科学院西部行动计划项目"三峡库区水土流失与面源污染控制试验示范"（KZCX2-XB2-07）、中国科学院科技促进发展项目"全国水土流失防治成效评估"（KFJ-SW-YW029）等资助。在本书的编写过程中得到长江水利委员会水土保持局、四川省水文水资源勘测局、四川省、重庆市、云南省、贵州省、甘肃省、青海省、水利厅等相关部门的大力支持，还有很多科研人员参与了数据分析与成果汇总，在此一并致谢。

由于长江上游水土流失与面源污染的相关成果涉及范围广、跨越时间长，所用资料庞杂，难免挂一漏万，加之时间与水平所限，不妥之处，敬请读者不吝指正。

目　　录

第1章　长江上游自然资源与生态环境特征

1.1　概　　述

长江是世界第三、我国第一大河，发源于青藏高原的唐古拉山主峰各拉丹冬雪山西南侧，干流全长 6300 余千米，自西而东流经青海、西藏、云南、四川、重庆、湖北、湖南、江西、安徽、江苏、上海 11 个省（自治区、直辖市）注入东海。支流展延至贵州、甘肃、陕西、河南、浙江、广西、广东、福建 8 个省（自治区）。流域面积约 180 万 km^2，约占我国陆地面积的 18.8%[①]。

长江从源头至宜昌南津关以上总称为长江上游，位于我国西南部，经纬度为 90°～112°E，24°～36°N，其水系与行政区概要见图 1-1，河道总河长约为 4500km，约占长江总长度的 71.4%（张桂轲，2016）；流域覆盖面积宽广，面积约 105 万 km^2，占长江全流域

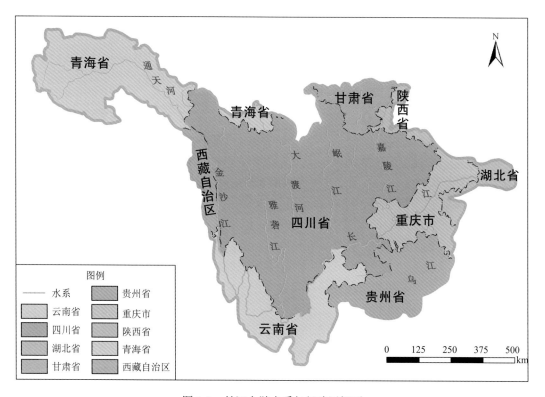

图 1-1　长江上游水系与行政区概要

① 长江水利网. http://www.cjw.gov.cn/zjzx/lypgk/zjly/.

面积的 58.9%，涉及青海、四川、云南、重庆、贵州、甘肃、西藏、湖北和陕西 9 省（自治区、直辖市）的 348 个县（潘开文等，2004；王玉宽等，2005）；长江上游干支流水系丰富复杂，河网密度大，包括金沙江、雅砻江、岷江、嘉陵江、乌江和上游干流等水系。长江上游地势西高东低，西部属横断山脉和青藏高原，平均海拔 3000~5000m，东南部海拔多在 500m 以下。地跨我国两大地势阶梯、四大地层区和四大地质构造区，发育有高原、山地、丘陵等地貌形态；属高原气候区、北亚热带和中亚热带三大气候带，有干旱、亚湿润和湿润等 6 个气候亚区和 9 个气候小区，并呈现出冷热气候带毗邻、垂直气候带谱显著、多分散的闭合型局地气候、降水分布差别大、干湿气候分明等特征（任平等，2013）；区内动植物资源丰富、生态类型多样，其中，植被可划分为由稀疏草原和高山草甸构成的高寒植被区，即青藏高原高寒草甸、高寒草原植被区，以及由湿润常绿阔叶林区、半湿润常绿阔叶林区、亚热带山地寒温性针叶林区组成的中亚热带和北亚热带植被区（梁川和刘玉邦，2009）。

1.2 自 然 条 件

1.2.1 地质地貌

长江上游地质构造以武都、泸定、昆明一线为界，可分为东部的扬子板块和西部的青藏板块两大构造单元，地层齐全，元古宇至第四系均有出露（崔鹏，2014）。西部单元地质构造运动强烈，褶皱和断裂发育，岩性组成多变质岩，岩体破碎，风化强烈，残坡积物丰富，因此，重力侵蚀如滑坡、坍塌、泥石流等剧烈侵蚀类型活跃。东部单元地壳较稳定，盖层相当完整，断裂不甚发育，岩体组成以沉积岩为主，侏罗系、白垩系互层的红色砂岩、泥岩分布广泛，如四川盆地丘陵区，这些红色、紫色沉积岩易风化，成土速度快，成土后土壤抗蚀性差，极易造成严重的水土流失。四川盆地东部华蓥山、贵州高原以及四川盆地北缘的米仓山、大巴山以中生界、古生界碳酸盐岩分布为主，成土速率低，水土流失严重，石漠化等极端生态退化显著。

长江上游流域横跨我国地势第一、第二级阶梯以及两者的过渡地带，呈多级阶梯地形，山地地形复杂、起伏大。地貌类型多样，山地、高原、丘陵、盆地和平原等均有发育，其中山地、高原、丘陵约占 90%，这些地貌类型本身是地质构造运动和地表侵蚀共同作用的结果。长江上游的主要地貌单元包括青藏高原、云贵高原、秦巴山地和四川盆地。受地貌、气候、岩性、土壤和人类活动等因素的影响，长江上游水土流失类型多样，不同区域和垂直地带差异明显。东部低山丘陵区和四川盆地，人口密度大，农业活动历史悠久且活跃，垦殖率高，坡耕地侵蚀严重。在云贵高原、秦巴山地和川东平行岭谷区，由于广泛出露碳酸盐岩，特殊的水蚀-溶蚀作用形成集中分布的石芽、峰丛、峰林、溶洞、地下河等溶蚀地貌。中部为高山深谷区，由于谷坡陡峭，地表物质无论岩石块体还是疏松土体稳定性低，同时降水集中，泥石流、滑坡等重力侵蚀颇为发育，分布集中，侵蚀强度高。西部西藏高原海拔高，以冻融侵蚀为主，次为风蚀、水蚀，侵蚀强度较低。长江上游处在大地貌单元过渡带上，形成的断裂带和地震带与降水丰沛和暴雨多发区集中重叠分布，该区滑坡和泥石流分布具有非地带性特点，其中川西高山深谷区崩塌、滑坡、泥石流十分发育，每年由于泥石流发生进入江河的泥沙达 3500 万～4500 万 t，占宜昌站多年平均输沙量约 8%。滑坡和泥石流不仅直接造成严重的自然灾害，还影响国家、人民生命财产的安全，也造成严重的土壤侵蚀，是水土保持与山地灾害防治的重点关注对象（谢洪等，2004）。

1.2.2　气候

长江上游地处欧亚大陆副热带东部边缘，具备鲜明的东亚副热带气候特征，季风气候典型，为东南季风、西南季风、青藏高原季风交汇地，气候类型多样，东部属北亚热带季风气候和中亚热带湿润季风气候，西部属高原季风气候，横断山区南部受西南季风影响。以亚热带为基带，区内有局部南亚热带、暖温带、温带、寒温带气候类型，包括从湿润、半湿润到半干旱、干旱的多样性气候类型。且因山高谷深，海拔高差大，气候的立体分异特性十分显著。由于季风气候和青藏高原环流的影响，长江上游处在西风带高原东侧的"死水区"，冬季降水少，春季降水量增加也有限，夏季由于暖湿海洋气流盛行和西太平洋副高压的影响，降水量比东部同纬度地区多，秋季降水多于春季，表现为与东部同纬度地区相反的"秋雨绵绵"。同时，降水量年际变化大，时空分配不均，西部多春夏旱，东部多伏旱，而中部春旱、夏旱、伏旱均有发生。受东南季风、西南季风和青藏高原的共同影响，水文气象条件时空差异较显著，是气候变化的热点地区。

1. 降水

降水是长江上游水蚀的主要动力条件之一，除西部高原地区年平均降水较少（200～800mm）外，东部广大地区降水丰富，年平均降水量一般在 800～1500mm。对长江上游 1960～2015 年 80 个国家气象站的降水量资料进行统计（汪曼琳等，2016），发现长江上游 1960～2015 年多年平均降水量为 900.8mm，降水量年际变化大，年降水量极值比为 1.5，冬季极值比达 3.9，降水量年内分布很不均匀，汛期占 60%以上。

长江上游降水的空间分布差异较大，呈现东南部降水量大、西北部小的分布特征（图 1-2）。青藏高原高山降水以雪为主，海拔 5800m 以上终年积雪，发育现代冰川。西部高原地区年平均降水量较少（200～800mm），由东向西减少，藏东南靠近边境的一些地方和喜马拉雅山脉南坡，降水量极其丰富，前者年降水量可超过 4500mm。藏东南察隅年降水量为 800～1000mm，阿里地区最少，班公错以北地区年降水量<50mm，是青藏高原上降水量最少的地区。此外，源头区至金沙江区间子流域和一些深切河谷地带，降水相对较少，如金沙江河谷、四川省得荣县附近年平均降水量也仅有 300mm 左右。上游的东部广大地区如四川盆地的东西边缘在太平洋和印度洋暖湿气流控制下，降水丰富，年平均降水量一般在 800～1500mm，但受地形的影响，在四川盆地周围山地及云贵高原东部分布着几个多雨中心，如四川盆地西部雅安、峨眉多雨中心，北部北川、安县（现安州）多雨中心，东部的万源、开县（现开州）多雨中心，黔西高原的普定、织金多雨中心，川西南山地米易、普格多雨中心（张桂轲，2016）。

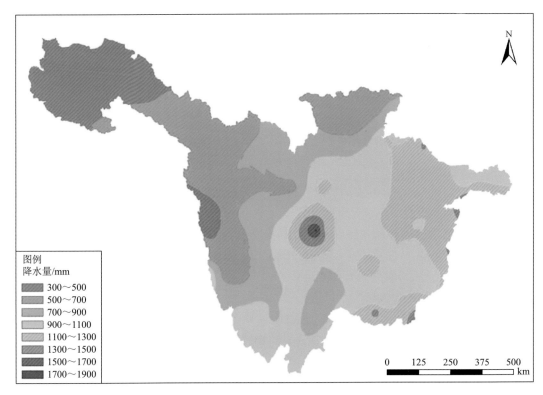

图1-2　长江上游多年平均降水量分布图

　　长江上游一般在7~8月容易发生持续性暴雨。长江上游年暴雨日数自四川盆地西北部边缘向盆地腹部及西部高原递减,山区暴雨多于河谷及平原。全流域多暴雨地区(多年平均年暴雨日数均在5d以上)有:①川西暴雨区,有两个暴雨中心,一个位于峨眉山,另一个位于雅安地区岷江边的汉王场,两地年暴雨日数均为6.9d;②大巴山暴雨区,暴雨中心分别位于四川省万源市和重庆市巫溪县内,年暴雨日数分别为5.8d和7.7d(侯保俭,2012)。西南低涡是引发长江上游地区持续性暴雨发生的重要环流系统(何光碧,2012)。

　　暴雨的落区和强度直接影响长江干支流悬移质输沙量。长江上游烈度产沙区[输沙模数≥2000t/(km²·a)]的平均年暴雨日数为1d,年降水量为600~1000mm,当强产沙区暴雨日数及强度比正常偏多偏强时,长江上游干流的年输沙量就偏多,成为大沙年份,相反则为小沙年份。长江上游流域的地形特点,加上暴雨集中且多出现在短时间内,导致流域内侵蚀产沙比较严重,年侵蚀量达16亿t,占全流域的67%,常年输沙量是长江中游把口站(湖口站)的1.23倍,长江下游把口站(长江口)的1.13倍,是长江流域主要的侵蚀产沙区。

　　2. 气温

　　长江上游大部分地区属于亚热带季风气候,四季分明,温暖湿润,东西部气温差异显著。四川盆地的中部和东部以及宜宾至宜昌长江干流沿岸一带,气温较高,年均温达18℃以上;成都平原年均温约16℃,盆周山区年均温为14~16℃;金沙江下游河谷区海拔在

1300m 以下，年平均气温＞20℃；云贵高原地区西部属于北亚热带气候类型，年平均气温＞20℃，全年基本无霜；青藏高原大部分年平均气温为 0～8℃，其中藏北高原北部、石渠、色达以北及通天河一带，年平均气温低于 0℃。

1951～2012 年日平均气温的观测数据分析表明，长江上游地区多年平均气温为 11.4℃，气温整体呈现上升趋势，增温率为 0.195℃/10a（王雨茜等，2017）。冬季气温升高对年平均气温的上升起主要作用。气温升高宏观上反映了长江上游地区有气候暖干化趋势。长江上游地区干旱状况整体呈现加剧的趋势，2005 年为干旱趋势的突变年份，2005 年之后干旱次数、程度、持续时长较之前有较大幅度的增加，长江上游地区干旱趋势最为严重的地区为东部地区，中部地区呈现变湿的趋势。

3. 大风

土壤风蚀的主要动力是大风，长江上游流域大风日数多的地区是金沙江渡口以上地区，多年平均年大风日数达 100 余天，其中沱沱河站多年平均年大风日数为 125d，该大风区延伸到雅砻江的下游，大风日数从 100 余天减到 40 余天；大风较少的地区是四川盆地至云贵高原东部，多年平均大风日数只有 1～5d。

1.2.3　水文

据长江上游水文资料统计（表 1-1），上游水资源总量达 4840 亿 m³，境内支流众多，其中流域面积大于 5 万 km² 的支流有雅砻江、岷江、嘉陵江和乌江。长江上游山高谷深，水量丰富，河床落差大，水能资源丰富，水能理论蕴藏量达 2.18 亿 kW，约占全流域的 81.5%，主要分布于金沙江、雅砻江、大渡河和乌江。

表 1-1　长江上游及主要支流水文属性

支流名称	发源省	干流全长/km	流域面积/万 km²	天然落差/m	河口多年平均流量/(m³/s)	年径流量/亿 m³
雅砻江	青海	1368	13.60	3830.0	1910	600.0
岷江	四川	735	13.59	3560.0	2850	900.0
沱江	四川	639	2.79	2354	455	149.4
嘉陵江	陕西	119	15.98	2783	2120	657.0
乌江	贵州	1037	8.66	2123.5	1650	529.3

1.2.4　土壤

土壤是成土母质基础上生物与气候共同作用的产物，长江上游地域辽阔，跨多个地层分布区和生物气候带，土壤类型众多，不同土壤类型出现在相应的生物气候带区。主要土壤类型包括黄壤、黄棕壤、棕壤、紫色土、红壤、水稻土和红褐土（见附图）。

长江上游地带性土壤分布格局：东部地区主要为黄壤，西部地区主要为高山草甸土；秦巴山地土壤为黄棕壤和棕壤；四川盆地地带性土壤为黄壤，但仅保存于盆周及部分低山区，盆地底部大面积分布的是地域性岩成紫色土；贵州高原地带性土壤为黄壤，但在广大碳酸盐岩地区发育石灰岩土；云南高原的中部和东部地带性土壤为红壤，云南高原的北部和川西南山地、干热河谷的地带性土壤则为红褐土。西部高原高山地区地势高差变化大，土壤的垂直变化比较显著，与其水平变化互相交织，使土壤的分布格局变得更为复杂。例如，长江上游的典型高山——贡嘎山，其主峰呈金字塔形，主峰及其周围海拔 4000m 以上的若干山岭构成了贡嘎山的近锥体形山体。这种山形导致土壤垂直带谱构型突出（余大富，1984）。贡嘎山西坡土壤垂直带谱为淋溶褐土（<3200m）—山地棕壤（3200~3400m）—山地暗棕壤（3400~3900m）—亚高山灌丛草甸土（3900~4300m）—高山草甸土（4300~4700m）—高山寒漠土（4700~5100m），东坡的土壤垂直带谱为黄红壤（<1400m）—山地黄棕壤（1400~2100m）—山地棕壤（2100~2800m）—山地暗棕壤（2800~3300m）—亚高山漂灰土（3300~3700m）—亚高山灌丛草甸土（3700~4100m）—高山草甸土（4100~4600m）—高山寒漠土（4600~4900m）—雪线（>4900m）。贡嘎山的土壤垂直分布有三个明显的特点：①土类多，带谱结构完整。就全山而言，从亚热带到亚寒带各种生物气候条件下的相应土类齐全，这是其他山脉少见的。②东、西两坡两种土壤垂直带谱结构各具特色，差异明显。它们各自反映了相应的生物气候型。东坡反映了湿润生物气候下形成的土壤垂直变化系列，西坡则反映了半湿润半干旱生物气候下形成的土壤垂直变化系列。③水、热因素对东、西坡土壤垂直带谱结构的影响强于植被和母质。例如，在东、西坡的不同植被和母质上发育成相同的山地暗棕壤，然而东坡湿度大于西坡，热量低于西坡，致使东坡山地暗棕壤的分布高度明显低于西坡，达 500~600m。东坡本可属于山地暗棕壤带的 3300~3700m 因低温潮湿环境而形成亚高山漂灰土。

除地形、降水因素外，土壤侵蚀强度因土壤类型不同差异显著。主要因不同土壤的抗蚀能力显著不同。长江上游主要类型土壤的可蚀性普遍较高，土壤可蚀程度中等以上的土壤占 79.17%，可蚀性程度较高的土壤类型主要有黄壤、紫色土、红壤、喀斯特发育石灰岩土和干热河谷变性土等（宋春风等，2012）。

紫色土是长江上游广泛分布的典型岩性土，集中分布在四川盆地及长江上游的云南、贵州、湖北等地，面积约 22 万 km^2，占长江上游流域面积的 12.34%。紫色土是由紫（红）色泥（页）岩风化形成的一种侵蚀型、非地带性、高生产力的岩性土（Zhu et al.，2012），是长江上游最重要的耕地资源之一，四川盆地紫色土耕地面积约 433 万 hm^2，占长江上游耕地面积近 60%。紫色土矿质养分丰富，富含母质碎屑，有机质少，土层浅薄，结构水稳性弱，易分散悬浮，抗蚀力和抗冲力均弱，易发生土壤侵蚀（蒋顺清和李青云，1995）。

长江上游有大量红壤分布，主要分布于南部的云贵高原，滇东高原主要分布有山原红壤，是在古红土上发育的红壤类型；滇西横断山区主要分布有从母岩上发育而成的山地红壤，母岩风化程度低，土壤砂性较重（周乐福，1983）。

长江上游的干热河谷区主要分布在云南省和四川省西南部的金沙江河谷地带，是我国气候干旱、热量充沛的一个特殊自然气候区域（张荣祖，1992），水土流失极为严重，土壤退化突出，主要表现为土壤干旱化、变性化、荒漠化、养分亏缺、酸化和水土流失等（何毓蓉等，1997），区内地带性土壤以燥红土和干润变性土为主。燥红土由于强烈的侵蚀作用，表土流失殆尽，几乎无植被生长，土壤构造不全，活土层浅薄，表土厚度一般仅 10～20cm；干润变性土具有强烈胀缩和扰动特性，黏粒含量高、通透性极差，土壤持水性低。这两种土壤的土壤结构差，有机质含量低，保水保肥能力弱，水土流失严重，生态环境脆弱，严重影响金沙江中下游的生态环境安全和经济发展（何毓蓉等，1999）。

长江上游的石灰岩土主要分布于贵州、四川和云南的部分地区，石灰岩土面积约 502 万 hm^2。石灰岩土土壤侵蚀主要表现为地表径流侵蚀和地下岩土界面侵蚀共存，地下径流与地表径流共同搬运和沉积侵蚀物质，导致石灰岩土的侵蚀更为隐蔽，危害性更大。喀斯特山区的石漠化主要是石灰岩土成土速率慢、土壤允许流失量小导致的（郑永春和王世杰，2002），形成了喀斯特山区特殊的生态环境脆弱性，加剧了长江上游生态屏障建设的迫切性和挑战性。

1.2.5　植被状况

气候与地形复杂多样，孕育了长江上游丰富的植被类型（崔鹏，2014）。长江上游地带性植被类型主要有西部高原高山区的高寒草原与高寒草甸、亚高山针叶林（包括亮针叶林和暗针叶林），川西南滇北亚热带偏干常绿阔叶林、亚热带偏湿常绿阔叶林，横断山北部温带针阔落叶混交林。四川盆地以农业植被为主，地带性植被为常绿阔叶林和常绿落叶阔叶混交林。其中，亚热带常绿阔叶林主要分布于四川盆地、秦巴山地、云贵高原和川西山地。这些区域人口稠密，垦殖率高，在人类活动影响下，天然植被已遭破坏，多演变为次生人工林或次生疏林。云贵高原地带性植被为亚热带常绿阔叶林，但在广大碳酸盐岩分布区多为常绿阔叶与落叶阔叶混交林。许多山地植被都具有垂直分带性，以川西山地较为丰富。海拔 1000m 以下为常绿阔叶林，1000～2500m 为常绿阔叶与落叶阔叶混交林，2500～3000m 为云杉、冷杉混交林，3000～4000m 为冷杉林，4000m 以上为灌丛和草甸。川西南和滇北亚热带常绿阔叶林与前述亚热带常绿阔叶林有较显著差异，其优势种群以偏干性种类为主，且主要分布于海拔 1500～2800m 的阴湿坡，多为各种类型的常绿栎林；而在海拔 1500～2800m 的干燥阳坡主要为以云南松、马尾松为主的亚热带松林；河谷地区则为亚热带稀树灌木草原。

在横断山中北部，河谷一般在海拔 2000m 以上，因此没有亚热带植被，河谷区一般发育了耐干旱的稀树灌木草丛。而在海拔 2500～4300m 发育了以多种云杉、冷杉为主的暗针叶林带，它既是该地区自然垂直带谱的优势带，又是长江上游重要的水源涵养林带，对长江上游水源涵养与保护起着重要的屏障作用。海拔 4300m 以上分布高山灌丛草甸与草甸植被。

青藏高原海拔为 4000～4500m，植被类型主要有高寒草甸植被、高寒草原植被、沼泽草甸植被，灌丛植被，多呈垫状，海拔 4500m 以上局部地段分布高山流石滩植被。

1.3　自　然　资　源

　　长江上游自然资源极其丰富,是我国自然资源的富集区。河川年径流量为 4840 亿 m³,约占全流域的 49%,约占全国的 17%;水能资源理论蕴藏量达 2.18 亿 kW,开发量达 1.17 亿 kW,分别占全国的 33% 和 46%,居全国之冠;探明储量可供开发利用的矿产资源有 98 种,占全国探明矿产种数的 66%。长江上游地区分布有大片的森林、灌丛、草地和湿地,拥有广阔的林牧业用地,为我国三大林区和五大草场之一。长江上游的自然资源是社会经济发展的重要物质基础,也是长江上游生态系统的重要组成部分,如果开发不合理或过度开发,会对环境造成巨大的冲击。特别是土地利用的变化、各类矿业的开发、大型水利工程的开发等都会带来生态环境相应的变化,成为影响全流域的敏感问题。

1.3.1　土地资源

　　长江上游土地资源丰富,人均占有量居长江流域首位,是我国土地资源最丰富的地区。森林、农田、草地、水域等各类型齐全,以山地为主,但各类土地资源地区分布极为不均,地域差异显著。长江上游地区具有丰富的农业土地资源,即具有发展林业、牧业和改善生态环境的巨大潜力。

　　长江上游 2000～2015 年遥感数据调查评估成果显示(表 1-2),林地面积约 28.65 万 km²,占全流域的 47.06%;草地面积约 27 万 km²,占全流域的 94.1%;上游分布有最多的沼泽,在湿地生态系统中占主导,总面积达 1.4 万 km²,占全流域沼泽总面积的 86.1%;上游农田生态系统中,旱地占主导,约达 12.9 万 km²,且拥有长江流域 63.5% 的园地;冰川/永久积雪和裸地总面积约达 4.5 万 km²,占长江流域的 94.7%;城镇面积约 1.29 万 km²,仅占长江流域城镇面积的 19.79%。长江上游的耕地资源集中分布在四川省和重庆市,两省(直辖市)的平原面积占两省(直辖市)土地总面积的 7%,低山占 41%,丘陵占 52%。

表 1-2　长江上游土地利用/覆被类型、面积及占比

土地利用类型	植被类型	面积/km²	生态系统类型面积合计/km²	占比/%	占全流域比/%
林地	阔叶林	68945.5	286465.5	29.13	47.06
	针叶林	208851.6			
	针阔混交	8668.4			
灌丛	阔叶灌丛	149129.1	152751.9	15.53	60.42
	针叶灌丛	3622.8			
草地	草甸	71771.1	269785.2	27.43	94.10
	草原	115352.9			
	草丛	37307.7			
	稀疏草地	45353.5			

土地利用 类型	植被 类型	面积 /km²	生态系统类 型面积合计/km²	占比 /%	占全流域比/%
湿地	沼泽	14059.3	24676.8	2.51	34.43
	湖泊	2405.5			
	水库/坑塘	3142.1			
	河流	5069.9			
农田	水田	55415.8	191519.9	19.47	43.01
	旱地	128523.5			
	园地	7580.6			
城镇	建设用地	10282.7	12901.9	1.31	19.79
	城市绿地	330.8			
	交通用地	1973.0			
	采矿场	315.4			
冰川/永久积雪	冰川/永久积雪	3262.2	3262.2	0.33	100.00
裸地	裸地	42127.4	42127.4	4.28	94.70
合计		983490.8			

注：占比为四舍五入数据。

2000～2015 年，长江上游的森林、城镇和湿地面积总体增加，农田和冰川/永久积雪减少（孔令桥等，2018）。阔叶林和针叶林面积增加最多，分别增长了 2.1% 和 3.4%。旱地减少最多，减少了 9.3%。虽然上游城镇化水平相对较低，但建设用地增幅达 97.9%，采矿场增长 4.7 倍，交通用地增长 2.6 倍。此外，长江上游的湿地增加，主要体现在水库坑塘和湖泊，分别增加了 71.2% 和 6.0%。

1.3.2　矿产资源

长江上游地区的矿产资源十分丰富，各类矿种比较齐全，包括金属矿产（黑色、有色、贵重、稀有和分散）和非金属矿产（光学原料、化工、盐类、矿物肥料、陶瓷主要原料、硅酸盐类和建筑石料及原料等）。因此，长江上游是我国重要的工矿业基地之一。

全国已探明的 148 种矿产资源中，在长江上游地区已找到 120 种，探明储量可供开发利用的有 98 种，占全国探明矿产种数的 66%，其中钒、钛、锶、汞及芒硝占全国的 70%～90%，天然气占 60%，磷矿占 40%，铝土矿占 28%，岩盐和硫铁矿分别占 25%，铁、锰、铅及石棉各占 20%。钒钛磁铁矿储量超 200 亿 t，钒和钛的储量分别位居世界第三位和第一位；硫铁矿储量全国最大，品位较高；煤炭储量高，种类齐全，是川滇黔煤炭基地的重要组成部分。长江上游地区不但矿产资源种类多、数量大、质量优，各种能源、原料资源配套好，而且具有一定产业及技术基础，开发利用条件十分优越。

1.3.3　水资源

　　长江上游水系发达，支流众多，其中流域面积在 1000km² 以上的河流有 437 条，10000km² 以上的有 49 条，80000km² 以上的有 8 条，主要支流包括金沙江水系、岷沱江水系、嘉陵江水系、乌江水系和上游干流段（宜宾至宜昌段）。上游流域内年降水量较为丰富，地表水资源丰富，除长江源区外，地表水资源主要由降水补给；地下水主要为岩溶水、裂隙水和孔隙水等。

　　据 2018 年《长江流域及西南诸河水资源公报》统计数据（表 1-3），长江上游水资源总量为 4846.41 亿 m³，为全流域的 51.70%，地表水资源量和地下水资源量分别为 4845.29 亿 m³ 和 1204.24 亿 m³，占全流域的 52.45% 和 50.52%。其中金沙江水资源量占长江上游区域的35.51%，岷沱江占 26.91%，嘉陵江占 15.22%，乌江占 11.06%，长江上游干流区间占 11.30%。

表 1-3　长江上游地区主要河流水资源量

水资源分区	降水总量/亿 m³	地表水资源量/亿 m³	地下水资源量/亿 m³	地下与地表水资源不重复量/亿 m³	水资源总量/亿 m³	各区间占上游比/%
金沙江石鼓以上	1160.90	496.73	182.92	0.00	496.73	10.25
金沙江石鼓以下	2461.63	1224.31	325.56	0.00	1224.31	25.26
岷沱江	1981.04	1303.15	284.37	1.12	1304.27	26.91
嘉陵江	1571.17	737.54	143.66	0.00	737.54	15.22
乌江	1010.23	535.82	141.31	0.00	535.82	11.06
宜宾至宜昌	1074.09	547.74	126.42	0.00	547.74	11.30
长江上游合计	9259.06	4845.29	1204.24	1.12	4846.41	—
长江流域合计	19367.85	9238.08	2383.60	135.56	9373.64	—
上游占比/%	47.81	52.45	50.52	0.83	51.70	—

　　水文水资源在受气候变化影响的同时，人类活动对径流过程的干扰也逐渐增强。西部地区经济快速发展、人口增长、水利工程引起的蒸发和灌溉用水等都使耗水量急剧增加。表 1-4 数据显示，长江上游以农业用水为主，占 54.44%；工业用水和生活用水分别维持在 21.24% 和 22.23%。二级区用水主要集中在岷沱江、嘉陵江和宜宾至宜昌段，分别为长江上游的 29.82%、22.37% 和 18.44%；岷沱江和嘉陵江以农业用水和生活用水为多，宜宾至宜昌段则以农业用水和工业用水为主。

表 1-4　长江上游流域水资源二级区用水量

水资源分区	农业用水/亿 m³	工业用水/亿 m³	生活用水/亿 m³	生态环境/亿 m³	总用水量/亿 m³
金沙江石鼓以上	2.51	0.17	0.72	0.01	3.41
金沙江石鼓以下	47.42	10.69	12.84	2.20	73.15

续表

水资源分区	农业用水/亿 m³	工业用水/亿 m³	生活用水/亿 m³	生态环境/亿 m³	总用水量/亿 m³
岷沱江	77.55	23.80	29.46	3.18	133.99
嘉陵江	55.91	18.05	24.36	2.22	100.54
乌江	27.80	14.50	12.57	0.59	55.46
宜宾至宜昌	33.46	28.25	19.95	1.19	82.85
长江上游合计	244.65	95.46	99.90	9.39	449.40
长江流域合计	995.09	722.0	328.31	26.25	2071.65
上游占比/%	24.59	13.22	30.43	35.77	21.69

资料来源：2018 年《长江流域及西南诸河水资源公报》。

长江流域大部分水能资源都集中在上游地区，水流落差大，水能资源丰富，是全国水能资源的富集区。对长江上游的水能研究（孙宏亮等，2017）显示，长江上游总蕴藏量为 2.68 亿 kW，可开发量为 1.97 亿 kW，占全国水电可开发量的 53.4%，主要分布在长江上游的长江干流（包括金沙江）及其支流雅砻江、大渡河和乌江。

《第一次全国水利普查公报》和《2019 年中国统计年鉴》数据显示（表 1-5），2010～2018 年长江上游主要四省（直辖市）的水库数量由 19574 座增加到 20431 座，增加了 857 座，水库数量和总库容均约占全国的 20%；截至 2010 年长江上游水电站约 9495 座，占全国的 20.31%，装机容量为 15986.86 万 kW，约占全国的 48.01%。我国规划的 13 大水电基地中有 5 个集聚在长江上游地区，分别为乌东德（1020 万 kW）、白鹤滩（1200 万 kW）、溪洛渡（1386 万 kW）、向家坝（775 万 kW）、长江三峡（2250 万 kW）。梯级开发已经成为长江上游水能开发的重要特征，开发潜力巨大。长江上游的水能资源对我国能源发展具有重要意义，但大规模的梯级水库建设和运行将显著改变长江天然的水文过程、水沙分配比例，对流域生态系统与环境产生重大影响。

表 1-5　长江上游主要四省（直辖市）水利开发情况

省（直辖市）	水库数量/座		总库容/亿 m³		水电站 （2010 年）/座	装机容量 （2010 年）/万 kW
	2010 年	2018 年	2010 年	2018 年		
云南	6051	6702	751.30	757.1	1939	5703.38
贵州	2379	2414	468.52	444.6	1443	2040·54
四川	8148	8239	648.84	522.9	4607	7581.12
重庆	2996	3076	120.63	126.2	1506	661.82
合计	19574	20431	1989.29	1850.8	9495	15986.86
长江流域合计	98002	98822	9323.12	8952.9	46758	33300
上游占比/%	19.97	20.67	21.34	20.67	20.31	48.01

资料来源：《第一次全国水利普查公报》（2013 年公布）和《2019 年中国统计年鉴》。

随着社会经济发展对水资源依赖程度的增加，水资源已不仅是一种自然资源，还是一种重要的经济资源和战略资源，直接关系国计民生和国家的可持续发展。长江流域水资源量占全国的36%，而上游地区水系发达，有金沙江、雅砻江、大渡河、岷江等主要支流，水资源丰富，是长江径流重要的补给地区，上游河川径流量约占全流域的50%，这决定着整个长江水资源的变化情势，对全国水资源利用战略的决策有重要影响。长江上游地区是全流域和全国水资源保护的核心地区，经济发展对长江上游地区水资源开发利用的要求，必须统筹兼顾，充分发挥水资源的发电、灌溉、供水、航运、防洪、水产养殖等多方面的功能。

1.3.4　森林及野生动植物资源

由于独特的、多样性的地理环境和复杂的气候条件，加之长江上游地区受第四纪冰期影响相对较小，长江上游地区成为第四纪冰期动植物的"庇护所"，因此演化成为我国动植物区系复杂、物种分化活跃、生物特有现象最显著的地区之一，是我国乃至世界生物多样性最丰富的地区之一。该区域野生动植物资源十分丰富，不少动植物起源古老，特有物种丰富，是我国重要的生物资源宝库、物种资源宝库和基因宝库，而且珍稀保护物种多，有多处世界遗产地和国家级自然保护区。地处长江上游的横断山区是生物多样性最丰富、生物多样性保护所受压力最大的全球生物多样性保护热点之一，拥有包括大熊猫、藏羚羊、滇金丝猴、川金丝猴、珙桐、水青树、连香树、香果树、攀枝花苏铁、兰花等国家重要保护生物物种在内的上万种动植物种类。有些物种，如大熊猫是现在仅分布于我国长江上游地区的珍贵孑遗物种，在我国生物多样性保护中占有十分重要的地位。

长江上游地区植物资源极为丰富，是我国第二大林区。截至 2018 年（表 1-6），长江上游主要四省（直辖市）森林资源覆盖面积 5686.68 万 hm²，占全国的 25.79%；森林蓄积量 44.33 亿 m³，占全国的 25.24%。

表 1-6　长江上游主要四省（直辖市）森林资源情况

省（直辖市）	森林资源覆盖面积/万 hm²	森林资源覆盖面积占全国比/%	森林蓄积量/亿 m³	森林蓄积量占全国比/%
四川	2454.52	11.13	18.61	10.6
重庆	354.97	1.61	2.07	1.18
云南	2106.16	9.55	19.73	11.24
贵州	771.03	3.50	3.92	2.23
合计	5686.68	25.79	44.33	25.24
全国	22044.62	—	175.60	—

资料来源：《2019 年中国统计年鉴》（数据截至 2018 年底）。

　　长江上游地区有很多濒危动物，是我国自然保护区最多的重点区域。长江流域有兽类280 种，特有种 14 种，国家保护动物 52 种，其中一级 18 种、二级 34 种，被《濒危野生动植物种国际贸易公约》收录的物种共有 54 种；被列入《中国物种红色名录》的受威胁物种（濒危等级在近危以上）有 154 种，占整个长江流域物种数的 55%，达到了这些类群在我国受威胁物种总数的一半以上（于晓东等，2006）。

　　长江上游有 332 个自然保护区，国家级自然保护区占全国的 1/3。截至 2018 年，四川省各类自然保护区有 166 个，其中国家级自然保护区有 32 个，省级自然保护区有 63 个。重庆市有 6 个国家级自然保护区。长江上游的珍稀保护动物有大熊猫、金丝猴、麋鹿、朱鹮、白冠长尾雉、白颈长尾雉、红腹松鼠、长吻松鼠、花松鼠、岩松鼠、毛冠鹿、竹灰鼠、野猪、穿山甲等；珍稀保护植物有水青树、攀枝花苏铁、银杏、知母、雪莲、大黄、岩白菜、雪茶、红景天、天麻、灵芝、黄芪、杜仲、羌活、薯蓣、红豆杉等，不但资源丰富，而且质量上乘。四川植物类型多样，植物种类异常丰富，兼具南北成分，有丰富的古老、特有种，有高等植物万余种，约占全国总数的 1/3，其中，苔藓植物 500 余种；维管束植物 230 余科、1620 余属；蕨类植物 708 种；裸子植物 100 余种（含变种）；被子植物 8500 余种；松、杉、柏类植物 87 种，居全国之首。列入国家珍稀濒危保护植物的有 84 种，占全国的 21.6%。有各类野生经济植物 5500 余种：其中药用植物 4600 余种，四川所产中药材占全国药材总产量的 1/3，是全国最大的中药材基地；芳香及芳香类植物 300 余种，是全国最大的芳香油产地；菌类资源十分丰富，野生菌类资源 1291 种，占全国的 95%。

　　长江上游的水生生物多样性也极其丰富，特有种比例高。以鱼类为例，长江上游是我国淡水鱼类种质资源最为丰富的地区之一，有鱼类 261 种，其中局限分布于上游水域的特有鱼类就多达 112 种，占上游鱼类种数的 42.9%，其所占比例之高，超过国内其他任何地区或水系；而长江上游干流江段共有鱼类 162 种，其中有色类 40 余种（曹文宣，2000）。因此，长江上游的生物多样性保护不仅对我国物种保护具有十分重要的意义，还具有国际性意义，长期以来一直受到国际学者和国内学者的关注。

1.3.5　旅游资源

　　长江上游地区是中国西部旅游资源最富集的地区之一，仅四川省级以上名胜景区就达40 多处（表 1-7），是我国顶级自然景观、风光资源的荟萃区，著名的大香格里拉旅游区的主体位于该区域，九寨沟、黄龙寺、三江并流区、大熊猫栖息地等世界遗产，自然和文化双遗产地峨眉山——乐山大佛，世界文化遗产都江堰——青城山、丽江古城也处于区内。此外，知名度高、在国内外有很大旅游吸引力的还有四姑娘山、海螺沟、稻城亚丁、香格里拉、大理、玉龙雪山、蜀南竹海等。再加上该区域独特的少数民族风情、红色旅游（红军长征遗迹）、佛教、道教文化等，形成特色鲜明、容量大、品质优越的旅游资源富集区，是该区未来发展的一大优势。

表 1-7　长江上游主要省（直辖市）自然及人文旅游国家级资源数量

省（直辖市）	世界遗产	自然保护区	湿地公园	森林公园	地质公园	历史文化名城	重点文物保护单位	非物质文化遗产
四川	5	31	29	38	16	8	230	139
云南	5	20	18	13	12	5	130	105
重庆	3	6	20	25	7	1	55	44
贵州	4	9	45	25	10	3	71	85
合计	17	66	112	101	45	17	486	373
全国	52	444	836	826	206	134	4296	1372

以四川、重庆为主体的长江上游地区地域辽阔、山河壮美、秀水纵横、风光旖旎，景区资源得天独厚，历史文化古朴厚重，名胜古迹为数众多，民族风情绚丽多姿，具有独特的风土人情、行为文化和艺术文化，自然旅游资源和人文旅游资源品级及丰度颇高，是中国西部地区旅游资源最富集的地区之一，其资源开发和产业发展在长江上游地区经济发展战略中处于独特的地位。

云南、贵州以独特的高原风光，热带、亚热带的边疆风物和多彩多姿的民族风情，闻名于海内外。旅游资源十分丰富，已经建成一批以高山峡谷、现代冰川、高原湖泊、石林、喀斯特洞穴、火山地热、原始森林、花卉、文物古迹、传统园林及少数民族风情等为特色的旅游景区。

1.3.6　光热资源

四川盆地的中部、东部和宜宾至宜昌长江干流沿岸一带，气温较高，年均温达 18℃以上，≥10℃积温达 5500~6000℃。成都平原年均温约 16℃，盆周山区年均温达 14~16℃，≥10℃积温达 4500~5500℃；金沙江下游河谷区海拔在 1300m 以下，年均温>20℃，≥10℃积温高达 6500~7500℃。云贵高原为亚热带季风气候，年均温>20℃，≥10℃积温达 7500~8300℃，全年基本无霜。

四川及周围山地日照的地域分布很不均衡。盆地中部大部分地区全年日照时间较短，仅为 1000~1400h，最少的不足 800h，是全国两个日照最少的区域之一。川西南年日照时数多为 2000~2600h，川西北高山高原区日照充足，在 1600~2600h，最多者为攀枝花地区，超过 2600h，又属于全国日照较多区域之列。盆地全年太阳总辐射量 3100~4200MJ/m²，西部高原为 5000~6800MJ/m²，属于全国光能丰富区域之列。西南山地区域全年太阳辐射总量 4000~6200MJ/m²，空间上由东北向西南部递增。

云南高原空气洁净，光质好，日照时间长。年日照时数在 1000~2800h，多数地区日照时数在 2100~2300h，日照时数大于 6h 的日数全年约 200d；大部分地区年太阳总辐射量达 5000MJ/m²。地区分布总的趋势是西多东少。滇东北与四川、贵州接壤地区日照时间短，全年日照时数仅 1000h 上下，年太阳总辐射量仅 3767MJ/m² 左右，是全省最少的地区。楚雄彝族自治州北部永仁一带，全年日照时数达 2800h 以上，年太阳总辐射量达

6279MJ/m^2 以上，为全省最多的地区。某些南部地区热作光能利用率最高可达 3%。时间分布情况是冬春季较多，夏秋季稍少，春季太阳总辐射在一年中最大，占 35%。

云南省积温有效性高。金沙江属于等积温高值区，终年气温在 10℃ 以上，积温达 7500℃ 以上，其中元江达 8700℃，接近海南岛水平；滇西北迪庆高原和滇东北山区积温较少，一般在 2000℃ 以下，其中德钦最少，仅 1000℃。其余多数地区积温在 4000～7000℃。

贵州省光照条件较差，大部分地区为 1200～1800h，地区分布特点是西多东少，比同纬度的我国东部地区少 30% 以上，是全国日照时数最少的地区之一。全省大部分地区年太阳总辐射量在 3349～3767MJ/m^2，与四川盆地同为我国太阳总辐射最少的地区。

1.4　社　会　经　济

1.4.1　社会经济发展

长江上游受自然条件限制，经济基础薄弱，发展相对滞后。近 10 年，主要四省（直辖市）统计数据表明（表 1-8），常住人口和自然增长率均有所上升，但贵州常住人口下降，重庆市的人口自然增长率稍有下降；2018 年城镇化率显著提高，但除重庆市外仍然低于全国 59.58% 的水平；四川和重庆的农村居民人均可支配收入较高，但均低于全国平均水平。因此，长江上游地区的经济发展水平低于全国水平，远远落后于长江流域的东部地区，社会经济发展对资源和环境依赖性强，经济发展存在明显不平衡。

表 1-8　近 10 年长江上游主要四省（直辖市）人口及社会经济发展对比

省（直辖市）	年末常住人口/万人		人口自然增长率/‰		常住人口城镇化率/%		农村居民人均可支配收入/元	
	2008 年	2018 年	2008 年	2018 年	2008 年	2018 年	2008 年	2018 年
四川	8138	8341	2.70	4.04	37.40	52.29	4121.21	13331.40
云南	4546	4830	6.32	6.87	33.00	47.81	3102.60	10767.90
贵州	3793	3600	6.72	7.05	29.11	47.52	2796.93	9716.10
重庆	2839	3102	3.80	3.48	49.99	65.50	4126.21	13781.20
小计及均值	19316	19873	4.89	5.36	37.38	53.28	3536.74	11899.15
全国	132802	139538	5.08	3.81	45.68	59.58	4760.62	14617.00

资料来源：《2009 年中国统计年鉴》和《2019 年中国统计年鉴》。

1.4.2　农业种植结构

农业是长江上游地区的主要产业。2008～2018 年，除四川省农作物总播种面积减少外，其他省（直辖市）耕地面积和农作物总播种面积均有所增加，2018 年耕地面积在全国的占比较 2008 年略有降低，而农作物总播种面积占全国的 15.27%，较 2008 年有所提升（表 1-9）。

表 1-9　2008～2018 年长江上游主要四省（直辖市）主要农作物种植面积

（单位：$10^3 hm^2$）

省（直辖市）	耕地面积		农作物总播种面积	
	2008 年	2018 年	2008 年	2018 年
四川	5947.4	6725.2	9834.9	9615.3
重庆	2235.9	2369.8	3215.1	3348.5
云南	6072.1	6213.3	5953.6	6890.8
贵州	4485.3	4518.8	4619.4	5477.2
合计	18740.7	19827.1	23623.0	25331.8
全国	121720	134881	156300	165902
占比/%	15.40	14.70	15.11	15.27

资料来源：《2009 年中国统计年鉴》和《2019 年中国统计年鉴》。

长江上游地区的农作物仍然以粮食作物种植为主（表 1-10），约占主要农作物种植的 60%。2008～2018 年，粮食作物的种植面积由 67.58% 下降至 59.01%，而油料、蔬菜和水果种植面积全面上升，油料由 8.12% 增加至 12.31%，蔬菜由 12.09% 增加至 19.58%，水果由 3.31% 增加至 9.05%，农业产业中主要农作物的种植结构发生了显著的变化。但长江上游主要四省（直辖市）的主要农作物种植面积在全国的占比，除粮食作物增加外，其他作物全部下降。这主要与该区的生产条件如集约化种植水平低有关，还与国家近 10 年来的退耕还林、生态文明建设等国家战略的部署密不可分。

表 1-10　2008～2018 年长江上游主要四省（直辖市）农业种植结构　（单位：%）

省（直辖市）	粮食作物		油料		蔬菜		水果	
	2008 年	2018 年	2008 年	2018 年	2008 年	2018 年	2008 年	2018 年
四川	69.42	65.16	11.74	15.51	11.49	14.24	5.26	7.74
重庆	68.91	60.26	6.70	9.71	14.98	22.08	0.69	9.18
云南	68.80	60.58	4.20	4.49	9.80	16.43	4.85	8.70
贵州	63.20	50.03	9.85	19.53	12.09	25.58	2.44	10.59
均值	67.58	59.01	8.12	12.31	12.09	19.58	3.31	9.05
全国占比	12.99	14.81	23.52	13.48	22.71	10.65	18.80	9.27

资料来源：《2009 年中国统计年鉴》和《2019 年中国统计年鉴》。

1.4.3　农业产业结构

长江上游主要四省（直辖市）2018 年农林牧渔业总产值在各自国内生产总值中的占

比较 2008 年均有明显下降，平均下降约 10%，其中四川省下降约 10%，主要由于各省（直辖市）的农业产值占比下降，而林业、牧业和渔业产值的变化有所不同，如四川省的林业和牧业产值在国内生产总值的比重均有所增加（表 1-11）。

表 1-11　长江上游主要四省（直辖市）农林牧渔业产值指数

省（直辖市）	生产总值/亿元		农林牧渔业总产值占比/%		农业产值占比/%		林业产值占比/%		牧业产值占比/%		渔业产值占比/%	
	2008 年	2018 年	2008 年	2018 年	2008 年	2018 年	2008 年	2018 年	2008 年	2018 年	2008 年	2018 年
四川	12506.25	40678.13	31.21	17.10	12.85	9.84	0.70	0.85	5.01	5.41	0.83	0.58
重庆	5096.66	20363.19	17.10	9.87	9.13	5.86	0.57	0.42	1.69	2.95	0.41	0.47
云南	5700.10	16376.34	27.97	23.65	13.70	12.11	3.22	2.33	3.48	7.87	0.49	0.54
贵州	3333.40	14806.45	25.31	15.38	13.94	9.72	1.07	1.18	1.97	3.43	0.31	0.26
小计及均值	26636.41	92224.11	27.08	16.39	12.46	9.35	1.26	1.07	3.52	4.99	0.61	0.49
全国	300670	900309	19.29	12.62	9.33	6.83	0.72	0.60	2.29	3.19	1.73	1.35
占比/%	8.86	10.24	12.44	13.31	11.83	14.03	15.59	18.19	15.75	16.02	3.14	3.76

资料来源：《2009 年中国统计年鉴》和《2019 年中国统计年鉴》。

1.5　长江上游环境与生态保护的地位

长江上游地处我国地势第一级阶梯向第二级阶梯的过渡地带，居高临下，其重要的地理位置、特殊的地质地貌特征和脆弱的生态与环境，赋予了长江上游地区对中下游地区特殊的环境与生态服务功能，素有"天然屏障"之称。长江上游是整个长江流域的根基和源泉，更是中下游地区的生态安全屏障（孙鸿烈，2008）。长江上游社会经济发展和自然因素引起该区域的水文、水资源、大气与水环境、生物多样性、水土流失状况等的变化，这都会对中下游产生影响（宋文玲等，2000；陈烈庭，2001）。由于自然环境与生态系统自身的脆弱性和长期不合理开发等人为因素的影响，加上全球气候增温的影响，长江上游许多地区的生态和环境退化普遍，出现气候变化异常、森林资源锐减、草地退化严重、水土流失加剧、泥沙淤积严重、自然灾害频发、生物多样性受损或丧失等生态和环境问题，导致长江上游生态服务功能下降，这已成为长江上游地区乃至长江中下游地区社会经济发展的重要制约因素。长江经济带的建设与发展是国家推进区域经济社会协调发展全局性战略的重要组成部分，习近平在推动长江经济带发展座谈会上强调，"推动长江经济带发展必须从中华民族长远利益考虑，走生态优先、绿色发展之路"。长江上游地区自然生态系统的退化和生态屏障功能的下降，不仅关系本地区人民的生活和经济发展，还直接威胁着长江中下游地区人民生命财产的安全和社会经济发展。可见，长江上游地区是长江流域水资源保护的核心区和生态建设的关键区（孙鸿烈，2008），也是未来长江流域生态保护的核心区域。

1.5.1　全球环境变化的敏感区域

长江上游大部分地区，特别是长江源区，地处青藏高原东南的延伸部分，与青藏高原一样，对全球环境变化敏感（姚檀栋和朱立平，2006）。受大气环流和特定的地貌格局的控制，长江上游地区气候变化受到西风环流、西南季风、东南季风和青藏高原季风的影响，暖湿气流主要来自印度洋。青藏高原的隆升和全球气候变暖，造成长江上游气候变化，并引起生态与环境产生一系列的连锁反应。而长江上游大部分位于地形急变带，集中了全流域85%以上的坡耕地，高原和高大山体的气候敏感性，下垫面生态与环境的变化，特别是森林植被变化，使水热交换发生变化，可能对大气环流产生影响。长江上游的冰川退缩、雪线上升、降水减少而雨量集中和草原干旱化等，都与全球气候变化及影响有关，是全球气候变化的敏感区域。

1.5.2　水源涵养与水土保持的重要区域

长江上游径流量 4840 亿 m^3，相当于长江总径流量（大通站）的 49%，占全国河川径流量的 17%。长江上游丰富的优质水资源（多为Ⅰ、Ⅱ类水）不仅滋育了整个长江流域，而且随着"南水北调"工程的实施，将为干旱缺水的北方地区提供战略性的水资源保证。长江上游不仅是"中华水塔"，也是我国主要的生态脆弱区，生态系统结构与功能对环境变化响应强烈。由于气候变化和人类活动对山地生态系统的干扰，长江上游近 50 年来生态环境退化明显，冰雪固体水、土壤水、地下水和地表水的蓄存状态和水循环过程受到巨大影响。河源区雪线上升，冰川退缩，沼泽疏干，枯水季节河川径流量减少。土地的过度垦殖和森林植被的急剧减少，草地退化，水源涵养功能减弱，河川径流年际和年内变化加剧，水旱灾害频繁发生，严重制约着上游地区的生态环境建设和社会经济可持续发展。俗语说："中游巨变，祸起上游，殃及下游，危及全国"，长江上游的水资源安全影响中华民族的繁荣发展。因此，习近平总书记高瞻远瞩地指出了"推动长江经济带发展必须从中华民族长远利益考虑，把修复长江生态环境摆在压倒性位置，共抓大保护，不搞大开发"[①]的国家战略，保障长江上游水源涵养及水资源安全是"长江大保护"的核心任务。

据水利部 2018 年全国水土流失动态监测成果，长江流域水土流失面积 34.67 万 km^2，占流域土地面积的 19.36%。与第一次全国水利普查（2013 年公布）相比，流域水土流失面积减少了 3.79 万 km^2，减幅 9.85%。长江流域水力侵蚀主要分布在金沙江下游、岷江与沱江中下游、嘉陵江中下游、乌江与赤水河上中游以及三峡库区等长江上游地区，风力侵蚀主要分布在金沙江上游地区。水土流失面积占行政区土地总面积的比例超过 20% 的省（自治区、直辖市）有重庆、贵州、云南、甘肃、四川、陕西、广西等，除广西外，均在长江上游区域。长江上游水土流失面积占长江全流域水土流失面积的 53.5%（郭生练等，

---

① 习近平在推动长江经济带发展座谈会上的讲话。

2004）。上游地区的水土流失不仅是生态问题，还可能造成河道、湖泊淤积，引发洪灾。长江干流宜宾以上河道具有很强的输沙能力，从而使长江上游成为长江泥沙的主要来源地。由于对上游地区天然林的长期掠夺性砍伐、陡坡耕种、草地超载，加上其本身的自然环境条件，长江上游成为长江流域水土流失最严重的区域，而金沙江流域又是长江上游水土流失最为严重的区域，其水土流失面积占长江上游地区水土流失面积的 36.4%；金沙江下游干流多年平均输沙量占金沙江全流域的 57%，是长江上游水土流失最严重的地区。长江上游水土保持是长江流域生态环境建设的重要任务。

1.5.3　面源污染控制的关键区域

面源污染因分散、随机、微量、广域性等特点而难以控制，一直是世界水环境污染治理的重点与难点（Smith et al., 2001）。我国的面源污染对河流污染水体的总氮（TN）、总磷（TP）贡献率分别为 67%、63%（金湘灿，2001），川渝低山丘陵区集中了长江上游大部分坡耕地，人地矛盾尖锐，水土流失严重，农业依赖大量化肥投入造成养分在农田土壤中累积，长江上游地区化肥施用强度 2003 年达到 497kg/hm²，远高于全国平均及国际安全水平。加之快速城镇化及畜牧业发展也蓄积了大量的营养物质，严重的水土流失导致养分随径流、泥沙进入长江干支流水体，每年流失的土壤氮素占施肥量的 15%～30%，而流失磷素占 20%～36%（Shen et al., 2013），面源污染问题突出（朱波等，2002，2006）。面源污染导致河流及水库中氮磷和农药残留量超标，水质下降，加剧了水环境安全风险。

当前上游地区沿岸城市还不多，工业化程度还不高，工业生产排污和城镇生活排污量还没有超过河流总体的自净能力，但随着上游沿岸城镇大力发展工业，沿江城市污水排放量加大，严重的水土流失及其面源污染不能有效控制，并随着三峡水库及流域内其他大型水库建成运行，流域水沙情势发生显著变化，部分水体氮磷出现富集现象，如三峡水库支流、库湾出现明显的富营养化特征。有研究表明，三峡库区蓄水后 80% 以上的支流、库湾达到中度-重度富营养状况，污染带少则几千米，多则数十千米，这将对三峡库区乃至整个流域中下游水环境安全造成严重威胁。

1.5.4　长江流域生态建设与环境保护的核心区

长江上游地区地质、地貌、气候、土壤、生物等自然地理条件复杂多样，地带交错性明显，地质构造活跃和自然作用强烈，自然环境稳定性差，自然生态与环境表现出极大的脆弱性，容易造成逆向生态演替，甚至不可逆转。再加上人口生存压力和盲目、不合理的资源开发，使长江上游地区自然生态退化与环境污染问题并存。既有干热、干旱河谷退化、高寒草甸退化和"黑土滩"草地退化问题，又有盆地低山丘陵水土流失、石灰岩山地石漠化问题；既有川西高山峡谷林业生态问题，又有上游林草交错带系统稳定性问题；既有水资源开发，又有水源涵养、水质保障的问题。这些问题的存在，使长江上游成为全国生态与环境问题最突出的地区之一。如不加快实施长江上游地区生态建设与环境保护工程，将影响区内社会经济的发展,更可能对中下游的生态与环境安全造成严重威胁,破坏长江的生态屏障作用。

参 考 文 献

曹文宣. 2000. 长江上游特有鱼类自然保护区的建设及相关问题的思考. 长江流域资源与环境, 9 (2): 131-132.

陈烈庭. 2001. 青藏高原异常雪盖和 ENSO 在 1998 年长江流域洪涝中的作用. 大气科学, 2: 184-192.

崔鹏. 2014. 长江上游山地灾害与水土流失地图集. 北京: 科学出版社.

郭生练, 徐高洪, 张新田, 等. 2004. "长治"工程对三峡入库泥沙特性变化影响研究. 人民长江, 35 (11): 1-3, 6.

何光碧. 2012. 西南低涡研究综述. 气象, 38 (2): 155-163.

何毓蓉, 黄成敏, 杨忠, 等. 1997. 云南省元谋干热河谷的土壤退化及旱地农业研究. 土壤侵蚀与水土保持学报, 3 (1): 56-60.

何毓蓉, 张丹, 张映翠, 等. 1999. 金沙江干热河谷区云南土壤退化过程研究. 土壤侵蚀与水土保持学报, 5 (4): 1-7.

侯保俭. 2012. 长江上游流域统计降尺度方法研究. 重庆: 重庆交通大学.

蒋顺清, 李青云. 1995. 长江上游紫色岩土特性与水土流失的关系. 长江科学院院报, 12 (4): 51-57.

金湘灿. 2001. 湖泊富营养化控制和管理技术. 北京: 化学工业出版社.

孔令桥, 张路, 郑华, 等. 2018. 长江流域生态系统格局演变及驱动力. 生态学报, 38 (3): 741-749.

李仲明. 1991. 中国紫色土 (上). 北京: 科学出版社.

梁川, 刘玉邦. 2009. 长江上游流域水文生态系统分区及保护措施. 北京师范大学学报 (自然科学版), 45 (5/6): 501-508.

梁音, 史学正. 1999. 长江以南东部丘陵山区土壤可蚀性 K 值研究. 水土保持研究, 6 (2): 47-52.

刘志文, 杨庆媛. 2006. 建设长江上游生态屏障对策研究. 北京: 中国农业出版社.

潘开文, 吴宁, 潘开忠, 等. 2004. 关于建设长江上游生态屏障的若干问题的讨论. 生态学报, 24 (3): 617-629.

冉瑞平. 2006. 长江上游地区环境与经济协调发展. 北京: 中国农业出版社.

任平, 洪步庭, 程武学, 等. 2013. 长江上游森林生态系统稳定性评价与空间分异特征. 地理研究, 32 (6): 1017-1024.

史德明, 史学正, 梁音, 等. 2005. 我国不同空间尺度土壤侵蚀的动态变化. 水土保持通报, 25 (5): 85-89.

宋春风, 陶和平, 刘斌涛, 等. 2012. 长江上游土壤可蚀性 K 值空间分异特征. 长江流域资源与环境, 9: 1123-1132.

宋文玲, 袁景凤, 陈兴芳. 2000. 冬季高原积雪异常与 1998 年长江洪水关系的分析. 气象, 2: 11-14.

孙鸿烈. 2008. 长江上游地区生态与环境问题. 北京: 中国环境科学出版社.

孙宏亮, 王东, 吴悦颖, 等. 2017. 长江上游水能资源开发对生态环境的影响分析. 环境保护, 45 (15): 37-40.

汪曼琳, 万新宇, 钟平安, 等. 2016. 长江上游降水特征及时空演变规律. 南水北调与水利科技, 14 (4): 65-71.

王浩. 2007. 中国可持续发展总纲 第四卷: 中国水资源与可持续发展. 北京: 科学出版社.

王锡桐, 刘青, 范建容. 2012. 长江上游生态系统土壤保持重要性评价及分区. 长江科学院院报, 29 (11): 22-27.

王雨茜, 杨肖丽, 立良, 等. 2017. 长江上游气温、降水和干旱的变化趋势研究. 人民长江, 48 (20): 39-44.

王玉宽, 邓玉林, 彭培好, 等. 2005. 长江上游生态屏障建设的理论与技术研究. 成都: 四川出版集团, 四川科学技术出版社.

伍星, 沈珍瑶, 刘瑞民, 等. 2009. 土地利用变化对长江上游生态系统服务价值的影响. 农业工程学报, 25 (8): 236-241.

谢洪, 钟敦伦, 李泳, 等. 2004. 长江上游泥石流灾害的特征. 长江流域资源与环境, 13 (1): 94-99.

杨子生. 1999. 滇东北山区坡耕地土壤可蚀性因子. 山地学报, (1): 10-15.

姚檀栋, 朱立平. 2006. 青藏高原环境变化对全球变化的响应及其适应对策. 地球科学进展, 5: 459-464.

于晓东, 罗天宏, 伍玉明, 等. 2006. 长江流域兽类物种多样性的分布格局. 动物学研究, 27 (2): 121-143.

余大富. 1984. 贡嘎山的土壤及其垂直地带性. 土壤通报, 2: 65-69.

张剑, 罗贵, 王小国, 等. 2009. 长江上游地区农作物碳储量估算及固碳潜力分析. 西南农业学报, 22 (2): 402-408.

张桂轲. 2016. 长江流域上游非点源污染及其对水文过程的响应研究. 北京: 清华大学.

张荣祖. 1992. 横断山区干旱河谷. 北京: 科学出版社.

郑永春, 王世杰. 2002. 贵州山区石灰土侵蚀及石漠化的地质原因分析. 长江流域资源与环境, 11 (5): 461-465.

周乐福. 1983. 云南土壤分布的特点及地带性规律. 山地研究, 1 (4): 31-38.

朱波, 陈实, 游祥. 2002. 紫色土退化旱地的肥力恢复与重建. 土壤学报, 39 (5): 743-749.

朱波，汪涛，徐泰平，等. 2006. 紫色丘陵区典型小流域氮素迁移及其环境效应. 山地学报，24（5）：601-606.

Shen Z，Chen L，Ding X，et al. 2013. Long-term variation（1960～2003）and causal factors of non-point-source nitrogen and phosphorus in the upper reach of the Yangtze River. Journal of Hazardous Materials，252：45-56.

Smith K A，Jackson D R，Pepper T J. 2001. Nutrient losses by surface runoff following the application of organic manures to arable land：Nitrogen. Environmental Pollution，112（1）：41-51.

Zhu B，Wang Z H，Zhang X B. 2012. Phosphorus fractions and release potential of ditch sediments from different land uses in a small catchment of the upper Yangtze River. Journal of Soils and Sediments，12：278-290.

第2章 长江上游水土流失现状与变化

2.1 长江上游土地利用/覆盖变化

2.1.1 川渝地区土地利用/覆盖变化

川渝地区地处中国东西部政治、经济和文化的过渡区及交汇区，是长江流域乃至中国重要的水源涵养区和生态屏障。近几十年来，区域经济的发展和宏观政策的制定驱动着该区土地利用结构的变化，同时也造成了一系列的生态环境问题，如水土流失严重、自然灾害频发、面源污染加剧、生物多样性减少、土地质量下降等，必将对长江上游的生态安全和可持续发展造成严重威胁（孙鸿烈，2008）。

四川省与重庆市 2010 年土地覆被类型面积及占比如表 2-1 所示，四川省 2010 年主要土地利用类型为林地（占 50.39%）、草地（占 22.05%）和旱地（13.26%），其次为水田（8.80%）。通过对两期土地利用与覆被类型图进行两两叠加建立土地覆被变化转移矩阵（表 2-2 和表 2-3）的方法，探讨长江上游各种土地利用与覆被类型相互转换的内在机制，1990～2010 年四川省和重庆市土地利用/覆盖整体结构变化不明显，局部地区互相转化，转化具有规律性。土地利用结构仍以耕地（旱地、水田）为主，林地（有林地、灌木林、疏林地、其他林地）次之，其他结构类型占有量较少。

表 2-1　四川省与重庆市 2010 年土地覆被类型面积及占比

类型	林地	草地	旱地	水田	水域	沼泽	工矿、居民用地	冰川/积雪	沙漠/沙地	其他
					四川					
面积/km²	236299.63	117568.47	61980.26	41028.15	4526.99	4985.43	3833.74	1873.18	28.98	13977.91
比例/%	48.61	24.19	12.75	8.44	0.93	1.03	0.79	0.39	0.01	2.88
					重庆					
面积/km²	40872.29	2318.32	20187.52	7068.64	1538.27	—	1998.41	—	—	1.05
比例/%	55.24	3.13	27.29	9.55	2.08	—	2.70	—	—	0.00

表 2-2　四川省 1990～2010 年土地覆被变化转移矩阵

		2010 年								
		水田	旱地	林地	草地	水域	城乡、居民及建设用地	沼泽	其他	合计
1990 年	水田	14.15	142.21	1136.82	1.77	87.61	1108.75	0.01	7.83	2499.15
	旱地	10.04	10.24	4089.18	141.58	37.27	191.82	14.31	9.18	4503.62

续表

| | | 2010 年 | | | | | | | |
		水田	旱地	林地	草地	水域	城乡、居民 及建设用地	沼泽	其他	合计
1990 年	林地	13.08	177.89	1101.34	289.15	61.15	88.20	0.09	226.07	1956.97
	草地	0.52	12.23	180.08	18.37	19.10	21.67	7.25	6.61	265.83
	水域	3.79	13.56	9.99	0.87	7.34	1.12	0.94	11.26	48.87
	城乡、居民 及建设用地	0.37	0.36	0.26	0.02	0.66	0.19	—	—	1.86
	沼泽	—	—	—	1.95	—	0.28	—	—	2.23
	其他	1.20	6.20	15.95	2.37	19.98	1.10	0.35	0.02	47.17
合计		43.15	362.69	6533.62	456.08	233.11	1413.13	22.95	260.97	9325.70

表 2-3　重庆市 1990～2010 年土地覆被变化转移矩阵

| | | 2010 年 | | | | | | | |
		水田	旱地	林地	草地	水域	城乡、居民 及建设用地	沼泽	其他	合计
1990 年	水田	—	8.99	55.95	7.81	13.43	209.83	0.07	—	296.08
	旱地	84.45	0.53	1492.12	120.12	165.88	412.22	0.06	0.27	2275.65
	林地	22.22	64.14	52.18	14.01	85.18	137.73	0.27	4.06	379.79
	草地	2.77	4.63	19.93	—	12.95	9.58	0.71	—	50.57
	水域	4.02	3.89	0.96	0.08	0.32	0.88	—	3.51	13.66
	城乡、居民 及建设用地	2.37	3.75	4.30	0.51	1.52	0.15	—	—	12.60
	沼泽	—	—	—	0.05	—	—	—	—	0.05
	其他	3.09	4.05	7.24	0.04	43.03	3.26	—	—	60.71
合计		118.92	89.98	1632.68	142.57	322.36	773.65	1.11	7.84	3089.11

1990～2010 年，四川省土地利用/覆盖动态变化最大的是旱地，其次是水田和林地。1990～2010 年旱地面积减少 4140.93km²，同期水田面积减少 2456km²，耕地总面积减少 6596.93km²，是该时期长江上游土地利用变化最大的类型，耕地主要转出方向为林地、草地和城乡、居民及建设用地。随着退耕还林工程的开始实施，林地面积增加 4576.65km²，是该时期四川省土地利用变化较大的类型，主要由旱地和草地转变而来。草地面积略有增加，约增加 190.25km²。城乡、居民及建设用地变化剧烈，由城乡、居民及建设用地转变为其他土地利用类型的仅为 1.86km²，而由其他土地利用类型转变为城乡、居民及建设用地的为 1413.13km²，增加 1411.27km²。沼泽面积增加 20.72km²，水域面积增加 184.24km²。

1990～2010 年，重庆市土地利用/覆盖动态变化最大的是旱地，其次是林地和水田。1990～2010 年旱地面积减少 2185.67km²，同期水田面积减少 177.16km²，耕地总面积减少 2362.83km^2，是该时期重庆市上游土地利用变化最大的类型，耕地主要转出方向为林地、水域以及城乡、居民及建设用地。随着退耕还林工程的实施，林地面积增加 1252.89km^2，是该时期重庆市土地利用变化较大的类型，主要由旱地和水田转变而来。草地面积略有增加，约增加 92.0km^2。城乡、居民及建设用地变化剧烈，由城乡、居民及建设用地转变为其他土地利用类型的仅为 12.60km^2，而由其他土地利用类型转变为城乡、居民及建设用地的为 773.65km^2，增加 761.05km^2。水域面积增加 308.7km^2，沼泽面积增加 1.06km^2。

2.1.2 云贵地区土地利用/覆盖变化

1）土地利用/覆盖特征

据 2015 年调查统计，云贵地区长江流域共有土地面积约为 195163km^2，各土地类型面积及占比见表 2-4。

表 2-4 2015 年云贵地区土地利用现状

土地类型	土地面积/km^2	类型占比/%
耕地	46664	23.91
林地	102435	52.49
草地	41060	21.03
水域	1670	0.86
城乡、工矿、居民用地	2102	1.08
未利用土地	1232	0.63
合计	195163	100.00

2）土地利用/覆盖变化

1999～2008 年是云贵地区土地利用快速变化期，林地、城乡、工矿、居民用地年均增长速率最快，分别达 0.63%和 15.98%；耕地、草地、水域和未利用土地快速减少，分别减少 0.42%、1.48%、0.13%和 0.08%（表 2-5）；从土地开发利用率看，总体相对稳定，但又有差异，主要表现在林地覆盖率稳中略升，建设利用率逐年增加，土地垦殖率逐年放缓；土地利用程度略呈增长之势，土地利用程度变化量也不断提高，说明研究期内土地利用还处于快速发展期。2008～2015 年，云贵地区核准的土地面积基本不变，除水域和城乡、工矿、居民用地外，各类土地面积都较 2008 年减少。其中，增幅最大的是城乡、工矿、居民用地，较 2008 年增加 65.51%，其次是水域，增加 10.09%；耕地、林地、草地和未利用土地分别减少 1.17%、0.23%、0.46%和 0.24%（表 2-5）。这些数据变化表明：2008～2015 年云贵地区土地开发利用程度高，城乡、工矿、居民用地建设最为快速。

表 2-5　云贵地区土地利用变化情况

类型	1999 年		2008 年		增减面积/km²	变化率/%	2015 年			增减面积/km²	变化率/%
	面积/km²	占比/%	面积/km²	占比/%			类型	面积/km²	占比/%		
耕地	47413	24.29	47216	24.19	−197	−0.42	耕地	46664	23.91	−552	−1.17
林地	102030	52.28	102673	52.61	643	0.63	林地	102435	52.49	−238	−0.23
草地	41869	21.45	41251	21.14	−618	−1.48	草地	41060	21.04	−191	−0.46
水域	1519	0.78	1517	0.78	−2	−0.13	水域	1670	0.86	153	10.09
城乡、工矿、居民用地	1095	0.56	1270	0.65	175	15.98	城乡、工矿、居民用地	2102	1.08	832	65.51
未利用土地	1236	0.64	1235	0.63	−1	−0.08	未利用土地	1232	0.63	−3	−0.24
合计	195162	100.00	195162	100.00	0	0.00	合计	195163	100.00	1	0.00

2.2　长江上游土壤侵蚀现状

2.2.1　川渝地区土壤侵蚀现状

根据《第一次全国水利普查水土保持情况公报》，四川省水力侵蚀面积为 11.44 万 km²，占辖区面积的 23.54%，居全国各省水力侵蚀面积之首；风力侵蚀面积为 0.66 万 km²，占辖区面积的 1.37%；冻融侵蚀面积为 4.84 万 km²，占辖区面积的 10.00%。水力侵蚀和风力侵蚀面积之和为 12.10 万 km²，占辖区面积的 24.90%，位居全国第五位，仅次于新疆、内蒙古、甘肃和青海四省（自治区）。水力侵蚀、风力侵蚀和冻融侵蚀之和为 16.94 万 km²，占辖区面积的 34.91%。水力侵蚀以轻度为主，占辖区面积的 9.92%；中度侵蚀面积为 3.58 万 km²，占辖区面积的 7.41%；中度侵蚀以上面积为 3.01 万 km²，占辖区面积的 6.21%。中度侵蚀及以上强度主要分布于自北向南的三个条带，龙门山前山至川西南安宁河谷一线最为集中；其次为沱江中下游一线，集中于资阳市、内江市和自贡市境内；再次为川东平行岭谷一线，主要在达州市和广安市境内。风力侵蚀几乎为轻度侵蚀，主要集中于阿坝藏族羌族自治州（简称阿坝州）的若尔盖、红原和阿坝三县境内，属黄河流域。冻融侵蚀轻度、中度和强度比例相当，集中分布于川西的甘孜藏族自治州（简称甘孜州）和阿坝州的高海拔地区（孙凡等，2008）。与 1995 年遥感普查数据相比，全省水力侵蚀、风力侵蚀和冻融侵蚀面积共减少 5.19 万 km²，下降 10.73 个百分点。其中，水力侵蚀面积减少 3.61 万 km²，下降 7.57 个百分点，主要是经过多年治理，中度侵蚀下降为轻度侵蚀或微度侵蚀；风力侵蚀面积增加 500.41km²，主要是近年来若尔盖高原草地湿地退化导致；冻融侵蚀面积减少 1.63 万 km²，下降 3.37 个百分点，主要受全球变暖雪线抬升影响。水力侵蚀中剧烈和极强度侵蚀面积略有增加，主要受地震影响，地表植被破坏严重，大量松散物质堆积于山前和河谷两侧（陈锐银等，2020）。

据《2015 年重庆市水土保持公报》，全市水土流失面积为 3.01 万 km²，占辖区面积的 36.53%。其中中度及以上侵蚀面积为 1.92 万 km²，占侵蚀总面积的 63.79%。平均土壤侵蚀模数为 3356.43t/(km²·a)，年均土壤侵蚀总量为 10093.67 万 t。从空间分布看，渝西方山丘陵地区地形平缓，耕地以水田和平坝旱地为主，水土流失相对轻微；主城都市功能区水土流失主要集中于城镇开发和基础设施建设区域，侵蚀强度高，危害大；三峡库区是重庆市水土流失最严重的区域，水土流失集中分布于涪陵及以东的中部平行岭谷区和东段平行岭谷区，特别是位于东段平行岭谷区的万州至巫山段，其是重庆市水土流失最严重的地区；渝东南武陵山区林草植被覆盖相对较高，但局部区域水土流失严重，且石漠化分布较广。水土流失破坏水土资源，威胁粮食安全；造成泥沙淤积，影响防洪安全；加剧面源污染，危及饮水安全；破坏生态平衡，影响生态安全；对三峡工程的长治久安造成不利影响，是制约重庆市经济社会发展的主要生态环境问题（何文健等，2017）。截至 2015 年，重庆市水土流失面积由改直辖市初的 5.20 万 km² 下降到 2011 年的 3.01 万 km²，减少了 42.12%；中度及以上水土流失面积由 3.90 万 km² 下降到 1.92 万 km²，减少了 50.77%。蓄水保土能力不断提高，减沙拦沙效果日趋明显，重庆市现有水土保持措施每年可减少土壤流失量 0.8 亿 t。林草植被覆盖逐步增加，生态环境明显转好，重庆市森林覆盖率由 2000 年的 21% 提高至 45%，林木蓄积量由 0.72 亿 m³ 增加到 2.0 亿 m³，增长了 178%。治理区农业产业结构和土地利用结构渐趋合理，农业生产条件也得到明显改善，土地生产力和农作物产量大幅度提高，群众的生活水平和生活质量都有较大的改善，治理区人均纯收入普遍比未治理区高出 20%～30%，区域生态、经济、社会协调发展（吴佩林等，2005）。

2.2.2 云贵地区土壤侵蚀现状

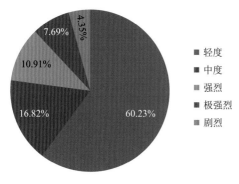

图 2-1　云南省 2015 年水土流失强度分级
比例示意图

据《2015 年云南省水土保持公报》，云南省水土流失以水力侵蚀为主，全区域水土流失面积为 104727.74km²，占土地总面积的 27.33%，其中轻度流失面积为 63078.39km²（占总流失面积的 60.23%），中度流失面积为 17617.13km²（占总流失面积的 16.82%），强烈流失面积为 11422.68km²（占总流失面积的 10.91%），极强烈流失面积为 8056.56km²（占总流失面积的 7.69%），剧烈流失面积为 4552.98km²（占总流失面积的 4.35%）（图 2-1）。云南省年均土壤流失总量为 48143 万 t，平均侵蚀模数为 1256t/(km²·a)，年均侵蚀深 0.93mm。

云南山地面积占全省总面积的 94%，地形起伏大、地质构造复杂，降水时空分布不均，不利的自然因素加之人为活动越来越频繁，致使水土流失严重，水土流失类型多样，区域分异大（朱艳艳等，2018）。滇东北、滇东南和滇西南地区水土流失较为严重，滇西北、滇南水土流失较轻；六大流域的中下游地区水土流失均较为严重，上游较轻。其中，金沙江流域较为严重，水土流失面积为 32133.61km^2。各州（市）中，土壤侵蚀面积占云南省土壤侵蚀总面积比例较高的是文山、楚雄和红河，分别占全省土壤侵蚀面积的 10.89%、9.66% 和 9.50%，土壤侵蚀面积占其土地面积比例较高的是昭通、文山和楚雄，分别占其土地面积的 39.05%、36.32% 和 35.55%。

2000～2015 年，贵州省水土流失总体上呈逐渐减小的趋势，水土流失得到有效控制，轻度、中度和强度水土流失面积逐渐减少，水土流失轻度、中度和强度的比重分别从 2000 年的 23.51%、12.73% 和 4.55% 减少至 2010 年的 15.72%、9.28% 和 3.41%，再到 2015 年的 14.82%、7.72% 和 2.75%；或转化为微度侵蚀，微度侵蚀比重共增长了 13.84%（史鹏韬等，2019）。另据《2018 年贵州省水土保持公报》，全省水土流失面积为 48268.16km^2，占土地总面积的 27.40%。按侵蚀强度分，轻度、中度、强烈、极强烈、剧烈侵蚀面积分别为 29115.20km^2、8442.15km^2、5311.86km^2、4290.02km^2、1108.93km^2，分别占水土流失总面积的 60.32%、17.49%、11.00%、8.89%、2.30%。贵州全省水土流失类型以水力侵蚀为主，局部区域存在重力侵蚀。水土流失主要发生在陡坡耕地、荒山荒坡、低覆盖林地等地类和生产建设活动区域。从市级行政区域看，贵阳市、安顺市、黔东南苗族侗族自治州、黔南布依族苗族自治州和贵安新区水土流失率均小于全省水土流失率，六盘水市、遵义市、毕节市、铜仁市、黔西南布依族苗族自治州水土流失率均高于全省水土流失率。

2.2.3　长江上游土壤侵蚀变化

刘祖英等（2018）通过对长江上游地区 84 个地市对比发现，与 2000 年相比，2015 年长江上游地区坡度为 25°～35° 坡耕地的 2.7% 实现了退耕，坡度 >35° 坡耕地的 25% 实现了退耕，耕地主要转变为林地和草地（表 2-6）。研究区域植被覆盖指数持续增长，增幅达 21.9%。低植被覆盖度的土地面积大幅减少，植被覆盖度小于 10% 的面积减少 95.3%，高植被覆盖度的土地面积显著增加。土壤侵蚀强度总体降低，轻度、强度、极强度等级土壤侵蚀的土地面积均减少 10% 以上（表 2-7），但剧烈土壤侵蚀状况未得到缓解。研究区森林覆盖率达到 60%，但不同时段覆盖度的变化比例存在差异，空间分布不均匀，呈现东部高、西部低的特征，需要继续加强治理。

表 2-6　长江上游地区不同土地利用类型面积　　（单位：万 hm^2）

年份	耕地	林地	草地	水体	居民用地	未利用地
2000	7945.41	11337.57	17796.85	1304.17	526.34	6321.5
2005	7888.18	11366.86	17779.39	1325.04	561.52	6310.93
2010	7855.39	11375.49	17775.19	1331.76	588.41	6305.71
2015	7782.83	11349.47	17749.98	1358.22	695.93	6295.53

表 2-7 长江上游地区土壤侵蚀面积变化　　　　（单位：万 hm²）

年份	轻度	中度	强度	极强度	剧烈
2000	4679.94	6717.59	389.88	27.98	0.61
2005	3809.46	6091.91	367.81	25.32	0.86
2010	3680.45	6067.51	377.95	28.05	0.75
2015	3185.97	6366.34	347.48	22.54	0.62

2.3　生态系统生产力变化

利用长江上游的 MODIS 遥感数据，以 1995～2015 年气象数据作为驱动因子，基于 CASA 模型，估算长江上游地区 1995 年、2000 年、2005 年、2010 年、2015 年共 5 个年份的植被净初级生产力（net primary productivity，NPP），并分析了该地区 NPP 的空间格局及其变化。植被 NPP 模型主要考虑植被自身的生物学特征和外界环境因子的共同影响。植被 NPP 的估算采用了 NPP 估算模型光能利用率模型——CASA 模型。光能利用率是指植被通过光合作用，单位面积产生的有机物质所含的能量与接受的太阳能之比。光能利用率模型是基于光能利用率原理和资源平衡基本观点的模型。该模型进行植被净生产力计算时，将植物生长的限制性因素（如气温、光照、水等）都作为参数，并运用一个转换因子将这些限制性因素联系起来（李燕丽等，2014）。

2.3.1　森林生态系统

1）整体变化分析

1995～2015 年长江上游森林生态系统年平均 NPP 变化趋势如图 2-2 所示。1995～2015 年，森林 NPP 平均值变化范围在 654.89～708.43g C/m²，从折线图可以看出，森林 NPP 在这 20 年间存在较大的年际波动变化，总体上呈现先减少后增加的趋势。长江上游地区 1995 年、2000 年、2005 年、2010 年、2015 年 5 个年份的森林平均 NPP 分别为 654.89g C/m²、606.38g C/m²、594.27g C/m²、650.92g C/m²、708.43g C/m²（表 2-8）。长江上游森林平均 NPP 在 1995～2005 年呈现下降趋势，2005 年出现最低值 594.27g C/m²，而在 2005～2015 年呈现上升趋势，2015 年出现最大值 708.43g C/m²。长江上游森林资源丰富、人口众多，经济发展迅速，是我国重要的经济活跃带。长期的过度索取和破坏，加之全球气候变化及快速城市化导致土地利用结构迅速变化，加剧了流域森林景观格局的变化，直接和间接导致该地区 1995～2005 年森林 NPP 呈现减少趋势。而 1999 年以来，国家高度重视长江上游生态屏障的建设，开始实施退耕还林政策，2005 年以后初显成效，之后 NPP 呈现增加的趋势。

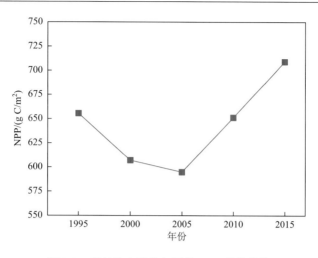

图 2-2　森林生态系统年平均 NPP 变化趋势

表 2-8　森林生态系统 1995～2015 年平均 NPP

年份	平均 NPP/(g C/m²)
1995	654.89
2000	606.38
2005	594.27
2010	650.92
2015	708.43

2）森林生产力的空间格局

从空间分布来看，1995～2015 年长江上游森林生态系统年均 NPP 西南部较高，东南部较低（图 2-3）；NPP<200g C/m²、200～400g C/m²、400～600g C/m²、600～800g C/m²、>800g C/m² 的区域分别占总面积的 0.05%、17.84%、31.59%、23.78%、26.74%，NPP 值域范围在 400～600g C/m² 内所占比例最大。形成该空间分布特点的主要原因是西南部地区的横断山区为亚热带季风气候、热带季风气候，降水丰富，热量充足，植被生长期较长，地形多为山区，受人类活动影响小，因此植被生产力较高；而北部地区多为川西高原，水热条件相对不足，生长期较短，从而限制了植被生产力的形成。具体来看，1995 年森林生态系统 NPP>600g C/m² 的区域主要分布在西南部的金沙江流域中下游，其面积约占 51.30%；NPP<200g C/m² 的区域所占比例最小，主要分布在四川盆地北部边缘地带，面积约占 0.07%；而 NPP 值域在 200～800g C/m² 的面积所占比例最大，主要分布在金沙江流域下游、岷沱江流域和嘉陵江流域上游，即云南西北部、四川西南山区森林生长状态较好，而贵州省南部、川西高原地区森林生长状态相对较差。2000 年较 1995 年 NPP 整体上开始减弱，其中表现最为明显的为研究区西南部 NPP>800g C/m² 的高值区，由 1995 年 30.17% 的面积占比减少为 23.45%，表明该时间段内植被遭到破坏。2005 年以后，年均 NPP 开始增长，其中沱江流域和金沙江流域森林生态系统 NPP 增长最为显著，是整个长江上游流域年均 NPP 值增长最多的区域，而宜宾至宜昌段流域 NPP 增长趋势也较为明显，到 2015 年持续恢复。其主要原因是近年来国家和当地实施了一系列的生态环境保护措施，例如，1999 年开始施行的退耕还林政策，《四川省青藏高原区域生态建设与环境保护规划（2011 年—2030 年）》和《川西藏区生态保护与建设规划（2013—2020 年）》、川滇森林及生物多样性、秦巴生物多样性和大小凉山水土保持及生物多样性等生态保护工程和规划的实施，对植被恢复和改善产生了积极影响。

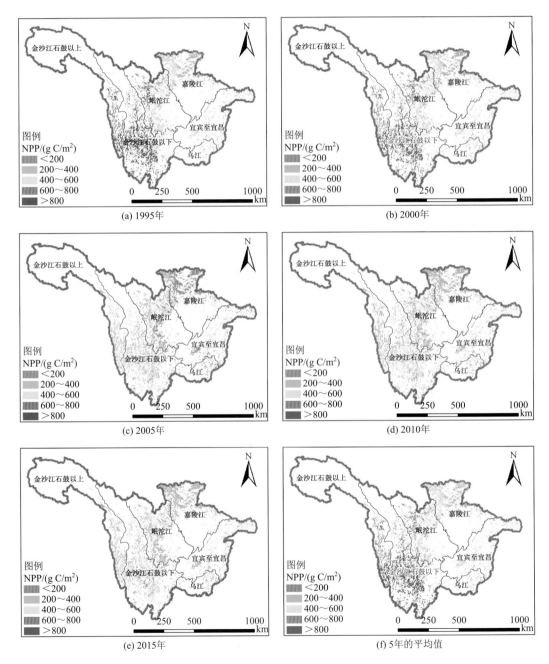

图 2-3　长江上游森林生态系统 NPP 空间分布图

3）森林生产力与海拔的关系

长江上游是整个长江流域的生态屏障，具有重要的水源涵养功能。该区地形复杂，地势西高东低，西部为青藏高原，海拔在 6000m 以上；东部主要为四川盆地的平原丘陵地带，海拔仅几百米，东西地形、植被、气候状况存在显著差异。本书将高程分为＜300m、300～500m、500～700m、＞700m 四个区间，求每一区间内所有 NPP 的平均值，分析不同海拔区间内 NPP 的变化（图 2-4）。可以看出，NPP 的变化趋势具有差异性，海拔对 NPP 具有重要影响。整体上，海拔＞700m 的区域 NPP 值最高，值域范围在 900～1100g C/m²，该区域主要分布在研究区西南部，多为山地，森林生长茂密受人类活动的影响较少，1995～2015 年 NPP 表现出先减小后增加的变化趋势，其中在1995 年为峰值。其次 NPP 值域范围从大到小依次为 300～500m、500～700m 和＜300m。这三个区间整体上都表现出 2005 年之前 NPP 减少，2005 年之后 NPP 增加的变化趋势，且都在 2015 年达到峰值。但不同区间变化的幅度不同，其中海拔区间 500～700m 波动幅度最大，而＜300m 波动幅度最小。该结果表明研究区范围内，高程对森林生态系统 NPP 有着重要的影响，海拔 0～700m 内，随着高程增加，光热条件、气温、降水越来越有利于植被生长。

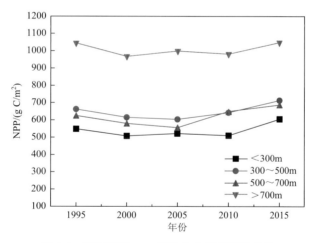

图 2-4　不同海拔 NPP 森林生态系统变化趋势

2.3.2　农田生态系统

1）整体变化分析

1995～2015 年长江上游农田生态系统年平均 NPP 变化如图 2-5 所示。1995～2015 年，农田 NPP 平均值变化范围在 339.42～425.71g C/m²，从折线图可以看出，农田 NPP 在这 20 年存在较大的年际波动变化，总体上呈现先减少后增加的趋势。由表 2-9 可知，长江上游地区 1995 年、2000 年、2005 年、2010 年、2015 年 5 个年份农田平均 NPP 分别为 425.19g C/m²、393.67g C/m²、355.93g C/m²、339.42g C/m²、425.71g C/m²。长江上游农田生态系统平均 NPP 在 1995～2010 年呈现下降趋势，2010 年出现最低值 339.42g C/m²，而在 2010～2015 年呈现增加趋势。随着经济社会的快速发展、城镇化的快速推进，耕地资源非农化出现，且趋势日益严重，使陆地生态系统发生巨大变化，受人类影响深刻的农田生态系统的变化尤为明显，直接导致了农田生态 NPP 在 1995～2010 年急速下降。近几年来国家逐渐认识到农田生态系统对国家发展的重要性，对农田的保护和治理实行了一系列的政策和措施，如基本农田政策的落实和防止水土流失方法的成熟，使长江流域上游农田生态系统的 NPP 在 2010～2015 年逐渐增加。

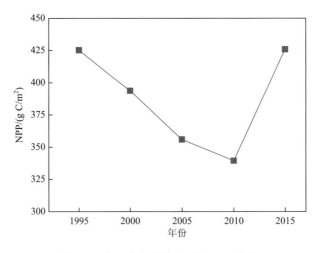

图 2-5　农田生态系统年平均 NPP 变化

表 2-9　农田生态系统 1995～2015 年平均 NPP

年份	平均 NPP/(g C/m²)
1995	425.19
2000	393.67
2005	355.93
2010	339.42
2015	425.71

2）农田生产力的空间格局

长江上游农田生态系统主要分布在成都平原、川中丘陵和云贵高原河谷地带。从空间分布来看，1995～2015 年长江上游农田生态系统年均 NPP 整体上呈现不均匀的空间分布特征（图 2-6），具有空间异质性；NPP＜200g C/m²、200～400g C/m²、400～600g C/m²、600～800g C/m²、＞800g C/m² 的面积分别占总面积的 0.04%、63.94%、35.70%、0.30%、0.02%，NPP 值域范围在 200～400g C/m² 内所占比例最大。具体来看，1995 年农田生态系统 NPP＞600g C/m² 的区域主要分布在四川盆地东部，其面积约占总面积的 17.58%；NPP＜200g C/m² 的区域所占比例较小，主要分布在贵州省南部，面积约占 1.88%；而 NPP 值域在 200～400g C/m² 的面积所占比例最大，为 50.03%，其主要分布在四川盆地中东部地区。2000 年较 1995 年 NPP 整体上开始减小，其中表现最为明显的为研究区西部和东部地区，＞400g C/m² 的 NPP 面积所占比例由 1995 年的 38.58%减少至 2000 年的 32.42%，而 200～400g C/m² 的 NPP 面积所占比例由 1995 年的 59.03%增长至 2000 年的 65.14%，增长区域主要分布在四川盆地的中部地区。2005 年农田生态系统的植被已经发生严重退化，变化最为明显的为 400～600g C/m² 的 NPP 值域范围，其所占面积比例较 2000 年减少58.56%，而 200～400g C/m² 的 NPP 增长 51.64%，变化区域主要分布在四川盆地中部。与森林生态系统 NPP 变化趋势不同的是，自 2010 年开始，农田生态系统的 NPP 整体上开

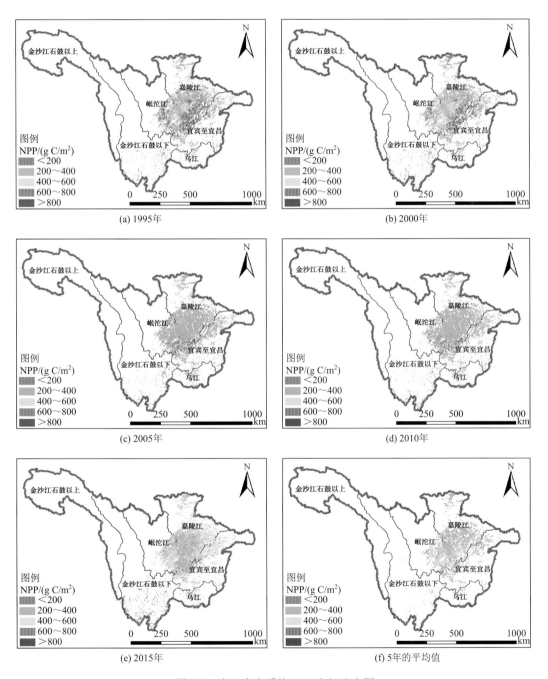

图 2-6　农田生态系统 NPP 空间分布图

始增加。到 2015 年 400～600g C/m² 的 NPP 较 2010 年的增长面积高达 21.81km²，变化区域主要集中在四川盆地西南部和东北部。

3）农田生产力与海拔的关系

长江上游农田生态系统主要分布在四川盆地，该地区地形多为平原、丘陵。根据数字高程模型（digital elevation model，DEM）数据，将高程分为<300m、300～500m、500～700m、>700m 四个区间，求每一区间内所有 NPP 的平均值，分析不同海拔区间上农田生态系统 NPP 的变化（图 2-7），可以看出 NPP 的变化趋势具有较大的差异性。整体上海拔>700m 的区域 NPP 值最高，从大到小依次为 500～700m、300～500m、<300m。由此可以看出，农田生态系统随着海拔的增加 NPP 也在不断增加。海拔>500m 的范围内，NPP 年际变化趋势为先减少后增加。在 2000～2005 年这一时间段减少幅度最大，2010 年开始缓慢增加。海拔在 300～500m 内的农田生态系统 NPP 基本无变化，该区域范围内多为固定耕种农田。海拔<300m 的农田生态系统 NPP 则呈现出逐渐增加的年际变化趋势，NPP 增长的速率也较快，并且在 2015 年达到最高值。

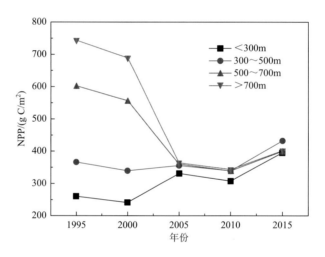

图 2-7　不同海拔农田生态系统 NPP 变化

整体而言，长江上游森林生态系统和农田生态系统中植被 NPP 呈现出空间分布特征与该地区的自然条件、经济、工业、农业发展以及城市建设等发展规律相一致的特征。植被 NPP 值较高的区域属于中高山山区，其森林分布面积广，植被密度大，且由于地形地貌等，经济发展相对落后，人为干扰因素较少，因此其 NPP 值保持较高水平。与此同时，城区及其周边区域，工业、农业发展相对集中，受人为破坏的概率较大，且本身植被分布密度低，从而导致其 NPP 值较低。

2.4　长江上游水土流失危害分析

水土流失关系国家生态安全。严重的水土流失是生态恶化的集中反映，是国家和地方经济发展的重大障碍。长江上游地区由于地形陡峭，降水集中，水土流失已对该区域水土资源、生态安全和社会及经济等诸多方面造成危害（崔鹏等，2010）。目前，长江上游地区水土流失综合治理取得了较大的进展，水土流失加剧的趋势得到根本扭转，但所产生的危害也日渐显现：一是耕地表土层水土流失导致耕地土层浅薄，土壤保水保肥能力下降，影响土地资源和粮食安全。二是造成泥沙淤积，河床抬高。水土流失使大量泥沙淤塞下游河道及水库，削弱了河道的泄洪和通航能力，降低了水库调蓄洪水能力。三是造成水质恶化，引起水环境污染。水土流失所携带的大量化肥、农药等有害有毒物质进入江河湖库，导致水体富营养化。四是严重的水土流失一定程度上影响并制约地区经济的发展，对社会经济发展造成巨大威胁。

2.4.1　水土流失对土地资源与粮食安全的影响

1）破坏土地资源，降低土地生产力

水土流失的危害首先是直接破坏土地资源，降低土地生产力，而且这种破坏是由浅入深，以不易察觉的方式进行的。据统计，长江流域耕地面积由于严重的水土流失，每年减少 13 万～20 万 hm²，按每公顷造价 1.5 万元计算，每年就损失 20 亿～30 亿元（苏凤环和王玉宽，2009）。水土流失可导致土壤理化性状恶化，土壤养分大量流失。长江上游由于水土流失每年流失的土壤氮、磷、钾高达 500 万 t。云南金沙江流域年均土壤总侵蚀量达 3.27 亿 t，流失土壤有效养分（碱解氮、速效磷和速效钾）8.4 万 t（崔鹏等，2010）。据何毓蓉等调查研究，四川紫色土耕地（不包括紫色水稻土，仅指紫色土旱地）面积 406.1 万 hm²，占总耕地面积的 36.5%，由于长期水土流失，消耗大于投入，其土壤退化现象普遍。在紫色土耕地中，发生物理性退化（指耕地土壤黏重化、沙化或石骨子化、紧实化）的面积达 150.5 万 hm²，占紫色土耕地面积（下同）的 37.1%；构造性退化面积 116.9 万 hm²，占 28.8%；营养性退化中，氮素贫瘠化面积 217 万 hm²，占 53.4%，有机质贫乏化面积 144.7 万 hm²，占 35.6%（何毓蓉，2003）。

研究表明，土层厚度是紫色土生产力的基本限制条件。土层越薄，作物株高、生物量和产量越低，生产力越低；土层越厚，生物量、产量越高，生产力越高。据中国科学院盐亭紫色土农业生态试验站长期观测试验，土层厚度的影响在玉米季尤为突出，20cm、40cm 小区夏玉米产量仅为 60cm 小区的 50%、74%，为 80cm 小区的 28%、40%，100cm 小区的 23%、34%（朱波等，2009）。水土流失导致土壤薄层化后，土壤肥力急速降低，长江流域坡耕地不同土层厚度所占比例大致为：<15cm 以下土层约为 4.62%，15～25cm 土层约为 21.54%，25～35cm 土层约为 38.46%，>35cm 土层约为 35.38%。坡耕地土壤养分含量随土层厚度增大呈增加趋势，当土层厚度增大到 35cm 以上时，养分含量增大趋势变缓。<15cm 以下土层土壤有机质含量仅为 35cm 左右土层有机质含量的 49.93%，全氮含量仅为 55.56%，全磷含量仅为 30.0%，全钾含量仅为 53.24%，碱解氮含量仅为 53.32%（表 2-10）（崔鹏等，2008，2010）。

表 2-10　　长江流域坡耕地不同土层厚度土壤养分含量

土层厚度	比例/%	有机质/(g/kg)	全氮/(g/kg)	全磷/(g/kg)	全钾/(g/kg)	碱解氮/(mg/kg)	有效磷/(mg/kg)	速效钾/(mg/kg)
<15cm	4.62	10.65	0.70	0.27	12.31	54.85	18.27	131.21
15~25cm	21.54	19.96	1.21	0.69	15.64	102.68	11.25	106.50
25~35cm	38.46	21.33	1.26	0.90	23.12	102.86	14.81	149.01
>35cm	35.38	18.91	1.26	0.74	22.75	87.62	17.53	162.35

2）制约粮食生产的安全与增长

水土流失能造成耕地数量减少，大量养分随水土流失造成耕地生产力水平下降，从而影响区域粮食安全。同时，水土流失使区域水土不平衡状况加剧、水利设施失效，抗御自然灾害能力减弱，增加粮食生产成本。坡耕地是长江上游水土流失的主要策源地，也是本区粮食的重要产地。因此，该地区严重的水土流失严重制约了粮食生产的安全与增长（崔鹏等，2008）。

2.4.2　水土流失加剧洪涝灾害

长江上游地区坡耕地严重的水土流失和泥石流滑坡活动，除造成土地退化外，还造成河床抬高、水库塘堰等水利工程的加速淤积，加剧了下游的洪涝灾害（史德明，1999）。1995~2015 年，金沙江支流小江河床普遍淤高 3~5m；甘肃武都境内的白龙江河段，20 世纪初淤积速度为 2.2cm/a，1940~1957 年增至 8.6cm/a，而目前为 12.3cm/a，呈迅速增加趋势。三峡成库以前库区每年大量泥沙汇入长江，使长江重庆至宜昌段每年输沙量从原来的 4.65 亿 t 增大到 5.35 亿 t，居世界大河泥沙量第四位。1998 年长江发生的全流域性的特大洪水，其重要原因之一就是中上游地区水土流失严重，其不但加速了暴雨径流的汇集过程，而且每年约有 3.5 亿 t 粗砂、石砾淤积在支流水库和中小河道内，降低了水库调蓄洪水和河道行洪能力。河流泥沙是水土流失的直接反映，区域水土流失强弱和其河流泥沙输沙量大小基本一致，金沙江下游既是强烈侵蚀区，也是河流泥沙的集中供给区。金沙江（屏山站以上）流域面积 48.5 万 km^2，年均径流量 1410 亿 m^3，年均输沙量 2.56 亿 t，年均输沙模数 511t/(km^2·a)。金沙江上游攀枝花以上地区流域面积 28.5 万 km^2，占屏山站的 58.86%，年均输沙量 4270 万 t，占屏山站的 16.7%，泥沙输移比也较小，属少沙区，平均输沙模数 150t/(km^2·a)。攀枝花以下的渡口—屏山区间的金沙江下游，流域面积 20.0 万 km^2，占屏山站以上的 41.2%，干流区山高坡陡，沟谷深切，中生代砂泥岩分布广，侵蚀强度高，滑坡、泥石流活动剧烈，平均输沙模数 1017t/(km^2·a)，是金沙江的主要产沙区，侵蚀物质较细，泥沙输移比高，年均输沙量 2.14 亿 t（崔鹏等，2010）。

2.4.3　水土流失与面源污染物迁移对水环境的影响

水土流失通过地表径流和土粒吸附携带的化学物质，造成化肥、农药及其他有机物和有毒物质迁移出农田并汇集沟谷河道进入水体，对水资源形成污染。

2005～2014 年川中丘陵区典型小流域定位观测发现，紫色土不同土地利用类型地块的氮磷元素的流失具有较大差异（表 2-11）。居民点氮磷流失量均高于其他几种类型，其中氮素流失量达 25.1kg/(hm²·a)，磷素流失量达 6.3kg/(hm²·a)。坡耕地氮磷流失量次之，但是较草地和林地高。可见，紫色土丘陵区小流域内居民点和坡耕地的氮磷流失是水体污染的主要来源（朱波等，2006；Wang et al.，2017）。

表 2-11　川中丘陵区典型小流域面源污染来源与负荷

土地利用	径流流失				泥沙迁移				流失总量		
	流失量/m³	SOC kg/(hm²·a)	N kg/(hm²·a)	P kg/(hm²·a)	泥沙/t	SOC kg/(hm²·a)	N kg/(hm²·a)	P kg/(hm²·a)	SOC kg/(hm²·a)	N kg/(hm²·a)	P kg/(hm²·a)
裸地	3283	1.5	1.0	0.3	36.1	6.3	2.6	5.4	7.8	3.6	5.7
坡耕地	2362	5.3	1.3	0.3	5.3	24.2	1.5	1.6	29.5	2.8	1.9
草地	830	5.9	0.8	0.2	2.1	7.1	0.5	0.1	13.0	1.3	0.3
林地	1156	6.3	1.1	0.3	2.33	10.1	0.6	0.2	16.4	1.7	0.5
水田	1350	10.5	1.3	0.5	1.26	3.5	0.2	0.1	13.8	1.5	0.6
居民点	4050	30.6	25.1	6.3	8.15	38.9	13.8	9.6	69.5	38.9	15.9

小流域地表水 NO_3^--N 变幅在 0.24～0.95mg/L，平均浓度为 0.63mg/L，丰水期（7～9 月）浓度较低，枯水期浓度较高（表 2-12）；NO_2^--N 浓度较低，随时间变化不明显，均在 0.100mg/L 以下，在 0.030mg/L 左右波动；NH_4^+-N 浓度随时间变化明显，且普遍较低，在 0.500mg/L 左右波动，平均浓度为 0.36mg/L（况福虹等，2006）。

表 2-12　集水区中 NO_3^--N、NO_2^--N、NH_4^+-N 的浓度及比例

采样地点	浓度/(mg/L)				比例/%		
	NO_3^--N	NO_2^--N	NH_4^+-N	TN	NO_3^--N	NO_2^--N	NH_4^+-N
群英池	0.24	0.013	0.32	0.59	40.5	2.4	57.1
站内蓄水池	0.51	0.018	0.38	0.96	55.8	2.0	42.2
站边蓄水池	0.69	0.054	0.54	1.35	53.8	4.2	42.0
观测场下堰塘	0.66	0.035	0.45	1.21	54.7	7.9	37.4
集水堰口	0.95	0.084	0.19	1.22	77.9	6.9	15.3
出口堰塘	0.70	0.038	0.26	1.06	70.0	3.8	26.2

2.4.4　水土流失对区域社会经济发展的影响

长江上游是我国最重要的一个生态经济区，该区山多耕地少，可耕地资源不足，人均耕地仅 0.058hm^2，为全国平均水平的 74%。粮食、畜产品、木材等农产品供求关系紧张，资源、环境、人口压力大。长江上游地区人口增长迅速，除川西、藏青等地外，大部分地区都超过全国人口平均密度，远远超过其环境承受能力。为缓解众多人口不断增长的粮食需求矛盾，毁林开荒、陡坡开垦曾颇盛行，垦殖率达 40%～50%，金沙江和岷江流域＞25°的旱地占耕地面积的 34%，雅砻江流域更达到 45.6%。位于大渡河中游的峨边彝族自治县和乐山市金河口区＞25°的耕地占耕地面积比例高达 70%～90%。据重庆相关部门调查，＞25°的坡耕地占耕地面积的 13.7%，其中，＞50°的耕地占 8.9%。因此，该区极为严重的水土流失是影响和制约该区域和整个长江流域社会经济可持续发展最突出的关键问题（崔鹏等，2010）。同时，大雨、暴雨等造成的严重水土流失，特别是滑坡、泥石流等山地灾害，常对公路、铁路、工厂、矿山等造成危害，毁坏房屋、耕地等，对人民生命财产造成重大损失；水土流失侵蚀下的泥沙淤积于河道、水库、塘堰后，给灌溉、防洪、排涝、航道及发电等水利水电事业造成危害，直接影响当地工农业生产和交通运输，严重影响并制约地区经济的发展，对长江中下游地区的安全和社会经济发展造成巨大威胁（崔鹏等，2010）。

2.5　长江上游水土流失变化动因与趋势分析

长江上游水土流失是自然因素与人为因素综合作用的结果。从自然因素来看，长江上游的地貌条件为水土流失的产生创造动力，而地表覆盖层疏松，又为水土流失提供物质基础。植被状况是决定水土流失发生程度的重要条件，裸露的地表易于风化，并直接受降水的冲击，加剧土壤侵蚀（陈国阶，2000）。降水强度是土壤侵蚀强度的重要外力，暴雨往往引发滑坡、泥石流等灾害，并大大加剧土壤侵蚀过程，使入江泥沙增多，其是水土流失和河流含沙量增大的重要因素。

长江上游地区自然因素复杂，区域分异明显，不同地区水土流失程度不同。但总体来说，长江上游山地、丘陵占总面积的 90%以上，坡面过程是长江上游绝大部分地区所共有的动力机制。受岩性和亚热带气候的影响，长江上游地表物质较疏松，除溶岩（喀斯特）地区外，均易发生侵蚀，特别是四川盆地的红色岩系，岩质松软，岩层破碎，易风化，土壤抗蚀力弱；加之降水量丰富且集中，年降水量可达 1000mm 左右，其中 5～10 月降水量占全年降水量的 70%～90%，暴雨频率高；并有长江三峡地区、大巴山区、龙门山脉、青衣江流域等多个暴雨中心，均为水土流失提供了充足和强大的动力，造成长江上游水土流失的独特条件（陈国阶，2000）。

自然环境特点使长江上游地区具备水土流失的物质与动力条件，人类活动则使长江上游水土流失的过程加剧。长江上游地区人类活动对植被的破坏，使大面积的地表裸露。另外，人类活动加剧了地表土壤的风化或疏松过程与速度，进一步削弱了土壤或岩层抗蚀能力，加速了水土流失的过程。人类活动对水土流失的影响，在长江上游地区表现为：①陡坡种植。长江上游现有耕地 887 万 hm^2，其中坡耕地 407 万 hm^2，占耕地总面积的 45.9%，而坡度大于 25°的陡坡耕地达 173 万 hm^2，占坡耕地的 42.5%。研究表明，坡耕地在各类土壤中侵蚀量最大，约占总侵蚀量的 60%。因此，陡坡种植是长江上游水土流失最重要的人为因素（陈国阶，2000）。②森林破坏。长江三峡地区的研究表明，除农地侵蚀量占 60%外，林地、林灌草地、草地的侵蚀量分别占 6.19%、10.76%、23.05%。有林地的土壤侵蚀一般较轻，水土流失较弱，土壤侵蚀模数随植被类型从林地到林灌草地到草丛到农地的演替而相应增大。几十年来，长江上游森林受到大面积、高强度的破坏，森林覆盖率由 20 世纪 50 年代的 40%下降至 90 年代的 20%，其中四川省 50 年代森林覆盖率为 19%，一度下降至 9%，近年才恢复到 30%左右，森林特种大部分属中幼林，林种单一，以马尾松为主，抗土壤侵蚀能力差。四川盆地现仍有 50 多个县森林覆盖率较低，这里又是紫色土耕作区，因而水土流失特别严重。云南省森林覆盖率从 50 年代的 50%下降至 90 年代的 30%（余剑如等，1991）。造成森林破坏的原因主要有：一是木材生产加剧天然林的砍伐。四川省甘孜州几十年来输出木材约 2100 万 m³（每输出 1m³ 木材，大约消耗 4m³ 原木），致使大面积森林消失，泥石流等灾害随之而至，许多泥石流沟分布与森工局的分布呈吻合状态。二是以柴为薪，加大森林砍伐的强度（陈国阶，2000）。③草地退化。在川西北，退化草场已占草场总面积 40%～60%，沙化面积不断扩大。在长江源地区，退化草地达 2.47 万 km²，占可利用草场面积的 37.8%；另有沙化面积 1.95 万 km²，裸岩和石砾地 1.21 万 km²，形成"黑土滩"。在亚热带山地，草场退化或被开垦成耕地的现象十分普遍。造成草场退化的原因主要有：一是过载放牧，长江上游草场产草量减少、载畜量增加是普遍现象。二是鼠害，长江上游地区草地有 12 亿～16 亿只老鼠，对草场造成毁灭性破坏。三是牛、羊粪不能回草，被用作燃料烧掉，牧区平均每人烧掉牛粪 5t/a（杜榕桓等，1994）。④工程破坏。这是长江上游水土流失的重要原因之一。从 20 世纪 80 年初期到 90 年代中期，小矿山、小煤窑、小土焦、小化工、采金等造成对植被和土地表层的严重破坏，而矿渣、煤矸石等又是重要的水土流失物质来源。90 年代后期，随着对"十五小"企业的封闭，上述危害减弱；但与此同时，公路、水电工程、大型矿山、铁路等的建设强度加大，又引起新的水土流失。云南省昭通地区 1949 年以来修建各种等级公路 5000km，平均弃土 5000m³/km，弃土量达 2500 万 m³。东川矿务局直接排入金沙江、小江的尾矿沙就达 213 万 t/a；地方工业废渣排放量 216 万 t/a（刘邵权等，1999）。

20 世纪 80 年代以来，鉴于长江上游水土流失的严重性，区域生态屏障和三峡水库安全运行等需求，国务院决定将长江上游作为全国水土保持重点防治区，相继实施了"长江流域水土保持重点防治工程""天然林资源保护工程""退耕还林（草）工程""水土保持生态修复试点工程"等系列工程，坚持把治理水土流失、改善生态环境与加强农业基础设施建设、发展农村经济有机结合起来。开展治理的项目区，基本实现了生态环境改善、农民收入增加、坡耕地和贫困人口大幅减少的建设目标，水土流失治理取得明显的经济、生态、社会和政治效益。水土流失过程受到诸多因素的综合影响。

首先，紫色土区水土流失变化是以国家实施的一系列水土流失综合防治工程为背景，涉及地方政府执行与配套因素、农村区域经济发展需求因素、水土保持科技水平发展与成果推广因素等。以中央投资为引领的资金投入形式是开展水土流失综合治理不可缺少的前提条件。1998 年后，国务院先后批准实施了《全国生态环境建设规划》《全国生态环境保护纲要》《全国水土保持规划（2015—2030 年）》等，对 21 世纪初期的水土保持生态建设做出了全面部署，并将水土保持生态建设确立为 21 世纪经济和社会发展的一项重要基础工程以及中国实施可持续发展战略和西部大开发战略的根本举措。

其次，全社会水土保持意识和生态文明理念的提高也是水土保持综合治理发展的重要因素。加强全社会的水土保持意识、水土资源科普知识，使得水土保持生态文化理念、生态文明理念不断强化并深入各级党委政府和各部门人员、广大生产建设业主和民众心中，极大促进了水土保持综合治理的发展。

最后，大力开展水土保持应用技术研究，坚持水土保持科研工作与水土保持工程紧密结合，积极开展水土保持新技术研究和科技园区建设，鼓励开展基础与政策研究，集中力量，重点突破，依靠科技进步，促进了水土流失防治工作发展。

参 考 文 献

陈国阶. 2000. 长江上游水土流失主要成因与防治对策. 农村生态环境，16（3）：5-8.

陈锐银，严冬春，文安邦，等. 2020. 基于 GIS/CSLE 的四川省水土流失重点防治区土壤侵蚀研究. 水土保持学报，34（1）：17-26.

崔鹏. 2014. 长江上游山地灾害与水土流失地图集. 北京：科学出版社.

崔鹏，韦方强，谢洪，等. 2003. 中国西部泥石流及其减灾对策. 第四纪研究，23（2）：326-331.

崔鹏，何易平，陈杰. 2006. 泥石流输沙及其对山区河道的影响. 山地学报，24（5）：539-548.

崔鹏，王道杰，范建容，等. 2008. 长江上游及西南诸河区水土流失现状与综合治理对策. 中国水土保持科学，6（1）：43-50.

崔鹏，张小林，王玉宽，等. 2010. 中国水土流失防治与生态安全——长江上游及西南诸河区卷. 北京：科学出版社.

杜榕桓，史德明，袁建模，等. 1994. 长江三峡库区水土流失对生态环境的影响. 北京：科学出版社.

何文健，李渊，郭宏忠. 2017. 重庆市五大功能区水土流失现状与防治方向. 中国水土保持，（2）：56-58.

何毓蓉. 2003. 中国紫色土（下篇）. 北京：科学出版社.

况福虹，朱波，徐泰平，等. 2006. 川中丘陵区小流域非点源氮素迁移的季节特征——以中国科学院盐亭紫色土农业生态试验站小流域为例. 水土保持研究，13（5）：93-98.

李燕丽，潘贤章，王昌昆，等. 2014. 2000—2011 年广西植被净初级生产力时空分布特征及其驱动因素. 生态学报，34（18）：5220-5228.

刘邵权，陈治谏，陈国阶，等. 1999. 金沙江流域水土流失现状与河道泥沙分析. 长江流域资源与环境，8（4）：423-428.

刘祖英，王兵，赵雨森，等. 2018. 长江中上游地区退耕还林成效监测与评价. 应用生态学报，29（8）：2463-2469.

史德明. 1999. 长江流域水土流失与洪涝灾害关系剖析. 土壤侵蚀与水土保持学报，5（1）：1-7.

史鹏韬，刘子琦，李开萍. 2019. 贵州省水土流失时空变化特征. 地球与环境，47（5）：586-593.

苏凤环，王玉宽. 2009. 长江上游及西南诸河水土流失的危害. 中国水土保持，1：42-43.

孙凡，游翔，刘伯云，等. 2008. 四川省水土流失空间分布特征. 西南大学学报（自然科学版），30（12）：40-44.

孙鸿烈. 2008. 长江上游地区生态与环境问题. 北京：中国环境科学出版社.

吴佩林，鲁奇，甘红. 2005. 重庆市水土流失的影响因素及防治对策. 长江科学院院报，22（1）：21-24.

杨定国，陈国阶. 2003. 长江上游生态重建与可持续发展. 成都：四川大学出版社.

余剑如，史立人，冯明汉，等. 1991. 长江上游的地面侵蚀与河流泥沙. 水土保持通报，11（1）：9-17.

中华人民共和国水利部，中华人民共和国国家统计局. 2013. 第一次全国水利普查公报. 北京：中国水利水电出版社.

朱波，汪涛，徐泰平，等. 2006. 紫色丘陵区典型小流域氮素迁移及其环境效应. 山地学报，24（5）：601-606.

朱波，况福虹，高美荣. 2009. 土层厚度对紫色土坡地生产力的影响. 山地学报，27（6）：735-739.

朱艳艳，陈奇伯，赵成，等. 2018. 新时期云南省水土流失综合防治区域布局. 中国水土保持科学，16（1）：103-108.

Wang T，Kumwimba M，Zhu B，et al. 2017. Nutrient distribution and risk assessment in drainage ditches with different surrounding land uses. Nutrient Cycling in Agroecosystems，107（3）：381-394.

第3章 国家级水土保持工程实施成效评估

3.1 重点水土保持工程建设概况

长江流域的治理开发有着相当悠久的历史。据考古发现，早在 7000 多年前，华夏先民就在长江流域的广大范围创造了人类早期的辉煌文化。古代，人类对长江的开发和利用主要体现在灌溉和航运两个方面。长江流域兴修水利至少有 3000 年的经验，如四川都江堰，是秦汉时期依靠水势修起来的，引岷江水，灌溉农田；修建梯田已有 2000 多年的历史；川中丘陵区"边沟背沟"和"挑沙面土"的坡面水系与土地整理措施已有 300 多年的历史。早在 20 世纪 30 年代，中央农业实验所和四川省农业改进所就在紫色丘陵区（内江）开展了坡地的土壤侵蚀试验小区观测和水土保持实验研究。

新中国成立之后遵循"治国先治水"的古训，把治理长江水患、开发利用长江水利资源，作为促进长江流域经济全面发展的第一要务。在长期实践的基础上，不断总结经验，形成了一系列关于治理开发长江流域的思想、理论、计划和方案，其形成过程大体上可以分为五个发展阶段（长江上游水土保持委员会和长江水土保持局，1997）：

第一阶段（1949～1953 年），治理开发长江流域思想的产生。新中国成立前夕，正当全国解放战争胜利进军之际，长江洪水泛滥，给中下游人民群众带来了深重的灾难。新中国成立仅 3 个月时间，长江水利委员会就在武汉成立，开始制定治理长江水患的方案，兴建了荆江分洪工程。这一时期的实践重心在于治理长江水患，在理论方面，提出了治标与治本相结合的方针。

第二阶段（1954～1958 年），1954 年夏天，长江发生特大洪水，全国为之震惊，根治长江水患已成当务之急。为寻求治本之策，在长江水利委员会的基础上，成立了长江流域规划办公室（简称"长办"），开始了对三峡水利工程和长江流域进行勘测，并得到苏联政府的援助。长江流域综合规划最早始于 1955 年，到 1957 年基本完成规划工作，于 1959 年正式提出《长江流域综合利用规划要点报告》。

第三阶段（1959～1976 年），在《长江流域综合利用规划要点报告》的框架指导下，并配合国家建设和三线建设供电急需，进行了许多枢纽的选点和初步设计工作；进行了以水利枢纽为主的长江干流梯级开发规划，以防洪、航运为主的长江中下游河道整治规划；兴建了丹江口水利枢纽和葛洲坝水利枢纽，以及西部攀枝花工业区的建设。

第四阶段（1977～1996 年），20 世纪 80 年代以来，相继采取租赁、股份合作、拍卖"四荒"使用权和专业队治理等多种治理形式，进一步明确了责、权、利，鼓励和引导大户参与治理开发，为水土保持生态建设注入了新的活力，在全国初步形成了"治理主体多元化、投入机制多样化"的新格局。1982 年 12 月，国务院发文把长江水资源的综合开发和利用规划定为国家长远规划内容之一。1983 年 3 月，国家计划委员会以计土〔1983〕

285 号文建议"长办"为长江综合开发利用规划的综合编制单位。1989 年实施"长治"工程，1991 年国家颁布了《中华人民共和国水土保持法》，使长江流域水土保持工作步入了依法防治的轨道，人为水土流失得到了有效控制。

第五阶段（1998 年～21 世纪），1998 年以来，国务院先后批准实施了《全国生态环境建设规划》《全国生态环境保护纲要》，将防治水土流失、改善生态环境作为我国实施可持续发展战略和西部大开发战略的重要组成部分，全面加大了对生态建设的投入，水土保持事业取得长足发展。水土流失重点治理规模逐步扩大，治理速度明显加快；生态修复工作取得重大进展，加快了水土流失防治的步伐；水土保持技术支持体系日趋完善，基础科研工作得到加强；水土保持改革逐步深入，形成了全社会办水保的新格局。坚持预防为主、依法防治，治理与开发利用相结合，因地制宜、科学规划的原则，形成以小流域为单元，工程措施、林草植被措施和农业技术措施优化配置，山、水、田、林、路综合治理的水土保持重点防治体系。通过制定优惠政策，调动社会各界参与治理水土流失的积极性，促进全社会齐心协力，共同开展水土保持工作。

20 世纪 80 年代以来，鉴于长江上游水土流失的严重性、区域生态屏障和三峡水库安全运行等需求，国务院决定将长江上游作为全国水土保持重点防治区，相继实施了"长江上游水土保持重点防治工程""退耕还林（草）工程""水土保持生态修复试点工程"等系列工程。

3.1.1　长江上游水土保持重点防治工程

长江是我国第一大河，长江流域是我国水土流失的重灾区。据 20 世纪 80 年代中期卫星遥感调查，长江流域土壤侵蚀（如水蚀和风蚀）面积达到 62.22 万 km²，水土流失区年土壤侵蚀总量约达 24 亿 t。严重的水土流失成为该流域头号生态环境问题。据 1985 年长江上游各省区市统计，长江上游水土流失面积达 35.2 万 km²，水土流失区的年均土壤侵蚀量达到 15.68 亿 t。

20 世纪 80 年代末，国务院决定将长江上游列为全国水土保持重点防治区，并于 1989 年批准以金沙江下游及毕节地区、嘉陵江中下游、陇南及陕南地区和三峡库区等水土流失最为严重的"四大片"为重点，实施水土保持重点防治工程（即"长治"工程）。随后长江中游的丹江口水库水源区、洞庭湖和鄱阳湖水系以及大别山南麓部分水土流失严重县也相继启动重点治理。实施范围涉及流域上中游 10 省（自治区、直辖市）的 197 个县（市、区）。工程投入由启动之初的 0.4 亿元增加到 2004 年的 2.78 亿元（其中水利基建资金 2 亿元，农发资金 0.78 亿元），中央累计投入达 26.19 亿元；累计治理水土流失面积 8.40 万 km²，其中坡耕地改造 66 万 hm²，营造水土保持林 237 万 hm²，种植经果林 99 万 hm²，种草 33 万 hm²，封禁治理 255 万 hm²，保土耕作 146 万 hm²。此外，还兴修了谷坊、拦沙坝、蓄水塘坝、蓄水池、水窖、排洪沟、引水渠等一大批小型水利水保工程。工程建设共完成土石方量达 16 亿 m³，群众累计投工 20 亿个，3000 多条小流域通过国家验收。

3.1.2　退耕还林（草）工程

20 世纪 80 年代，我国生态环境边治理边破坏的现象一直十分严重，并呈不断恶化的趋势，加剧了自然灾害，加大了受灾地区的贫困程度，给国民经济和社会发展造成极大危害。特别是 1998 年长江和松花江、嫩江流域发生的特大水灾，使全国上下都强烈地意识到，加快林草植被建设、改善生态环境已成为一项紧迫的战略任务，是中华民族生存与发展的根本大计。1997 年 8 月，江泽民总书记"再造一个山川秀美的西北地区"的重要批示，向全国各族人民发出了加强环境保护和生态建设的伟大号召，为开展退耕还林奠定了坚实的思想基础。

1998 年 8 月修订的《中华人民共和国土地管理法》第三十九条规定："禁止毁坏森林、草原开垦耕地，禁止围湖造田和侵占江河滩地。根据土地利用总体规划，对破坏生态环境开垦、围垦的土地，有计划有步骤地退耕还林、还牧、还湖"。同年 10 月，基于对长江、松花江特大洪水的反思和我国生态环境建设的需要，中共中央、国务院制定的《关于灾后重建、整治江湖、兴修水利的若干意见》，把"封山植树、退耕还林"放在灾后重建"三十二字"综合措施的首位，指出："积极推行封山植树，对过度开垦的土地，有步骤地退耕还林，加快林草植被的恢复建设，是改善生态环境、防治江河水患的重大措施"。

对水土流失严重的坡耕地，停止农业利用，通过人工方法恢复乔、灌、草植被，是一项减少水土流失、改善生态环境的重要措施，也是中国西部大开发的重点基础建设内容。国家为退耕还林还草的农民在一定年限内无偿提供粮食，实行以粮代赈，以粮食换森林、换草地。退耕地造林种草后由当地县级人民政府逐块登记造册，及时核发林草权属证，纳入规范化管理；实行"退一、还二、还三"甚至更多。在有条件的地方，农民除负责退耕地造林外，还要承担一定面积的宜林荒山荒地造林种草任务。

3.1.3　水土保持生态修复试点工程

2001 年底，长江水利委员会水土保持局研究部署和启动实施了在云南姚安、贵州赤水、四川平昌、甘肃两当、陕西太白、湖北宜昌夷陵、重庆璧山、重庆巫溪、江西安义、湖南隆回 10 个长江流域的水土保持生态修复试点工程。2002～2005 年，水利部实施了第一批全国水土保持生态修复试点，长江流域有近 40 个县列入试点行列。各试点县在政府的统一领导下，全面规划，统筹协调，把人工治理与封育保护结合起来，充分发挥生态系统的自我修复能力，提高植被覆盖度，防治水土流失。

3.1.4　长江源区和南水北调中线工程水源区水土保持预防保护工程

2001 年 9 月长江水利委员会实施了长江源头区水土保持预防保护工程。"长江源头区水土保持预防保护工程"实施范围为 159700km²，工程建设期为 2001～2006 年。水利部长江水利委员会于 2003 年启动实施的南水北调中线工程水源区水土保持预防保护工程，确定将陕西省城固县、洋县、镇安县、柞水县、宁陕县、镇坪县，河南省栾川县，湖北省十堰市张湾区、竹溪县、丹江口市 10 个县（市、区）列为其重点地区，工程建设期为 2003～2007 年。陕西汉中段南水北调水源区水土保持项目历时 4 年，于 2006 年提前 1 年完成。湖北省十堰市丹江口市、张湾区、竹溪县三县（市、区），实施期为 5 年，总投资为 1055.89 万元，其中国家补助资金为 300 万元（每县 100 万元），地方自筹 755.89 万元。

3.1.5 长江中上游防护林体系建设工程

1989 年开始实施的长江中上游防护林体系建设工程（以下简称"长防"工程），是继"三北"防护林工程之后，我国在改善生态环境上的又一重大举措，在防治长江上游水土流失中发挥了一定的作用。"长防"工程的实施，有力地推动了工程区造林绿化的发展。云南省"荒山大户"会泽县"长防"工程启动以来，每年完成人工造林都在 1 万 hm^2 以上，是"长防"工程启动前年均人工造林面积的 10 倍多。"长防"工程区水土流失面积由 3620 万 hm^2 减少到 2098 万 hm^2，土壤侵蚀量由 9.3 亿 t 减少到 7.5 亿 t。号称"世界泥石流天然博物馆"的云南省昆明市东川区，森林覆盖率由原来的 13.3%增加到 20.6%，有 7 条泥石流沟得到初步治理，年拦蓄泥沙 3500 万 m^3。"长防"工程在涵养水源、拦沙固土、防治土壤侵蚀等方面发挥了一定的作用。

"长防"工程建设改善了区域小气候，为农业生产和水利设施筑起了一道绿色屏障，提高了防灾减灾、抵御自然灾害的能力，促进了粮食稳产高产。据对"长防"工程区 160 个县（市、区）的调查，粮食产量从治理前的 1749 万 t 增加到 2667 万 t。

3.1.6 水土保持世行贷款项目

云贵鄂渝水土保持世行贷款项目是在国家倡导人与自然和谐相处，积极推进生态建设的大好形势下，应有关省（市）的要求和世界银行的建议，在黄土高原水土保持世行贷款项目取得成功经验的基础上，组织云南、贵州、湖北、重庆 4 省（直辖市）开展的外资水土保持项目，旨在引进国外先进的技术和理念，加大水土保持投资，加快水土流失防治速度，减少泥沙进入江河湖库，改善区域生产生活条件和生态环境，提高水土资源利用效益，夯实社会主义新农村建设基础，促进人口、资源、环境协调发展。

项目的前期准备工作包括可研报告、环境影响评价报告、社会影响评价报告、少数民族发展计划、土地征用与移民政策框架、病虫害管理计划、林业指南、大坝安全指南、四省市财务管理手册等一系列项目文件。项目涉及云南、贵州、湖北和重庆四省（直辖市）37 个县，除贵州的四个项目县位于珠江流域外，其余均在长江流域。项目区土地总面积为 $6907km^2$，规划治理水土流失面积 $3176km^2$。项目总投资 2 亿美元，计划利用世界银行贷款 1 亿美元，中央及地方各级配套 2.43 亿元，欧盟提供赠款 1000 万欧元（折合人民币 1 亿元），其余由项目区群众投劳折资实现。

3.1.7 国债投资水利建设项目

1998 年以来，国债投资重点保证了长江重要堤防建设、重要病险水库除险加固、解决人畜饮水困难以及其他西部重点水利项目建设的投资需要。大规模的水利投入极大地促进了各项水利事业的发展，以防洪工程为重点的水利工程建设取得了巨大成就。

3.1.8　天然林资源保护工程

天然林资源保护工程（简称"天保"工程）是与天然原始林禁伐同时启动的，国家保护、培育和发展森林植被资源，改善生态环境，保障经济和社会可持续发展的重要举措。"天保"工程以从根本上遏制生态环境恶化，保护和恢复生物多样性、生态系统及类型多样为宗旨；以调整森林资源经营方向，促进天然林资源的保护、培育和发展为措施；以维护和改善生态环境，创造社会经济可持续发展环境支撑为根本目的。对划为生态公益林的森林实行严格管护，严禁采伐，加大森林资源保护力度，大力开展林业建设；加强多资源综合开发利用，调整和优化林区经济结构；以改革为动力，用新思路、新办法，广辟就业门路，妥善分流安置富余人员，解决职工生活问题；加快长江上游地区工程区内宜林荒山荒地造林绿化，进一步发挥森林的生态屏障作用，保障经济和社会的可持续发展。

四川省实现了全省天然林禁伐，依法对 0.0893 亿 hm^2 天然林实行常年管护，采伐区转变为育林区，每年减少资源消耗量 1100 多万立方米；采取封育、飞播造林和人工造林相结合的方式，加快了荒山绿化的步伐，已营造生态公益林 50 多万公顷，封山育林 150 万 hm^2；对 4.6 万名在职职工实行转产分流，使其由砍树人逐步转变为种树人、护林人。

3.1.9　长江上游水土保持重点预防工程

根据《长江流域水土保持公报（2018 年）》数据（表 3-1），长江上游的三江源、金沙江岷江上游及三江并流、嘉陵江上游区域为长江流域国家级重点预防区，土地总面积约 58.98 万 km^2，水土流失面积约 6.06 万 km^2，占土地面积的 10.27%。长江上游金沙江下游、滇黔桂岩溶石漠化、嘉陵江及沱江中下游、三峡库区、乌江赤水河上中游 5 个区域为长江流域国家级重点治理区（共 7 个），土地总面积约 29.17 万 km^2，水土流失面积约 10.35 万 km^2，占土地面积的 35.47%。

表 3-1　长江上游国家级重点预防区和治理区水土流失面积

分区类型	涉及区域	区域土地总面积/km^2	水土流失面积/km^2		占比/%
			水蚀	风蚀	
国家级重点预防区	小计	589757	45423	15163	10.27
	三江源	283485	3701	14673	6.49
	金沙江岷江上游及三江并流	245011	26807	490	11.14
	嘉陵江上游	61261	18245		29.78
国家级重点治理区	小计	291687	103454		35.47
	金沙江下游	90104	30191		33.51
	滇黔桂岩溶石漠化	12700	3796		29.89
	嘉陵江及沱江中下游	57184	24087		42.12
	三峡库区	51542	18123		35.16
	乌江赤水河上中游	80157	27257		34.00

3.2　长江上游流域径流泥沙变化

3.2.1　长江干流径流、泥沙变化

受环境影响，长江上游水沙过程呈震荡变化，分析干流区各站点的变化趋势（图3-1）可知，屏山、朱沱、寸滩、宜昌四站的径流量年变化并不显著，但是输沙量减少较为显著。2003年之前，长江上游朱沱站、寸滩站的水沙变化规律与宜昌站基本上是一致的，但2003年后宜昌站输沙量下降趋势明显大于朱沱站、寸滩站，说明三峡水库蓄水拦沙效果明显。

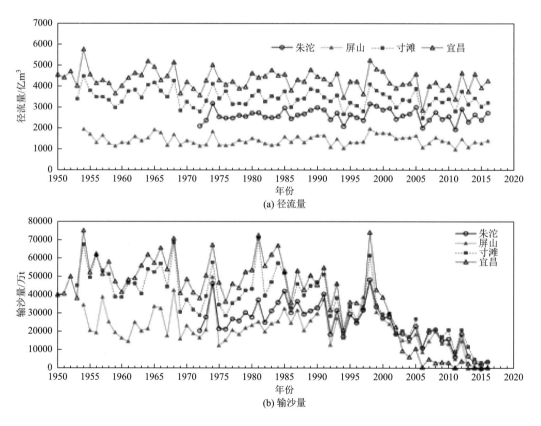

图 3-1　长江上游干流主要水文站径流量、输沙量变化

屏山站、朱沱站、寸滩站和宜昌站不同年代的水沙特征值如表3-2所示，对应的年代间水沙变化见图3-2。从图3-2和表3-2可以看出，进入2000年后屏山站输沙量开始减少；而朱沱站、寸滩站、宜昌站的输沙量在20世纪90年代就开始出现减少的趋势；2010年以来，长江上游干流4个水文站的输沙量都呈现大幅减少的趋势。

表 3-2　长江上游干流主要水文站各年代径流量与输沙量

水文站水沙量		年径流量/亿 m³				年输沙量/万 t			
		屏山	朱沱	寸滩	宜昌	屏山	朱沱	寸滩	宜昌
变化过程	1950s	1358	2581	3567	4428	26000	30350	52629	51880
	1960s	1501	2828	3689	4535	24380	34022	48130	54880
	1970s	1333	2548	3308	4145	22100	28795	37650	47470
	1980s	1406	2655	3496	4448	25650	32920	47620	54880
	1990s	1471	2679	3375	4311	29750	31050	37350	42380
	2000s	1509	2610	3289	4049	17773	20100	21466	13175
	2010~2016 年	1282	2494	3258	4091	4971	8236	10854	1904
多年平均		1410	2634	3433	4296	25600	27314	37678	39701

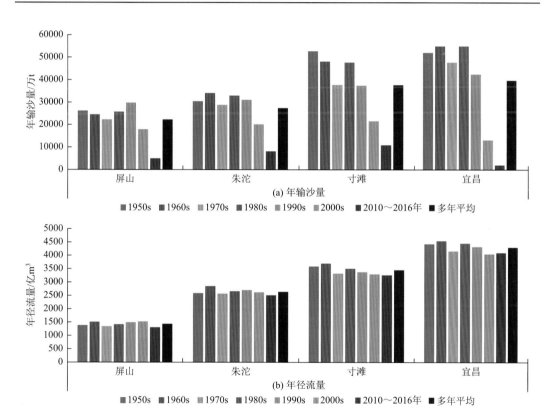

图 3-2　长江上游干流主要水文站年径流量、年输沙量年代间变化

3.2.2　嘉陵江流域径流、泥沙变化

1. 流域基本特征

嘉陵江干流全长 1120km，天然落差约 2300m，全流域集水面积（北碚站以上）约

156000km², 是长江水系流域面积最大的一条支流。嘉陵江东源(称为正源)为陕西省凤县代王山的东峪河, 西源起自甘肃省天水市秦州区齐寿乡齐寿山的西汉水, 两源南流至陕西省略阳县白水镇汇合后, 经阳平关进入四川省境内, 过广元市在昭化区接纳白龙江, 南流至阆中市在左岸汇入东河, 又在南部县、蓬安县接纳西河, 并流经南充市、武胜县而达重庆合川区, 纳左岸渠江和右岸涪江两支流后, 经北碚区于重庆渝中区朝天门汇入长江。嘉陵江水系主干明显, 支流发育, 是典型的树枝状水系, 流域面积超过300km²的一级支流共有37条, 流域面积大于1000km²的有11条, 主要支流西汉水、白龙江、渠江、涪江等流域面积都在10000km²以上。

嘉陵江流域东、北、西三面地势较高, 向东南高程逐渐降低, 地势渐趋平缓。各水系上游均为山区, 山高坡陡, 植被较差, 河谷深切, 岸陡谷狭, 河床比降大, 岩层破碎, 泥石流发育, 干流自广元以下, 河谷逐渐开阔, 地形从深丘过渡到浅丘, 河湾、阶地和冲沟发育, 属于川中盆地。流域内地质构造十分复杂, 横跨三大构造单元, 土壤组成除西汉水山分布有2350km²的黄土区外, 其他均为紫色土和土石山区。

流域内径流丰沛, 主要由降水补给, 北碚站多年平均流量为2077m³/s, 年径流量652.85亿m³, 约占长江宜昌站的15.20%, 多年平均径流系数为0.47。流域内年内降水量分配比较集中, 5～9月降水量占全年总降水量的77%, 12月至次年2月为全年降水量最少的季节, 仅占全年降水量的3.2%, 汛期6～9月为全年降水量最多的季节, 占全年降水量的66%。受降水影响, 径流量年内分配不均, 5～10月径流量占全年径流量的84%以上, 而1～3月径流量占全年径流量不到5%。

对于宜昌站的来沙组成来说, 嘉陵江曾是一条多沙河流, 1990年以前, 其出口站北碚水文站的多年平均径流量和泥沙量在宜昌来水来沙组成中分别占15.9%和25.6%, 特殊年份可占48.9%(1981年)。嘉陵江流域水土流失类型以水力侵蚀为主, 其次为重力侵蚀, 主要分布在西汉水、白龙江、嘉陵江中游上段以及渠江流域。由于上游黄土区土质疏松, 中下游紫红色页岩又易于风化, 加之岸坡很陡, 耕垦过度, 植被覆盖较差, 剖面侵蚀强烈, 流域内水土流失非常严重。据1988年全国遥感普查结果, 全流域水土流失面积为8.28万km², 占流域总面积的51.75%, 土壤侵蚀总量为3.66亿t/a, 侵蚀模数为4419t/(km²·a)。可见嘉陵江流域是长江上游重点产沙区域之一, 也是长江流域泥沙的重要源区。相比于径流量来说, 嘉陵江流域内输沙量更为集中, 5～10月输沙量占全年输沙量的94%以上, 1～3月输沙量占全年输沙量还不到0.1%。

2. 近30年来嘉陵江流域径流泥沙变化特征

从嘉陵江控制站——北碚站历年年径流量和输沙量变化过程来看(图3-3), 近年来嘉陵江水沙总体呈现径流量略有减少, 而输沙量明显减少的特征, 其中1997年径流量最低, 仅有308亿m³, 1983年径流量最大, 达到1070亿m³; 而最大输沙量出现在1981年, 达到35600万t, 最小输沙量仅有110万t(2016年)。1954～2016年统计资料表明, 与1954～1990年相比, 北碚站1991～2016年年均径流量由700亿m³减少至585亿m³, 减少115亿m³, 减幅16.43%; 年均输沙量则由13443万t减少至3158万t, 减少10285万t, 减幅高达76.51%。

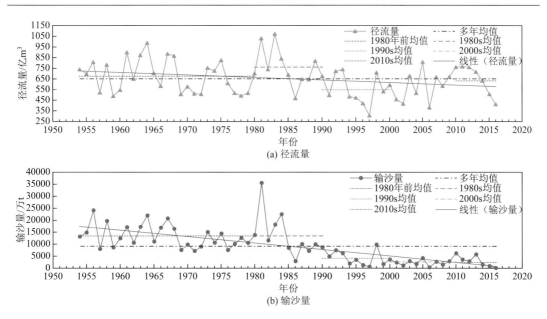

图 3-3 嘉陵江北碚站径流量、输沙量变化过程

总体来看，嘉陵江流域径流呈现波动式下降的趋势。北碚站径流量的年代统计结果表明（表 3-3），相比于 1980 年前的平均径流量，1981～1990 年嘉陵江流域径流量略有上升，径流量由 1980 年前均值的 677 亿 m^3 增加到 763 亿 m^3；1991～2000 年年径流量则下降到 548 亿 m^3，相比于 1980 年前均值变化率达−19%；2001 年后，径流相比于 1991～2000 年略有升高，但总体还是低于 1980 年以前均值。

表 3-3 嘉陵江北碚站径流量和输沙量变化表

项目	年径流量/亿 m^3	年输沙量/万 t	年平均含沙量/(t/m^3)	年平均输沙模数/[t/(km^2·a)]
多年平均	653	9199	1.409	587.03
1980 年前	677	13415	1.981	856.11
1981～1990 年	763	13520	1.773	862.80
变化率/%	13	1	−10	1
1991～2000 年	548	4109	0.750	262.21
变化率/%	−19	−69	−62	−69
2001～2010 年	595	2632	0.443	167.96
变化率/%	−12	−80	−78	−80
2011～2016 年	633	2450	0.387	156.35
变化率/%	−6	−82	−80	−82

注：变化率为各时段均值与 1980 年前均值的相对变化；北碚站于 2007 年下迁 7km，集水面积增加 594km²；多年统计年份为 1954～2016 年。

嘉陵江流域输沙量减小幅度明显大于径流量。相比于 1980 年前平均输沙量，1981～

1990 年嘉陵江流域输沙量略有增加，由 13415 万 t 增加到 13520 万 t；1991～2000 年则快速下降，输沙量减少达 9306 万 t，下降 69%；进入 21 世纪后，流域输沙量继续下降，2001～2010 年和 2011～2016 年均值比 1980 年均值分别下降 80% 和 82%。

3. 嘉陵江流域水沙地区组成及变化

从嘉陵江流域水沙地区组成（表 3-4）可以看出：嘉陵江三大水系中干流水量最为丰富，多年平均径流量占北碚站的 38.1%，渠江和涪江径流量则分别占北碚站的 33.9% 和 22.3%；输沙主要来自干流武胜站以上地区的嘉陵江、渠江和涪江，其输沙量分别占北碚站的 47.5%、20.6% 和 13.2%。此外，嘉陵江三江汇合区（集水面积 8944km^2）多年平均来水量和来沙量分别为 47 亿 m^3 和 2190 万 t，分别占北碚站水沙量的 5.7% 和 18.7%。

表 3-4　嘉陵江流域水沙地区组成变化

河名	站名	集水面积		多年平均径流量		多年平均输沙量		统计年份
		/km^2	占北碚/%	/亿 m^3	占北碚/%	/万 t	占北碚/%	
白龙江	三磊坝	29247	18.7	106	15.1	1850	12.9	1954～1990 年
				80.8	14.6	576	12.4	1991～2000 年
				80.3	13.9	132	5.2	2001～2005 年
				98.3	14.8	1400	12.2	1954～2005 年
西汉水	谭家坝	9538	6.1	23.9	3.4	1520	10.6	1954～1990 年
				8.43	1.5	1130	24.2	1991～2000 年
				21	3.2	1460	12.7	1954～2005 年
嘉陵江	武胜站	79714	51.1	273	38.8	7010	49.0	1954～1990 年
				197	35.7	1910	41.0	1991～2000 年
				188	32.6	670	26.5	2001～2005 年
				253	38.1	5460	47.5	1954～2005 年
涪江	小河坝	29420	18.8	155	22.0	1880	13.1	1954～1990 年
				139	25.2	764	16.4	1991～2000 年
				117	20.3	630	24.9	2001～2005 年
				148	22.3	1520	13.2	1954～2005 年
渠江	罗渡溪	38064	24.4	233	33.1	2840	19.9	1954～1990 年
				202	36.6	1240	26.6	1991～2000 年
				218	37.8	1370	54.2	2001～2005 年
				225	33.9	2370	20.6	1954～2005 年
嘉陵江	北碚	156142	100.0	703	100.0	14300	100.0	1954～1990 年
				552	100.0	4660	100.0	1991～2000 年
				576	100.0	2530	100.0	2001～2005 年
				664	100.0	11500	100.0	1954～2005 年

注：谭家坝站 2001～2005 年数据缺失。

与 1990 年前相比，1991～2005 年径流量地区组成未发生明显变化，但输沙量地区组成变化较大。其中，嘉陵江上游主要支流西汉水、白龙江的输沙量虽有所减少，但其占北碚站的比重有所增加；受上游来水来沙条件以及干流水利工程拦沙作用等的综合影响，嘉陵江干流武胜站输沙量由 7010 万 t 减少到 670 万 t，减少幅度高达 90.44%，占北碚站比重也由 49.0% 减少到 26.5%；渠江和涪江的输沙量之和由 4720 万 t 减少至 2000 万 t，但其占北碚站的比重则由 33.0% 增加至 79.1%。

嘉陵江北碚站减沙主要由武胜以上地区、渠江、涪江和三江汇合区减沙四部分组成，其中武胜以上地区减沙量为 6340 万 t，渠江减沙量 1470 万 t，涪江减沙量 1250 万 t，三江汇合区域减沙量 2710 万 t，分别占北碚站减沙量的 53.87%、12.49%、10.62% 和 23.02%（表 3-4）。

4. 嘉陵江流域水沙变化原因分析

一般情况下，流域水沙特性发生系统变化，在水沙量双累积曲线上将表现出明显的转折，即累积曲线斜率发生明显变化。从北碚站 1954～2016 年年径流量-年输沙量双累积曲线（图 3-4）可以看出，相比于 1975 年前，嘉陵江北碚站 1975～1984 年曲线斜率有所增大，表明其输沙量有所增加，这与 20 世纪流域内森林砍伐、开垦耕地有关；1984 年后曲线斜率一直呈减小趋势，这主要是受到流域内水库修建（如白龙江上的碧口水库）、农村剩余劳动力转移及水土保持开展过度的影响；在 1994 年后斜率减小尤其明显，这主要与宝珠寺水库蓄水拦沙有关。

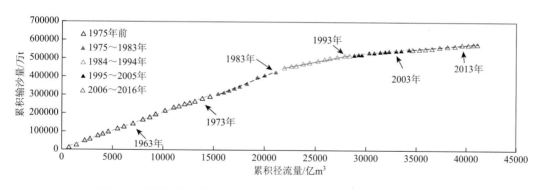

图 3-4　嘉陵江北碚站 1954～2016 年年径流量-年输沙量双累积曲线

影响流域侵蚀产沙和泥沙输移的因素可分为自然和人为两个方面。其中，自然因素中的地质地貌、土壤植被等条件相对稳定，对侵蚀产沙变化影响较小；而自然因素中的气候变化和水土保持工程、水利工程、河道采砂等是流域侵蚀产沙和输沙量变化的重要因素。

（1）降水量变化：嘉陵江流域 12 个水文气象站点的降水数据表明，嘉陵江流域年降水量呈略微下降趋势，1988～2010 年 23 年间年降水量同多年平均降水量相比累计减少895mm，在地表下垫面保持不变的情况下，单纯由气象条件导致的嘉陵江流域径流总量比1956～2010 年的平均径流量减少约 3.59%，输沙总量减少约 5.14%，气象条件变化对嘉陵江流域径流减少的贡献率为 23.81%，对输沙量减少的贡献率仅为 8.2%。由此可见，单纯气象条件变化仅导致嘉陵江流域径流和输沙量略微减少，人类活动造成的下垫面改变正逐步成为影响嘉陵江流域径流量和输沙量的主要因素。与1990年前相比，北碚站1991～2003年平均径流量减少159亿m³，从而引起北碚站输沙量减少3400万～3500万t/a，占北碚站总减沙量的32.9%。

（2）水利工程拦沙：长江水利委员会水文局1994年统计，20世纪60～80年代末，嘉陵江流域共建成各类水库4542座，总库容56.10亿m³，其中大型水库三座（碧口、鲁班和升钟）总库容21.5亿m³；1990年以来，又建成的有东西关、宝珠寺、江口、桐子壕、马回等20座大中型水库（水电站），总库容达40.9亿m³。其中1990年前嘉陵江流域水库共拦截泥沙14.4亿t，年均淤积泥沙约6250万t，北碚站减沙量为1200万t；1991～2003年嘉陵江流域水库年均拦沙量约为4620万m³/a，约合6000万t/a，其中已有水库发挥拦沙作用年均淤积2930万t，新增水库拦沙约3070万t/a，导致北碚站的减沙量约4410万t/a。与1990年前相比，水库新增减沙量为3210万t/a，约占北碚站总减沙量的30.5%。大型水库拦沙作用显著。

（3）水土保持减沙：20世纪80年代，长江上游地区严重的水土流失状况引起社会的广泛关注，从1989年起，嘉陵江中下游和陇南、陕南地区被列为长江上游水土保持重点防治区之一，截至1996年底，流域内先后有50个县（市、区）开展了水土保持重点治理（"长治"工程），实施了包括坡改梯、水保林、经果林、种草、封禁治理、保土耕作和小型水利水保工程等各种水保措施，累计治理水土流失面积2.14万km²，治理程度25.8%，根据水保分析法计算，全流域年平均减蚀拦沙3049.38万t，北碚站输沙量减少约1200万t/a；之后水土保持治理面积累计逐年增大，截至2000年底，流域内累计治理水土流失面积3.32万km²（较1996年增加了55%），据此估算水土保持措施对北碚站输沙量减少约1860万t。根据全国1999～2000年第二次遥感调查（采用1995～1996年TM卫星影像）资料，嘉陵江流域水土流失面积为79445km²，占土地总面积的49.65%，相比1988年遥感普查结果，水土流失面积减少4.09%，流域年侵蚀量减少6300万t，如果按流域泥沙输移比0.25计算，则可使北碚站年均减沙1600万t。因此，1991～2000年水土保持对北碚站年均减沙量在1575万～1860万t，占北碚站总减沙量的15.0%～17.7%。

（4）河道采砂：河道采砂会使河床床面受到不同程度的干扰，破坏河道水流流态和输沙天然特性。其中最明显的就是，引起推移质泥沙和悬移质中的粗沙输移量减少，这对减轻三峡水库变动回水区推移质泥沙淤积压力具有积极作用。据长江水利委员会水文局1993年调查，嘉陵江朝天门—盐井河段平均每千米采砂3.27万t、砾卵石1.40万t。另据2002年调查资料，嘉陵江朝天门—合川段104km范围内年采砂量356.7万t，砾卵石占18.8%，沙占81.2%。

3.2.3 金沙江流域径流、泥沙变化

1. 流域基本特征

长江上游干流四川宜宾以上称金沙江，发源于青海境内唐古拉山脉的各拉丹冬雪山北麓，流经青海、西藏、四川、云南四省（自治区），全长3464km，流域面积48.5万km²，

干流总落差达 3300m，支流主要有玛曲、当曲、楚玛尔河、雅砻江、龙川江、普渡河、小江、黑水河、牛栏江、横江等。金沙江流域水量充沛稳定且年际变化小，因流域集水面积大（约占长江上游面积的 36%）而成为长江上游径流的主要来源，其干流出口控制站——屏山站多年平均径流量 1410 亿 m³，占三峡入库径流量（清溪场站）的 36.5%。由于河床陡峻，流水侵蚀力强，金沙江又是长江上游泥沙最多的河流之一，屏山站多年平均输沙量为 25600 万 t，占三峡入库输沙量的 63%，是三峡水库入库泥沙的主要来源。

金沙江以石鼓、攀枝花为界，分为上、中、下三段，中游主要为金沙江干流段，控制面积为 285000km²，年径流量为 568 亿 m³，年输沙量为 5286 万 t，年均泥沙含量为 0.89kg/m³。金沙江下段水土流失极为严重，侵蚀模数达到 2500～5000t/(km²·a)，部分区域如小江流域侵蚀模数达到 5000～10000t/(km²·a)。

2. 近 30 年来金沙江流域径流泥沙变化特征

从金沙江控制站——屏山站历年径流量和输沙量变化过程来看（图 3-5），近年来金沙江水沙总体呈现出径流量略有减少，而输沙量明显减少的特征。其中 2011 年径流量最小，仅有 1010 亿 m³，1998 年径流量最大，达到 1971 亿 m³；而最大输沙量出现在 1974 年，达到 50100 万 t，最小输沙量仅有 60 万 t（2015 年）。1954～2016 年统计资料表明，与 1954～1990 年相比，屏山站 1991～2016 年年均径流量由 1437 亿 m³ 减少至 1428 亿 m³，减少

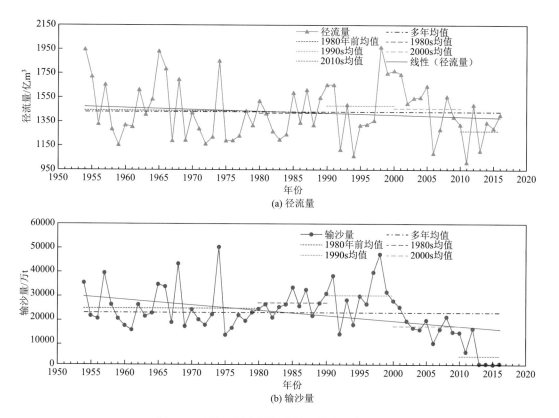

图 3-5　金沙江屏山站径流量和输沙量变化过程

9 亿 m³，减幅 0.63%；年均输沙量则由 24627 万 t 减少至 18455 万 t，减少 6172 万 t，减幅 25.06%。

　　总体来看，金沙江流域径流量略有下降。屏山站径流量的年代统计结果表明（表 3-5），相比于 1980 年前平均径流量，20 世纪 80 年代至 2010 年金沙江流域径流量几乎没有变化，但 2011～2016 年，径流量有较大减少，由 1980 年前均值的 1443 亿 m³ 减少到 1274 亿 m³，下降幅度达 12%。

表 3-5　金沙江屏山站径流量和输沙量变化表

项目	年径流量/亿 m³	年输沙量/万 t	年平均含沙量/(t/m³)	年平均输沙模数/[t/(km²·a)]
多年平均	1410	25600	1.541	455.25
1980 年前	1443	24007	1.664	495.00
1981～1990 年	1419	26300	1.853	542.27
变化率/%	−2	10	11	10
1991～2000 年	1483	29450	1.987	607.22
变化率/%	3	23	19	23
2001～2010 年	1465	16413	1.120	338.41
变化率/%	2	−32	−33	−32
2011～2016 年	1274	3533	0.277	72.85
变化率/%	−12	−85	−83	−85

　　注：变化率为各时段均值与 1980 年前均值的相对变化；多年统计年份为 1954～2016 年；2012 年屏山站下迁 24km 至向家坝站，2006 年起，集水面积更改为 458592km²。

　　20 世纪 80 年代末至 2000 年，金沙江流域输沙量呈增加趋势，与 1980 年前均值相比，1981～1990 年和 1991～2000 年屏山站年均输沙量分别增加了 2293 万 t 和 5443 万 t，增加幅度分别为 10% 和 23%；进入 21 世纪后，流域输沙量大幅下降，2001～2010 年和 2011～2016 年均值比 1980 年前均值分别下降 32% 和 85%，年均输沙量分别为 16413 万 t 和 3533 万 t。

　　3. 金沙江流域水沙地区组成及变化

　　根据水文站控制的区域将金沙江流域划分为 6 个区间（表 3-6），并计算不同区间不同时间段来水量和来沙量占屏山站径流量和输沙量的比例。

表 3-6　金沙江流域水沙地区组成变化

河名	子流域	集水面积/km²	占比%	多年平均径流量/亿 t	径流量占比%	多年平均输沙量/万 t	输沙量占比%	统计年份
金沙江	巴塘以上	180055	39.26	280	19.81	1400	5.72	1952～1990 年
				269	18.11	1950	6.61	1991～2000 年
				298	18.76	1610	8.75	2001～2004 年
				279	19.36	1500	6.00	1952～2004 年

河名	子流域	集水面积/km²	占比%	多年平均径流量/亿 t	径流量占比%	多年平均输沙量/万 t	输沙量占比%	统计年份
金沙江	巴塘—石鼓	34129	7.44	140	9.90	780	3.18	1952～1990 年
				165	11.12	1060	3.59	1991～2000 年
				143	9.04	1420	7.72	2001～2004 年
				145	10.07	940	3.76	1952～2004 年
金沙江	石鼓—攀枝花	44993	9.81	123	8.72	2300	9.39	1952～1990 年
				151	10.18	3590	12.17	1991～2000 年
				200	12.61	3100	16.85	2001～2004 年
				140	9.68	2770	11.08	1952～2004 年
雅砻江	桐子林	127590	27.82	597	42.20	4190	17.10	1952～1990 年
				615	41.44	4410	14.95	1991～2000 年
				656	42.36	1350	7.34	2001～2004 年
				605	41.40	3980	15.92	1952～2004 年
金沙江	攀枝花—华弹	39181	8.54	108	7.63	8130	33.18	1952～1990 年
				139	9.37	11290	38.27	1991～2000 年
				118	7.45	7620	41.41	2001～2004 年
				109	7.58	8610	34.44	1952～2004 年
金沙江	华弹—屏山	32644	7.12	166	11.74	7700	31.43	1952～1990 年
				145	9.78	7200	24.41	1991～2000 年
				171	10.78	3300	17.93	2001～2004 年
				164	11.37	7200	28.80	1952～2004 年
金沙江	总和	458592	100.00	1414	100.0	24500	100.0	1952～1990 年
				1484	100.0	29500	100.0	1991～2000 年
				1586	100.0	18400	100.0	2001～2004 年
				1442	100.0	25000	100.0	1952～2004 年

从表 3-6 可以看出，金沙江流域具有明显的水沙异源特征。雅砻江属于丰水少沙区，产水量比例大于流域面积比例；巴塘以上流域面积大而来水来沙量较小，为少水少沙区；巴塘—石鼓产水量比例与流域面积相当，产沙量比例较小，但近年来增加很快，为平水少沙区；石鼓以上地区产水量所占的比例明显大于输沙量所占的比例，水多沙少，但产沙量所占的比例有上升趋势。石鼓—攀枝花产沙量、产水量和流域面积所占的比例基本一致，为平水平沙区；攀枝花—华弹产水量与面积所占的比例基本一致，产沙量所占的比例为产水量比例的近 5 倍，是典型的平水多沙区；华弹—屏山为多水多沙区，产沙量大于产水量。金沙江流域内产沙的地域差异很大，输沙模数从巴塘以上到华弹区间逐渐增大。攀枝花以上年产沙量 0.521 亿 t，输沙模数为 200t/(km²·a)，而攀枝花—屏山年产沙量为 1.58 亿 t，输沙模数为 2200t/(km²·a)。

金沙江流域不同区间水沙的趋势性变化特征存在明显的差异。石鼓以上地区年径流量基本不变，输沙量明显增加；石鼓—攀枝花径流量和输沙量增加的趋势都很明显，二者同步增加；攀枝花—华弹年径流量明显增加，但输沙量基本不变，没有随径流量的增加而增加；华弹—屏山年径流量和输沙量都略减少，后者减少的趋势更明显。

4. 金沙江流域水沙变化原因分析

从金沙江屏山站 1954～2016 年年径流量-年输沙量双累积曲线（图 3-6）可以看出，金沙江屏山站的输沙量自 20 世纪 80 年代以后出现增加趋势，90 年代末期后增速又明显减小。屏山站年输沙量-年径流量双累积曲线存在 3 个转折点，将水沙过程分为 4 个阶段：第一个转折点发生于 1980 年，相比于 1979 年前，屏山站 1968 年拟合直线向输沙量偏转，表明其输沙量有所增加，这可能与工矿建设增沙作用有关；第二个转折点发生在 1998 年，拟合直线向径流量偏转，输沙量有所减少，这与二滩水库建成蓄水有关；第三个转折点发生于 2011 年，金沙江中下游梯级水库逐步开始蓄水拦沙，尤其是溪洛渡、向家坝两个大型水库的拦沙作用，大幅减少了流域输沙量。

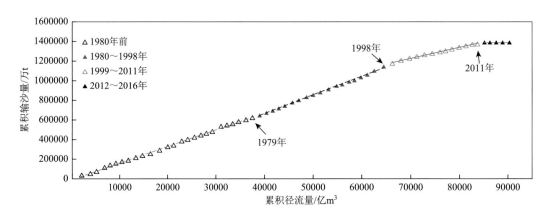

图 3-6　金沙江屏山站 1954～2016 年年径流量-年输沙量双累积曲线

1）泥沙增加的原因

20 世纪 80 年代以来，金沙江下游降水径流变化不大，河流泥沙的增加主要是在特定的侵蚀、产沙、输沙环境下，人类活动改变了下垫面条件，其中工程建设是主要原因之一。金沙江流域山高坡陡，沿河工程多，工程建设剥离土石方量和弃流比（弃土量和流失量之比）大。粗略估计，金沙江流域每年工程建设总弃土量大于 1.5 亿 t，以弃流比 0.3 计，每年增加河流沙量 4500 万 t。多数泥石流防治工程采用排导槽方式排泄泥沙，排导槽修建之前，部分泥石流堆积于沟口的扇形地上，修建后，把泥石流直接输送到河道中。据调查，这是云南龙川江 20 世纪 70 年代以来沙量增加的一个重要原因。

泥沙增加的另一原因是斜坡稳定的破坏与恢复，金沙江下游地区构造活动强烈，河谷下切强烈，两岸山坡坡度陡峻，山坡稳定性差。一旦斜坡失去植被保护，或受到工程开挖扰动，破坏了斜坡原来的自然稳定状态，就容易产生滑坡和崩塌，大量固体物质倾入金沙江干流和主要支流河道，直接增加了河道泥沙。

2）泥沙减少的原因

（1）水利工程拦沙。金沙江及岷江流域内修建了众多的库、坝、塘、堰、凼等水利工程。这些水利工程拦蓄了大量的泥沙，对河流输沙有重要的影响。水利部长江水利委员会水文局根据 2004 年金沙江流域 6 座大型水库、58 座中型水库和 2050 座小型水库，总库容约 110 亿 m³ 的调查情况，通过加权平均算出水库拦沙率，并分 3 个时段计算了不同区域水库的拦沙量。结果表明，2001～2004 年，金沙江流域水利工程年均拦沙约 6900 万 t，其中大型水库约占了 70%（主要是二滩水库拦沙）。2012 年底向家坝水利枢纽蓄水拦沙，导致向家坝站的输沙量由 2012 年的 15100 万 t 降低到 200 万 t。大型水利工程拦沙是近期金沙江流域泥沙减少的主要原因。

（2）"长治"工程减沙。金沙江下游早在 1989 年就被列入长江上游水土保持重点治理区，十多年的治理取得了成效。初步估计，金沙江下游"长治"工程年均减沙量 220.30 万 t，1996 年水平年减沙量为 438.69 万 t，对减少长江泥沙做出了贡献。但是，"长治"工程减沙仅占攀枝花—屏山下游流域年输沙量的 2.15%，其减沙量对河流输沙量的影响有限。这主要是因为，"长治"工程的以坡改梯、水保林、经果林、封禁治理为主的小流域治理措施配置，防止坡面侵蚀的效果较好，但防止冲沟侵蚀和滑坡、泥石流等沟蚀以及重力侵蚀的效果有限。金沙江下游主要产沙源于泥石流、滑坡，泥石流、滑坡治理将是这一地区减沙的主要途径。

（3）生态修复。20 世纪 90 年代末期以后，国家在该地区相继实施了大规模的生态保护和生态建设工程，如退耕还林（草）工程、天然林保护工程和生态县建设工程，该区植被在宏观上有一定程度的恢复，发挥了抑制坡面侵蚀的作用，减少了部分泥沙。由于气候条件较差，大部分地区植被恢复难度较大，特别是生态环境恶劣、侵蚀最严重的干热河谷区，植被恢复非常困难。这将是今后生态修复重建的关键区域和难点所在。

3.3　国家级水土保持措施工程效益评价

水土保持是维系和改善生态环境，保障社会经济可持续发展的重要措施。长江上游水土保持是国家生态屏障建设的重要组成部分。国家级水土保持重点建设工程是我国最早安排专项资金实施的有规划、有步骤、集中连片大规模开展水土流失综合治理的国家生态建设重点工程，工程分期规划，分期实施。长江上游作为全国水土保持重点防治区，自 20 世纪 80 年代以来，相继实施了"长江流域水土保持重点防治工程""天然林资源保护工程""退耕还林（草）工程""水土保持生态修复试点工程"等系列工程。国家级水土保持工程的实施，对长江上游的社会发展和生态环境建设发挥了重要的作用（水利部等，2010）。

水土保持的效益包括经济效益、社会效益和生态效益三大层面。经济效益又可分为直接经济效益和间接经济效益。直接经济效益是各类土地由于水土保持作用直接生产的产品，包括梯田梯地增产粮食及秸秆、林地蓄积的活立木、生产的经济林果及枝柴、人工草地生产的饲草等。间接经济效益是在采取水土保持措施后，通过蓄水、保土、保肥、拦沙等间接获得的效益（国家技术监督局，1995）。

3.3.1　经济效益

长江流域水土流失最大的危害是对水土流失区耕地资源的破坏、对农业生产发展的制约和可持续发展基础的动摇（虞孝感，2003）。以 1989 年开始实施的"长江上游水土保持重点防治工程"（以下简称"长治"工程）为例，"长治"工程在控制云、贵、川、甘、陕、鄂、渝、豫等省（直辖市）水土流失、改善生态环境和农业生产条件及促进山区社会发展方面发挥了重大作用。"长治"工程实施范围先由"四大片"的 7 省（市）61 个（市、区）有序扩大到以上游为重点、上中游协调推进的 10 省（市）197 个县（市、区），水土流失治理以年均超过 5000km^2 的速度向前推进，累计治理水土流失面积超过 8 万 km^2，长江上游"四大片"水土流失治理程度达到 40%。"长治"工程始终坚持把坡耕地整治作为水土流失治理的重点和突破口，把治水作为主线贯穿于小流域治理之中，把解决群众生产生活中的实际问题作为防治工作的着力点，大力实施坡改梯，注重田间道路建设和地埂利用；突出小型水利水保工程建设，积极开展塘堰整治，并注重解决人畜饮水困难。"长治"工程累计完成坡改梯 970.6 万 hm^2，修筑田间道路 2.3 万 km，实施经济价值较高的植物护埂 8 万 km，修建蓄水池 33 万口、沉沙函 560 万个、排灌沟渠 11 万 km，新修塘堰 2.9 万座，使上游石灰岩地区数以百万公顷濒临石漠化的坡耕地得到及时抢救，改善了农业生产条件，稳固了农业可持续发展基础。

水土流失使大量营养元素随表层肥土而损失，造成大面积土地退化，农田生产力水平低而不稳。近几十年来，随着一批国家级水土保持工程的建设，在长江上游山区的水土流失治理主要以改造坡耕地为突破口，兴建了大批高质量的基本农田，配以小型水利水保工程，大大改善农业生产条件，增强了农业发展后劲，基本达到人均 0.067hm^2（1 亩）基本农田的目标。农业人均产粮达到 441kg，农业发展基础的稳固，确保了治理区粮食综合生产能力稳步提高，治理区人均产粮由治理前的 363kg 提高到 510kg，累计增产粮食 51.3 亿 kg（表 3-7）。

表 3-7　坡耕地改造前后粮食产量比较

地点	改前粮食产量/(kg/hm^2)	改后粮食产量/(kg/hm^2)	备注
湖北长阳流溪河小流域	3480	7200	与三峡库区相邻
陕西安康白鱼河小流域	3405	6300	类似秦巴山区
重庆云阳二道河小流域	1500	3495	三峡库区
四川内江白马镇	1920	6300	嘉陵江中下游
四川遂宁	5070	11445	嘉陵江中下游
陕西镇巴县	1125	2400	陕南地区

　　通过水土保持生态建设，发展名、特、优、新经济林果基地。水土流失治理的小流域，山、水、田、林、路统一规划，工程措施、林草植被措施、蓄水保土措施优化配置，既综合治理水土流失，改善生态环境和土地资源，又因地制宜地发展种植业、养殖业、加工业和旅游业，使小流域成为发展商品生产的基地（杨定国和陈国阶，2003）。水土保持单项措施或综合措施的直接经济效益容易计算。

　　"长治"工程实施 15 年来，治理达标的小流域农民人均纯收入达到 2449 元，比未治理的小流域多 1658 元，高出 47.7%；据初步计算，"长治"工程总投资约 124.62 亿元，总效益约 571.00 亿元，投入产出比为 1∶4.58，净效益达 446.38 亿元。"长治"工程加快了农民脱贫的进程，如甘肃省陇南市"长治"区内的贫困面由治理初期的 66%缩小至 24%；四川省治理区内贫困户由 15%以上下降至 5%。

3.3.2　生态效益

　　水土流失综合治理可以改善土壤的物理、化学性状，提高土壤质量；增加林草植被覆盖度，改善生物多样性和小气候环境。水土保持工程的实施对改善全流域特别是上游地区生态环境的作用，正从微观到宏观、从局部到整体、从量变到质变逐步显现。

　　森林植被影响水文过程，调节径流分配、影响土壤水分运动、改变产流汇流条件，在一定程度上起到削减洪峰、推迟或延长洪水汇集时间，增加枯水径流，控制土壤侵蚀，减少泥沙，改善河流水质的作用（崔铁成，1993）。森林调节径流、削减洪峰的作用表现为两个方面：一是降水透过林冠后，直接进入枯枝落叶层；二是森林土壤具有很强的透水性和持水性，所以土壤库将对入渗水分进行第二次调蓄。据对 1981 年四川发生的洪灾进行调查，涪江和沱江流域降水相似，但涪江和沱江森林覆盖率分别为 12.3%和 5.4%，涪江较沱江减少洪峰量 31%。在西部地区，当降水量为 100mm 时，生长良好的森林，可以不产生径流，森林区域较无林区域可削弱洪水流量 70%～95%。此外，森林还能延续洪水汇流时间，起到独特的滞洪、削洪作用。由于植被对径流的调节作用和植被对斜坡的覆被作用，坡面侵蚀和流域产沙明显减少。

　　长江上游是我国水资源、能源和生物多样化的重要源泉，对维护我国生态系统十分重要，也是地球相互依存的一个重要生态系统（曾大林等，2005）。经过"长治"工程、退耕还林工程、"长防"工程和"天保"工程的实施，长江上游的山逐渐变绿，水逐渐变清，绿色生态屏障开始逐渐形成。四川省 1998～2004 年，对 1923 万 hm² 森林实行了常年性管护，每年减少森林资源消耗量 1100 万 m³，相当于少采伐 47 万 hm² 天然林，使长江上游最大的一片水源涵养林得以休养生息，使长江上游一批宜林荒山、疏林地和陡坡耕地逐步形成乔灌草结合的复合群落，四川省森林覆盖率已由 6 年前的 24.2%上升到 27.9%，全省的水土流失面积得到有效控制，累计减少土壤侵蚀量 17.7 亿 t。

　　根据长江流域各地的调查资料，水土流失量在原有的基础上，坡改梯可减少 80%以上，经济林可减少 70%以上，有坡面水系工程的可减少 80%，种草可减少 60%，封禁治理可减少原轻度流失区的 60%，保土耕作可减少 60%。综合治理小流域泥沙控制率达到

80%～90%。以"长治"工程为例,该工程始终坚持以小流域为单元,工程措施、林草植被措施和保土耕作措施有机配置,因害设防。经过十多年的持续治理,水土流失治理面积以年均超过 5000km^2 的速度推进,3009 条小流域得到初步治理并竣工验收达标,治理区林草覆盖率由 35%提高到 56%,上游"四大片"水土流失治理程度达到 40%,15.5 万 km^2、4185 万群众初步摆脱严重的水土流失困境。

"长治"工程实施以来,特别是 1991 年《中华人民共和国水土保持法》颁布实施以来,重点防治区各地在扎实推进水土流失综合治理的同时,水土流失防治步入法治化、规范化轨道。全流域累计审批水土保持方案 6.18 万个,开发建设单位累计投入水土流失防治经费 13.3 亿元,一大批开发建设项目通过水土保持验收;共收缴水土保持规费 2.53 亿元,建设返还治理工程 732 处;查处人为水土流失案件 14309 起。目前流域内大到青藏铁路、三峡、南水北调、西气东输工程,小到一个矿点、一处采石场,大多数都依法纳入水土保持监督管理之中;成功实施了长江源头区和南水北调中线工程水源区两大区域的水土保持预防保护工程,切实加大了预防保护和治理成果管护力度,从总体上扭转了破坏大于治理的被动局面。

水土流失治理对减少土壤侵蚀和入江泥沙有相当重要的作用和贡献。长江流域经过十多年的治理,加上诸多水利和水电工程的建设,水土流失趋势开始出现由增到减的历史性转折,局部地区生态环境面貌显著改观,部分支流的河流输沙量呈下降趋势。例如,嘉陵江出口北碚控制站,开展治理后多年平均输沙量减少 62%,河水含沙量由 2.05kg/m^3 下降到 0.51kg/m^3,低于长江的平均值。长江上游宜昌控制站多年平均输沙量自 20 世纪 90 年代以来也呈现下降趋势。小型蓄、排、引水工程可拦蓄地表径流,具有直接、间接的保水效益。根据长江上游多年平均降水量和多年平均径流量,水保工程的蓄水量按具体工程类型确定,年蓄水 8.7 亿 m^3。

3.3.3 社会效益

长江上游是我国滑坡、泥石流灾害分布最为集中、危害最为严重的地区之一,约有大小滑坡 15 万处、泥石流沟万余条。1991 年长江上游滑坡、泥石流预警系统建成并投入运行,这一预警系统已建成 58 个监测预警点和 20 个群测群防试点县,范围涉及长江上游水土保持重点防治区的云、贵、川、甘、鄂、渝 6 省(直辖市)38 个县(区),基本覆盖了长江上游滑坡、泥石流分布集中的区域,监控面积达 11 万 km^2,有效地保护着 30 万人和数十亿元固定资产安全,是世界上覆盖面最广、规模最大的山地灾害监控网络,成效十分显著。

水土保持工程的实施可以改善生态环境,为发展生产、整治国土、治理江河,减少水、旱、风沙灾害服务。小流域综合治理可优化土地利用结构,提高土地生产力;优化农村生产结构,提高劳动生产率;促使农村剩余劳动力转移,转向从事第二产业和第三产业;提高粮食承载力,缓解人地矛盾,促进社会进步。

3.4 区域生态服务评估

长江上游大部分区域气候适宜,雨量丰富,生态系统类型复杂多样,使不同生态系统类型或不同生态区域又可能具有相同或相似的服务功能，同一生态系统类型或同一生态区域又具有多种服务功能，并且长江上游生态系统功能和服务具有跨时空的特点（伍星等，2009）。不同区域生态系统服务功能往往表现出较大差异性，如江河源生态服务功能区，其主要生态服务功能体现为水源调节及水土保持，而青藏高原东缘高山峡谷区主要体现为生物多样性及水土保持等方面。长江上游可划分为 7 个生态系统服务区，分别是江河源水源调节及水土保持区、青藏高原东缘高山峡谷生物多样性保护及水土保持区、干热河谷水土保持及控制泥沙入江区、喀斯特农业环境保护及水源调节区、四川盆地农业环境保护及水土保持区、三峡库区减轻洪涝灾害及泥沙入江控制区、亚热带与南温带过渡带综合生态服务区（陈国阶等，2005）。总体上，长江上游主导生态系统服务功能主要有水源涵养、水土保持、水文调节等。

3.4.1　水源涵养

长江上游是长江的水源区，该地区的水源涵养和保护对长江流域和全国水资源具有重要的保障作用，不但直接影响该区的经济发展和生态平衡，而且将直接影响长江下游地区的经济发展和供水状况（Wang et al.，2015；Qi et al.，2016）。森林生态系统是长江上游陆地生态系统的主体，有巨大的涵养水土、调节河川径流的功能，是维护整个长江流域生态平衡的重要生态安全屏障，充当着我国东部半壁江山的天然"水塔"（董伟等，2008）。目前不同的研究计算的长江上游森林水源涵养总量差异较大，大体范围为 1288.50 亿～2397.28 亿 t；根据《长江流域生态系统评估》，长江上游 2000 年、2005 年和 2010 年水源涵养能力分别为 11.41 万 $t/(km^2·a)$、11.41 万 $t/(km^2·a)$ 和 11.39 万 $t/(km^2·a)$（王维等，2017）。程根伟和石培礼（2004）计算长江上游地区森林生态系统的年水资源涵养量为 1288.40 亿 t，其中江源草甸区每年为 0.1 亿 t，高山峡谷水源区为 772.8 亿 t，盆地西缘区为 76.7 亿 t，秦巴山地区为 151.1 亿 t，盆中区为 24.8 亿 t，云贵高原、乌江流域区为 262.9 亿 t（表 3-8）。胡国红等（2008）计算的长江上游森林水源涵养总量为 2031.39 亿 t，森林生态系统水源涵养的综合能力主要由土壤层贡献，林冠层、地被层、土壤层 3 个层的贡献率分别为 0.39%、1.3%、98.26%。邓坤枚等（2002）计算得到的长江上游地区森林生态系统的水源年涵养总量为 2397.28 亿 t，其中江源草甸区每年为 0.701 亿 t，高山峡谷水源区为 1094.079 亿 t，盆地西缘区为 121.441 亿 t，秦巴山地区为 297.617 亿 t，盆中区为 107.208 亿 t，云贵高原、乌江流域区为 776.232 亿 t。因此，整个长江上游地区森林生态系统水源年涵养量以高山峡谷区为最大，云贵高原、乌江流域区排第二，秦巴山地区为第三。

表 3-8　长江上游森林水源涵养总量的相关研究成果

序号	总量/亿 t	作者	发表杂志	发表年份
1	1288.40	程根伟和石培礼	中国水土保持科学	2004 年
2	2031.39	胡国红等	安徽农业科学	2008 年
3	2397.28	邓坤枚等	资源科学	2002 年

尽管不同的研究计算的长江上游森林水源涵养总量存在较大差异，但森林土壤层被普遍认为是长江上游水源涵养的潜力最大区（董伟等，2010）。长江上游面积大，土壤类型多样，各种森林植被类型土壤毛管孔隙持水量平均为7.42mm，平均枯落物最大持水量为4.56mm，林冠一次性降水最大截留量平均为0.97mm。因此，长江上游生态系统最大持水量主要由土壤非毛管孔隙度决定，因为冠层一次性降水持水量和枯落物持水量相对来说要小得多（石培礼等，2004）。李双权等（2011）也发现长江上游森林各层水源涵养功能差异较大，土壤层水源涵养功能平均值为75.21mm，变幅在46.33～107.40mm；林冠层水源涵养功能平均值为1.29mm，变幅在0.66～1.81mm；枯落物层水源涵养功能平均值为2.81mm，变幅在2.16～5.45mm。

长江上游森林水源涵养功能空间变化由南向北呈现先增加后减少的抛物线趋势，由西向东呈现出近似幂函数逐渐减少的趋势，形成西强东弱的空间分布格局。以岷山—茶坪山—夹金山—锦屏山—玉龙山一线为界，以西的森林面积为860.75万hm²，占整个长江上游的40.95%，水源涵养总量却占长江上游森林系统的52.41%，平均水源涵养功能为101.52mm（李双权等，2011）。界线以西主要为亚热带、热带山地针叶林和亚热带硬叶常绿阔叶林，平均植被覆盖度较高，为63.32%，土壤层较厚，大部分坡度大于15°，受人为干扰影响较小，枝叶繁茂，根系发达，分布较深，枯落物较多，有利于土壤孔隙度发育；具有良好的土壤结构和通气状况，有利于林木生长与涵养水源，促使长江上游西部水源涵养功能强于东部。长江上游各区域之间的植被生态系统蓄水模数和水源涵养功能存在较大差异。其中，横断山的大部分地区植被的蓄水模数大多在4500m³/hm²以上，水源涵养功能最高；四川盆地西缘山地植被蓄水模数大多在3500～4500m³/hm²，水源涵养功能较高；横断山的小部分地区及湖北宜昌段植被的蓄水模数大多在2500～3500m³/hm²，水源涵养功能居中；四川盆地区、江源高原区的大部分地区及嘉陵江上游的植被蓄水模数大多在1500～2500m³/hm²，水源涵养功能较低；金沙江下游、滇东北高原及江源高原区乌江流域的部分地区植被的蓄水模数在1500m³/hm²以下，水源涵养功能最低（刘延国等，2006）。

基于InVEST模型评估长江上游1986～2015年水源涵养功能对气候和植被覆盖变化的响应规律的变化，结果显示，在降水以3.94mm/10a和潜在蒸散发以16.47mm/10a增加的情况下，水源涵养能力以2.97mm/10a下降，并且水源涵养能力的变化存在区域差异，长江上游东部区域呈增加趋势，其余区域呈下降趋势。2000～2015年，伴随着农田转化为森林和灌丛等土地利用方式的转变，气候变化对水源涵养能力的贡献率（-12.02mm）大于土地利用变化的贡献率（-4.14mm）。将长江上游划分为22个气候区，其中77.27%的气候区水源涵养能力主要受气候变化影响，另外22.73%的气候区水源涵养能力主要受植被覆盖变化影响（Xu et al.，2019）。

3.4.2　水土保持

长江上游是我国水土流失最严重的地区之一，长江上游土壤侵蚀不仅会对该地区脆弱的生态环境造成破坏，还会对长江流域的水沙环境造成严重影响，威胁下游的水库与防洪安全,因此,水土流失是长江上游地区突出的生态与环境问题(宋春风等,2012;Yang et al.,2018)。长江上游水土流失面积构成为:轻度以上侵蚀面积为 43.83 万 km²,约占长江上游流域总面积的 43.61%,其中中度及其以上侵蚀面积为 23.49 万 km²,占总面积的 23.36%,占水土流失面积的 43.59%;强度侵蚀以上面积占到水土流失面积的 15.19%。按侵蚀类型分,水力侵蚀面积为 32.16 万 km²,占水土流失总面积的 73.38%;冻融侵蚀面积为 10.67 万 km²,占水土流失总面积的 24.34%;风力侵蚀面积为 1.00 万 km²,占水土流失总面积的 2.28%。各类侵蚀总体以轻度侵蚀为主,轻度侵蚀面积占水土流失总面积的 46.40%;其次为中度侵蚀和强度侵蚀,分别占 38.40%和 11.68%;极强度侵蚀和剧烈侵蚀面积较小,分别只占 3.15%和 0.37%(崔鹏等,2008)。

长江上游水土流失侵蚀特点:从地理位置上看,东高西低,南北高中心低;从侵蚀类型上看,以面蚀为主,多种侵蚀类型发育,如金沙江和嘉陵江部分流域重力侵蚀发育,源头及金沙江上段冻融侵蚀发育等;从侵蚀区的地势地貌上看,高山区低,丘陵区高;从侵蚀区的土壤类型上看,紫色土区最高;从土地利用方式上看,耕地大于荒地,草地大于林地;从侵蚀强度所占面积来看,中度>轻度>强度;从人口密度上看,人口密集区大于人口稀疏区。长江上游干流水土流失以金沙江下段最为严重,其泥沙的主要来源受气候、地形、地质、植被以及人类活动等因素的综合影响,其中雅砻江以上的金沙江上游地区产沙量和输沙量较少;而金沙江下游,包括支流安宁河、牛栏江、小江、龙川江、横江等是泥沙集中来源区,是产生干流泥沙淤积的主要区域;根据金沙江部分水文站的观测数据,河流泥沙含量和淤积仍呈逐年增加的趋势。从长江上游流域范围上看,以四川省流域内的水土流失较为突出,其支流嘉陵江流域水土流失较为严重;其次为云贵高原,最小区域为源头至攀枝花段(樊融,2009)。

根据《长江流域生态系统评估》,长江上游 2000 年、2005 年和 2010 年单位面积水土保持量分别为 323.94 万 t/(km²·a)、323.47 万 t/(km²·a)和 322.78 万 t/(km²·a);长江上游 2000 年、2005 年和 2010 年土壤保持量分别为 319.25 亿 t、318.79 亿 t 和 318.11 亿 t(王维等,2017)。长江上游不同植物群落水土保持能力,森林植被的水土保持能力显著,按地表径流量、土壤流失量、径流系数和侵蚀性降水频次的大小评估不同植被的水土保持功能,排序为华山松-旱冬瓜林>华山松林>云南松林>马桑灌丛>裸地,说明森林植被能有效截留大气降水,减少地表径流,森林植被中针阔混交林水土保持能力最强(王东云,2010)。预测到 2050 年后,治理水土流失面积 26.4km²,年均土壤侵蚀量将减少 80573 万 t,长江上游土壤侵蚀量将减少为 76225 万 t,长江上游的泥沙输移比将由 20 世纪 80 年代的平均 0.34 提高到 0.5,如果 2050 年长江上游输移比按 0.5 计,年均输沙量则由 20 世纪 90 年代的年均输沙量 4.96 亿 t 减少为 2050 年的 3.8 亿 t(柴宗新和范建容,2001)。

3.4.3　水文调节

长江上游长约 4500km,集水面积占流域总面积的 58.9%,河川径流量占全流域的 48%,其地表和大气水文循环对流域水分循环起着至关重要的作用(Zhao et al.,2012;

Yang et al.，2014）。根据《长江流域生态系统评估》，长江上游 2000 年、2005 年和 2010 年洪水调蓄能力分别为 306.35 万亿 m³、330.71 万亿 m³ 和 346.74 万亿 m³，总体呈增强的趋势（王维等，2017）。长江上游地区纬向平均水汽输出量为 27650t/s，经向平均水汽输入量为 51440t/s，净水汽收支为 2390t/s，水汽净收支为正，是水汽汇区。近年来，长江上游地区水汽收支变化趋势不显著，水汽输入总体呈微弱减小趋势，而降水量自 2000 年后显著减小，蒸散发量也缓慢波动减小，尽管蒸散发量形成的降水在区域总降水量中的贡献尚不足 10%，但随着水循环过程的一系列变化，长江上游以及各区域中蒸散发量对当地水文循环的作用正逐年增加（刘波等，2012）。

　　森林生态系统通过对大气降水的截留、对地表径流的影响及其蒸发散等调节长江上游水量平衡的格局与过程，从而在长江上游水文调节中发挥重要作用。森林流域的年径流量大于少林或无林流域的径流量，不同采伐强度径流量表现为皆伐迹地＞择伐迹地＞原始森林。长江上游川西高山米亚罗林区森林林冠截留量与林分郁闭度呈正相关；箭竹冷杉林由于具有较多的落叶伴生树种和灌木，从而其枯落物持水量远大于藓类冷杉林；岷江冷杉原始林具有最大的持水能力，其土壤最大持水量、枯落物最大持水量、苔藓层最大持水量比皆伐后形成的其他森林类型要大 2.3～17.2 倍，从而具有更好的水源涵养功能（刘世荣等，2001）。

　　未来长江上游平均气温将呈显著上升趋势，21 世纪末较 1986～2005 年将升高 1.5～5.5℃，降水总体呈增加趋势，同时流域内气候变化存在明显的空间差异，以上游金沙江、岷沱江流域气候变化幅度最大，其他区域变化幅度接近流域平均（秦鹏程等，2019）。依据联合国政府间气候变化专门委员会（IPCC）第五次评估报告（AR5）未来不同排放情景（RCPs）下的多模式（CMIP5）气温和降水预估结果，分析不同模式不同排放情景下未来 80 年（2020～2099 年）长江上游年径流量的变化趋势，结果表明：未来 80 年长江上游年径流量在 RCP2.6 排放情景下呈不显著增加趋势，在 RCP4.5 排放情景下呈不显著减小趋势，而在 RCP8.5 排放情景下则呈显著减小趋势；在 RCP2.6、RCP4.5 和 RCP8.5 排放情景下未来 80 年长江上游年径流量预估均值相对于 1961～2000 年分别减少 6.42%、10.99% 和 13.25%。同时，未来 80 年长江上游年径流量变化具有一定的年代际特征，在 RCP2.6 和 RCP4.5 排放情景下 21 世纪初期偏多、中期偏少而后期变化并不明显，在 RCP8.5 排放情景下则是 21 世纪中期以前偏多而中期以后明显偏少（詹万志等，2017）。

3.4.4　生态工程的影响

　　近年来，长江上游实施了退耕还林（草）等生态工程，旨在增强水源涵养和减少长江上游的水土流失（朱波等，2004）。长江上游龙川江流域典型片区退耕还林后，退耕还林（草）区域如果完全覆被为云南松林，区域内土壤流失量将减少为 7496.06t，下降172995.65t，只有原来的 18.75%；如果完全覆被为珍珠花灌草丛，上述三个量值将分别为5625.04t、174866.67t 和 14.07%；如果完全覆被为滇青冈林，三个量值分别为 7608.00t、173883.71t 和 19.03%。三种覆被类型使土壤侵蚀由强度侵蚀降为微度侵蚀和轻度侵蚀，所减少的流失量分别占全区流失总量的 1.86%、1.92% 和 1.84%。退耕还林（草）区域的面积只有 32.46km²，占研究区域总面积的 1.40%，退耕恢复成松林、灌草丛和阔叶林之后使土壤流失量急剧减少约 17 万 t（周跃等，2004）。

目前，长江上游已经构建了防护林网络系统，防护林体系营造以后流域内的土壤侵蚀面积减少 25%～40%，土壤侵蚀模数减少为 1200～2500t/(km²·a)，并由中强度侵蚀减为中度侵蚀，对控制流域土壤侵蚀有显著效果（雷孝章和黄礼隆，1997）。植物篱作为农林复合的综合技术，有利于提高坡耕地土壤的抗冲、抗蚀性能，在长江上游坡耕地水土流失控制方面也具有重要的意义，其作用机理是植物篱带地面覆盖度增大，篱带及堆置在篱底的茎叶形成的生物带，截断连续坡面，阻滞、拦蓄、分散地表径流，减少细沟形成、发育；篱带间坡度的变缓与篱前泥沙淤积带的形成、发展，削弱了坡面水流动能，从而降低了单位面积坡面上水流的侵蚀能力，有利于坡耕地的水土保持和控制坡面养分流失；植物篱根系能有效固持土壤、增加土壤中水稳性团聚体的总量和、改善土壤团粒结构，增强土壤抵抗径流对其分散、运移的能力，从而遏制土壤侵蚀，防止水土流失；植物篱刈割的枝叶作为绿肥在坡耕地植物篱带间坡耕地的覆盖，有利于改善植物篱带间坡耕地土壤物理性质，并且有利于坡耕地的水土保持（黎建强等，2012）。

3.5　长江上游（四川省）1989～2016 年水土保持治理成效

长江上游位于中国地势三大阶梯中的第一级和第二级，即处于第一级青藏高原和第二级长江中下游平原的过渡带。四川省西部为高原、山地，海拔多在 3000m 以上；东部为盆地、丘陵，海拔多在 500～2000m。全省可分为四川盆地、川西高山高原区、川西北丘状高原山地区、川西南山地区、米仓山大巴山中山区五大部分。四川地貌复杂，以山地为主要特色，具有山地、丘陵、平原和高原 4 种地貌类型。长期以来，四川省一直是国家级水土保持工程建设的重要省份，本节总结了四川省 1989～2016 年国家级水土保持工程建设在生态保护、农业生产和人民生活水平提升等方面的成效。

据统计，1989～2016 年，四川省先后实施了长江上中游水土保持重点治理工程、中央预算内投资水土保持项目、国家农业综合开发水土保持项目、国家水土保持重点建设工程、"国债"水土保持项目、省级财政专项资金水土保持工程等，共完成水土流失综合治理面积 8.14 万 km²，共完成总投资 180.06 亿元。其中，2001～2015 年共完成水土流失治理 3.25 万 km²，完成总投资 38.45 亿元（其中中央投资 29.5 亿元）。经过近 30 年的水土保持生态保护与建设，主要取得的成效有如下几个方面。

（1）治理水土流失，改善了生态环境。多年来，四川省始终坚持山上与庭院统筹、治坡与治村并进、城市与农村互动、治理与监督共举、保护与开发协调的新思路，以贫困地区、土石山区、江河源头的水土整治为重点，综合整治，科学配置各项治理措施，在已竣工的重点小流域形成了配置完善的水土流失防治体系和自我修复的水土资源保护体系，治理区生态环境明显好转。据监测，四川省项目区与治理前比较，水土流失面积减少 70% 以上，水土流失强度降低 1～2 个等级，土壤侵蚀量减少 60% 以上，林草覆盖率提高 20% 以上，人口环境容量每平方千米扩大了 60 人以上。小流域年平均土壤侵蚀模数由治理前的 5280t/(km²·a)下降到 2500t/(km²·a)以下。

（2）夯实农业基础，推动了农村经济。据调查统计：一是农业生产条件得以改善。四川省共建设稳产高产基本农田 320 万亩（1 亩≈666.7m²），增加可利用土地面积 30 万亩，建设小型水利水保工程 230 万处，改善灌溉面积 460 万亩。加之水系配套工程建设及生态环境改善，大大提高了抗御自然灾害的能力。治理区基本达到人均 1 亩旱涝保收田，粮食单产提高 30%以上，人均纯收入增长 40%以上，贫困人口下降了 30%以上；治理区的粮食平均单产比治理前提高 30%以上，农业人均产粮提高 23.4%。二是农村产业结构得以优化。以市场为导向，大力发展具有区域特色的小流域经济，发展经果林 435.8 万亩，形成了农林牧多业协调发展的新格局。"十二五"期间，治理区农、林、牧用地比例由治理前的 30.4%、22.6%、4.6%，调整为 23.3%、44.5%、16.3%。三是农民群众收入得以增加。平昌县冉家沟小流域的桂花村自 1997 年开展小流域治理以来，以坡改梯建设基本农田为突破口，彻底改善了当地的农业生产条件，新建水利工程 147 处，人均开发林果 100m²，利用房前屋后田坎地边种植黄花、乌梅、金银花等，一举脱贫。四是新农村建设得以促进。在水土流失综合治理中，注重与新农村建设相结合，注重与农民群众的根本利益需求相结合，创建了庭园水土保持，即以农户居住的庭园为中心，以治理水土流失、改善人居环境、实现人与自然和谐相处为目标，将水系、道路、农田、村庄、绿化、美化、景观建设一并统筹规划和整治，有效改善了农民的生存环境，提高了农民的生活质量。目前，四川省庭园水保建设覆盖了 45 万户 200 万人，出现了会理县的铜矿村、广安区的果山村、平昌县的幸福村等 1000 多个以治水保土为特色的乡风文明的新农村建设典型。

（3）调整产业结构，推进精准扶贫。坚持绿色发展，壮大生态产业的原则，注重特色精品，突出产业示范，根据不同的自然、社会经济条件，确定不同的治理策略，明确不同的主攻方向。特别是立足自然资源和产品优势，建设有特色、有规模的绿色经济开发带，发展了具有地域特色的水土保持主导产品和支持产业，培植了当地富有活力的新的经济增长点，将资源优势转化为经济优势。通过有特色、有规模、有批量的经济开发带、开发片、开发区的治理开发，治理区形成了不同类型区的综合防治模式和各具特色的小流域经济群体，彰显出一批绿色型、经济型、民生型的综合治理小流域，实现了"治一方水土、建一个产业、活一方经济、富一方群众"的目标。嘉陵江中下游治理区的蚕桑、水果、茶叶，金沙江下游治理区的蔗糖、石榴、烤烟，川中治理区的粮食、棉花等水保支柱项目，成为当地最具活力的经济增长点。广安市强化大水保理念，打造水土保持"大示范"工程，既保持了水土，又推进了产业开发，在广安区前锋镇至华蓥市双河镇的华蓥山西麓低山区，42 名业主依托水土保持等工程，建成了长达 20 多千米、面积 4.2 万亩的产业开发带，全市从事以水土保持为主的农业开发业主达 3700 多个。宁南县建成了蚕桑、甘蔗和烤烟三大支柱产业，这三大产业使农民人均年增收 3000 元以上，对县财政的贡献年均达到 1.2 亿元，占县级财政收入总额的 72%以上，被水利部领导赞誉为"金沙江畔一枝花"。会理石榴、南江金银花、汉源花椒、苍溪雪梨和猕猴桃、广安龙安柚、平昌茶叶、金阳青花椒、宁南蔗糖、雷波脐橙、渠县黄花等，已成为四川省乃至全国品牌，成为当地农民可靠的增收主渠道，成为当地极具潜力的新兴产业和经济发展的排头兵。

（4）着力改善民生，提升生态文明建设水平。多年来，四川省各级政府把生态文化教育和生态文明理念培育纳入重要议事日程，深入搞好水土保持国策宣传；开通了四川省水土保持信息网，定期发送水土保持公益短信，制作播放水土保持公益广告，编写小学生水土保持科普读物，撰写水土保持志，开展"保护水土资源，人人争当生态守护人"活动，实施"保护母亲河行动"，组织水土保持科普夏令营，举办研讨会、文化论坛以及水保摄影展、水保笔会、水保杯竞赛等系列活动；加强了水土保持文化设施建设；建立了水土保持年科教基地、科技试验示范园区、水土保持户外教室，在广安邓小平故居和仪陇朱德故里建设中国水利水保林，建成广安、达州和凉山等水土保持大示范区，开展城市水土保持试点以及黄河源区预防保护等。通过宣传教育，全社会的水土保持国策意识、水土资源科普知识、水土保持生态文化理念不断强化，生态文明理念深入各级党委政府、各个部门、广大生产建设业主和千家万户的心中。

参 考 文 献

柴宗新，范建容.2001.长江上游未来50年水土流失变化预测.自然灾害学报，10（4）：15-19.

长江上游水土保持委员会，长江水土保持局.1997.长江上游水土保持重点防治工程科研论文集.北京：中国水利水电出版社.

程根伟，石培礼.2004.长江上游森林涵养水源效益及其经济价值评估.中国水土保持科学，2（4）：17-20.

陈国阶，何锦峰，涂建军.2005.长江上游生态服务功能区域差异研究.山地学报，23（4）：406-412.

崔鹏，王道杰，范建容，等.2008.长江上游及西南诸河区水土流失现状与综合治理对策.中国水土保持科学，6（1）：43-50.

崔铁成.1993.森林生态和社会效益的综合评价与实现途径.水土保持学报，7（3）：93-96.

邓坤枚，石培礼，谢高地.2002.长江上游森林生态系统水源涵养量与价值的研究.资源科学，24（6）：68-73.

董伟，张向晖，苏德，等.2008.基于主成分投影法的长江上游水源涵养区生态安全评价.环境保护，10（20）：64-67.

董伟，蒋仲安，苏德，等.2010.长江上游水源涵养区界定及生态安全影响因素分析.北京科技大学学报，32（2）：139-144.

樊融.2009.长江上游水土流失及影响因素初探.成都：成都理工大学.

国家技术监督局.1995.中华人民共和国国家标准——水土保持综合治理效益计算方法.（GB/T 15774—1995）.

胡国红，彭培好，王玉宽，等.2008.基于GIS的长江上游森林生态系统水源涵养功能.安徽农业科学，36（21）：8919-8921.

雷孝章，黄礼隆.1997.长江上游防护林体系保土效益研究.北京林业大学学报，19（2）：25-29.

黎建强，张洪江，陈奇伯，等.2012.长江上游不同植物篱系统土壤抗冲、抗蚀特征.生态环境学报，21（7）：1223-1228.

李双权，苏德毕力格，哈斯，等.2011.长江上游森林水源涵养功能及空间分布特征.水土保持通报，31（4）：62-67.

秦鹏程，刘敏，杜良敏，等.2019.气候变化对长江上游径流影响预估.气候变化研究进展，15（4）：405-415.

石培礼，吴波，程根伟，等.2004.长江上游地区主要森林植被类型蓄水能力的初步研究.自然资源学报，19（3）：351-360.

刘波，翟建青，高超，等.2012.1960—2005年长江上游水文循环变化特征.河海大学学报（自然科学版），40（1）：95-99.

刘世荣，孙鹏森，王金锡，等.2001.长江上游森林植被水文功能研究.自然资源学报，16（5）：451-456.

刘延国，彭培好，陈文德，等.2006.基于GIS的长江上游植被水源涵养功能评价研究.安徽农业科学，34（14）：3323-3325.

水利部，中国科学院，中国工程院.2010.中国水土流失防治与生态安全，长江上游及西南诸河区卷.北京：科学出版社.

宋春风，陶和平，刘斌涛.2012.长江上游地区土壤可蚀性空间分异特征.长江流域资源与环境，21（9）：1123-1130.

王东云.2010.长江上游不同植物群落水土保持能力比较.中国水土保持，12：40-42.

王维，王文杰，张文国，等.2017.长江流域生态系统评估.北京：科学出版社.

伍星，沈珍瑶，刘瑞民，等.2009.土地利用变化对长江上游生态系统服务价值的影响.农业工程学报，25（8）：236-241.

杨定国，陈国阶.2003.长江上游生态重建与可持续发展.成都：四川大学出版社.

叶延琼，张信宝，冯明义，等.2003.水土保持效益分析与社会进步.水土保持学报，17（2）：71-73，113.

虞孝感.2003.长江流域可持续发展研究.北京：科学出版社.

詹万志，王顺久，岑思弦.2017.未来气候变化情景下长江上游年径流量变化趋势研究.高原山地气象研究，37（4）：34-39.

周跃，张军，曾和平，等.2004.长江上游龙川江流域典型片区植被侵蚀控制作用及其水土保持意义.昆明理工大学学报（理工版），29（4）：176-180.

曾大林，卢顺光，闫培华. 2005. 参加第 13 届国际水土保持大会的一些体会. 中国水土保持，8：4-5.

朱波，罗怀良，杜海波，等. 2004. 长江上游退耕还林工程合理规模与模式. 山地学报，22（6）：675-678.

Ding Y，Wang Y，Liao W，et al. 2015. Water resource spatiotemporal pattern evaluation of the upstream Yangtze River corresponding to climate changes. Quaternary International，380-381：139-144.

Qi M，Feng M，Sun T，et al. 2016. Resilience changes in watershed systems：A new perspective to quantify long-term hydrological shifts under perturbations. Journal of Hydrology，539：281-289.

Xu P，Guo Y，Fu B. 2019. Regional Impacts of climate and land cover on ecosystem water retention services in the Upper Yangtze River Basin. Sustainability，11：5300.

Yang H F，Yang S L，Xu K H，et al. 2018. Human impacts on sediment in the Yangtze River：A review and new perspectives. Global and Planetary Change，162：8-17.

Yang Z，Xia X，Wang Y，et al. 2014. Dissolved and particulate partitioning of trace elements and their spatial-temporal distribution in the Changjiang River. Journal of Geochemical Exploration，145：114-123.

Zhao G，Mu X，Hörmann G，et al. 2012. Spatial patterns and temporal variability of dryness/wetness in the Yangtze River Basin，China. Quaternary International，282：5-13.

第 4 章 长江上游坡耕地产流产沙特征

长江中上游是我国坡耕地分布最为集中的地区，坡耕地面积约 867 万 hm², 占全国和长江流域坡耕地总面积的 41% 和 88.3%，占该区域内耕地面积的 72.0%（张平仓和丁文峰，2018）；20 世纪初，该区坡耕地的年均土壤侵蚀量约 10 亿 t，占长江全流域侵蚀总量的 40.2%，占上游的 76.9%（张小林，2006）。因此，长江中上游坡耕地的水土流失特别突出。该区坡耕地土壤主要有紫色土、黄壤和红壤（刘刚才，2008），不同土壤具有不同的水土流失特点。

4.1 紫色土坡耕地水土流失特征

4.1.1 紫色土分布

紫色土是我国一种主要的土壤类型（全国土壤普查办公室，1998），占我国土壤面积的 2.2%，是我国分布比重大于 2% 的 22 种土壤之一，分布于我国的 13 个省区市（图 4-1）。紫色土是西南地区最主要的土壤类型（图 4-2），占该区总土壤面积的 14.7%，是该区第一大土壤类型。紫色土主要分布于长江上游，约占长江上游土地面积的 18%，集中分布在四川盆地（含四川省和重庆市）和云南省境内，这三省（直辖市）境内的紫色土占全国总紫色土面积的 75% 以上（何毓蓉等，2003）。其中，四川占 51.5%，云南占 23.4%。在四川省，紫色土占其辖区面积的 28% 左右，在云南省约占 13%。

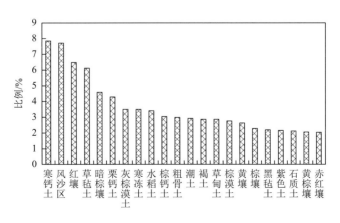

图 4-1 我国主要土壤类型及其分布比例

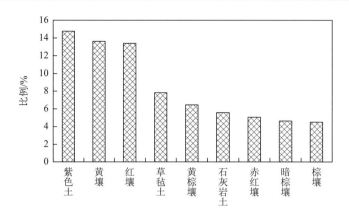

图 4-2　西南地区主要土壤类型的分布比例

紫色土区（四川盆地、云南、湖南等）在国家主体功能区划的粮食安全和城市化战略格局中，分别属于农产品主产区和主要城市化地区之一，在国家生态安全战略格局"两屏三带"中"黄土高原-川滇生态屏障"功能区也占有一席之地。因此，紫色土区在国家和地方都具有重要的地位。

4.1.2　紫色土的特殊性

紫色土是一种初育土，更是一种特殊的土类，其特殊性主要有三点：高生产力性、快速风化性和强侵蚀性（Zhu et al., 2008；刘刚才，2008）。

1. 高生产力性

紫色土母质以侏罗纪、白垩纪紫红色砂、泥岩为主，盆周山地有三叠纪紫色岩，矿物以长石、云母、磷灰石等种类为多，富含钾、磷、钙、镁、铁、锰营养元素，碳酸钙含量为 0.2%～19%，pH 为 4.5～8.5，胶体硅铝率为 2.61～5.5，土质风化度低，土壤发育浅，质地多为砂壤质，肥力高（中国科学院成都分院土壤研究室，1991）。据对同区域（四川盐亭）的紫色土和老冲积黄壤的分析测定，其有机质、碱解氮、有效磷含量分别为 15g/kg、60mg/kg、11mg/kg 和 2.5g/kg、14mg/kg、0.5mg/kg。特别是紫色土的供钾能力较好，据对贵州省几种主要土壤类型进行研究（曹文藻，1995），用硝酸连续 5 次提取土壤，紫色土的钾量是 1252mg/kg，黑色石灰土是 805mg/kg，黄壤是 685mg/kg。表明紫色土的供钾能力明显较其他土类强。由于紫色土的这些肥力特征，紫色土的生产力也较高。据湖南省的研究（田有国等，1999），酸性紫色土上的冰糖橙产量为 33750kg/hm²，而红壤上仅为 22500kg/hm²，潮土上为 41250kg/hm²。

由于紫色土的高生产力特性，往往载负着较多人口。在四川丘陵区，人口密度达 500 人/km² 以上（据《四川统计年鉴（2016 年）》）。因此，紫色土分布区人为活动异常频繁，也是国民经济的重要区域，对国民经济发展具有举足轻重的作用。

2. 快速风化性

紫色土母岩易于风化，特别是紫色泥岩，岩质较松软，构造裂隙、成岩裂隙和风化裂隙较发育，在冷热和干湿变化条件下，紫色母岩物理风化极为强烈。据研究（朱波等，1999），紫色泥岩平均年风化厚度为 2.46mm。母岩裸露风化成土模数，城墙岩群为 15800t/(km²·a)，蓬莱镇组为 24600t/(km²·a)，沙溪庙组为 18200t/(km²·a)，遂宁组为 25500t/(km²·a)。在覆盖土层 40～60cm 情况下，成土率蓬莱镇组和沙溪庙组为 1200t/(km²·a)，遂宁组为 800t/(km²·a)（刘刚才，2005）。

紫色母岩的快速风化和成土特性，不仅为作物生长提供了养分，还能较快补充土层，缓解了因侵蚀而土层变薄的危害，对紫色土生产力的维持具有重要作用。

3. 强侵蚀性

紫色土是我国的一种强侵蚀性土壤，其侵蚀程度仅次于黄土。在类似地形地貌和降水条件下，红壤丘陵区的侵蚀模数为 4108.36t/(km²·a)，而紫色土丘陵区为 5619.89t/(km²·a)，较红壤区高出 36.8% 以上（袁正科等，2005）。在四川的主要土壤类型中，除潮土（可蚀性 K 值为 0.34）外，紫色土的可蚀性 K 值最大，为 0.33，大于红黄壤的 0.30（邓良基等，2003）。在其他地区，江西紫色土的 K 值为 0.44，而红壤为 0.34；云南滇东北紫色土的 K 值为 0.41，而红壤和黄壤分别为 0.36 和 0.30（吕甚悟等，2000；唐克丽，2004）。

从我国四大水蚀区的侵蚀现状（表 4-1）看，水土流失面积最多的是黄土高原区，水土流失面积约占该区总面积的 71%，水蚀面积占水土流失面积的 74%；其次是紫色土区，水土流失面积约占 50%；黑土区水土流失面积约占 39%，水蚀面积占水土流失面积的 65%；红壤区约占 17%。从侵蚀强度（表 4-1）和土壤平均可蚀性（图 4-3）来看，黄壤的最大，其侵蚀模数达 5000～15000t/(km²·a)，其次是紫色土，再次是黑土，最小的是红壤。

表 4-1　不同水蚀区的侵蚀模数、面积和侵蚀特点

区域	土地面积/万 km²	水土流失面积/万 km²	水蚀面积/万 km²	侵蚀模数/[t/(km²·a)]	特点
黑土区	70	27.6	18.0	3000～5000	坡耕地侵蚀为主；长坡侵蚀为主要特征；河道输沙量小是黑土区土壤侵蚀的鲜明特点之一，这可能与大量侵蚀物质在缓坡下堆积有关
黄土高原区	64	45.4	33.7	5000～15000	沟谷侵蚀为主，占 60% 以上
紫色土区	20	10.0	10.0	3000～10000	面蚀为主，沟道侵蚀明显
红壤区	118	19.6	19.6	2000～8000	面蚀为主，崩岗侵蚀明显

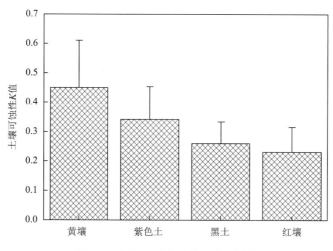

图 4-3　主要侵蚀土壤的平均可蚀性

4.1.3　紫色土坡耕地水土流失过程

紫色土坡耕地主要有以下 3 种耕作制度：①聚土免耕（CN），沿等高线 2m 开厢，1m 起沟，另 1m 作垄。垄上种小麦/甘薯，沟内种油菜/玉米。大春种玉米＋甘薯；小春种小麦＋油菜。②横坡种植（CT），沿等高线按当地习惯开厢种植，作物安排同 CN。③顺坡种植（ST），沿顺坡方向按当地习惯开厢种植，作物安排同 CN。

不同耕作制度下，紫色土水土流失特点有所不同。在此，以典型降雨事件下的水沙过程为例，揭示紫色土坡耕地水土流失的过程特征。

1. 坡面水沙过程

图 4-4 是 1998 年 8 月 3 日不同耕作制紫色土坡面降雨产流产沙过程。本次降雨历时短（约 30min），降雨量为 20.5mm，最大雨强达 150mm/h，雨前土壤持水量（约 $0.2cm^3/cm^3$）为田间持水量（约 $0.3cm^3/cm^3$）的 70%。由图可知：

（1）两种耕作制的产流产沙都在降雨强度超过 10mm/h 时才发生，而且产流产沙的最大强度出现时间都较最大降雨强度滞后，说明产流产沙过程由大雨强形成，且产流产沙过程有滞后现象。

（2）对比图 4-4（a）与图 4-4（b）两过程：图 4-4（a）因有壤中流收集系统，地表径流强度较小；而图 4-4（b）因无壤中流收集系统，雨前土壤含水率高，地表径流强度较大，且与降雨过程相应性好。产沙过程形态也有差异：图 4-4（a）的沙峰滞后于（b），但图 4-4（a）与（b）的产沙过程同产流过程的相应性都好。

（3）图 4-4（c）与（a）、（b）比较，因无壤中流收集系统，地表径流过程形态与（b）相似，但时间上略滞后，此乃等高耕作方式对地表径流的阻滞作用结果；与图 4-4（a）、（b）明显不同的是产沙过程迟于产流过程，这也与该耕作制有关。

应当指出，上述现象是紫色土坡耕地在短而雨强大的降雨作用下的观测结果。对不同土壤和不同特性的降雨，上述现象会有所不同。

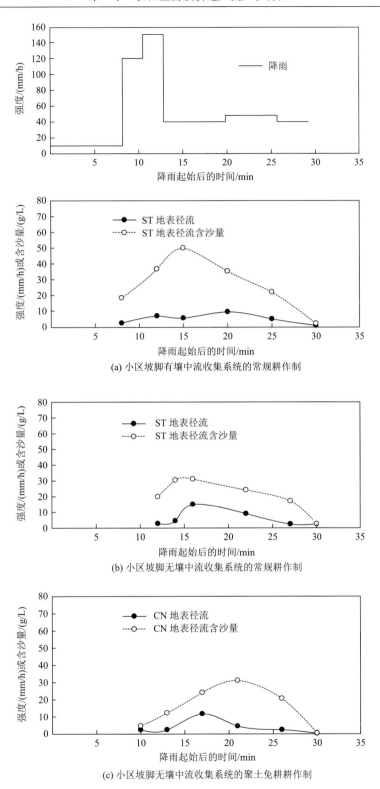

(a) 小区坡脚有壤中流收集系统的常规耕作制

(b) 小区坡脚无壤中流收集系统的常规耕作制

(c) 小区坡脚无壤中流收集系统的聚土免耕耕作制

图 4-4　不同耕作制的降雨产流产沙过程（1998 年 8 月 3 日）

　　图 4-5 是 1998 年 8 月 9 日不同耕作制的降雨产流产沙过程。降雨过程仍呈单峰型，与 8 月 3 日的降雨过程比较，雨强要小，历时要长，雨前土壤含水量稍多；径流过程相似，

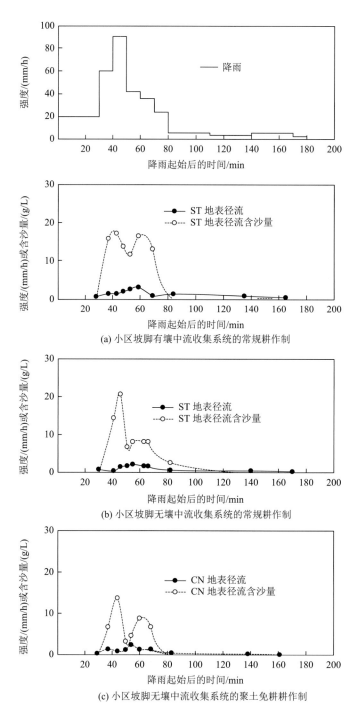

图 4-5　不同耕作制的降雨产流产沙过程（1998 年 8 月 9 日）

但产沙过程相差较大，9 日降雨形成双峰型产沙过程，而不是 3 日的单峰型过程。初步分析其原因，第一个沙峰为雨滴冲蚀所致，第二个为地表径流侵蚀的结果。并且反映出聚土免耕耕作制［图 4-5（c）］的产流过程强度较常规种植［图 4-5（b）］的小，特别是径流中的蚀沙含量明显较少，说明了聚土免耕耕作制具有较好的水土保持功能，这与之前对水土流失总量研究的结果是一致的。

1998 年 8 月 14 日不同耕作制的降雨产流产沙过程如图 4-6 所示。由于本次雨前土壤持水量已近饱和持水量（0.4cm³/cm³），且降雨过程也长，有短历时、大强度的降雨过程，表现出常规种植的径流中的含沙量明显较聚土免耕多的特点：前者的径流中最大含沙量达 15g/L，而后者为 5g/L。说明此降雨产流过程对常规种植而言，地表侵蚀显著，而聚土免耕对产沙有显著的减轻作用。同时，对比图 4-6（a）与（b）、（c）反映出，产流末期无论是常规种植，还是聚土免耕，地表径流强度较表面径流大，揭示了土壤达到饱和后，地表径流中壤中流的比重是明显的。

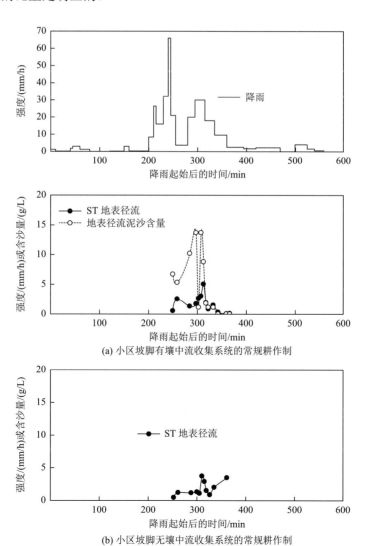

(a) 小区坡脚有壤中流收集系统的常规耕作制

(b) 小区坡脚无壤中流收集系统的常规耕作制

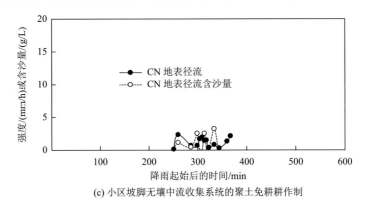

(c) 小区坡脚无壤中流收集系统的聚土免耕耕作制

图 4-6 不同耕作制的降雨产流产沙过程（1998 年 8 月 14 日）

1998 年 8 月 19 日的降雨产流产沙过程如图 4-7 所示，该降雨是当年观测到的降雨强度最大、历时最长的一场降雨过程，雨前土壤含水量为田间持水量的 80%。由图可知，该次降雨引发的产流与产沙强度（径流中的含沙量）都明显比 8 月 3～14 日三场的大，而且具有以下特征：

（1）有壤中流收集系统时，测得的地表径流强度明显较无壤中流收集系统的少；产沙强度和产沙量都增大，说明地表径流的出流过程对土表侵蚀的贡献较大，在暴雨作用下，径流冲刷和挟带是土壤侵蚀的主要来源。

（2）产流与产沙过程都与降雨过程有较好的相似性和明显的滞后性。

（3）聚土免耕的产流时间比常规种植滞后很多，径流初期强度较小，但其第二个径流峰值（径流后期）突出，这可能是等高垄造成的地表径流汇流路径曲折而长、后期水量汇流集中的结果。

（4）对比图 4-7（a）与（b）可以看出，壤中流的量大，强度也大，是地表径流过程后期的主要成分。同时表明，由于底层无透水层，壤中流易快速流出土层。

由上述四场降雨的产流产沙过程观测资料和分析结果表明：

（1）紫色土坡耕地的不同耕作制，对产流产沙的影响是不同的，尤以聚土免耕耕作制对减轻土壤流失有明显效果。

（2）由于紫色土的下渗能力较强，坡耕地土层中，壤中流占地表径流的比重较大，在土壤含水量达到饱和含水率或大于田间持水量后更为显著。

（3）壤中流虽然滞后于地表径流，但其出流速度快，涨率也大。

（4）因地面侵蚀而形成的产沙过程，主要与降雨过程（特别是降雨强度）有关，是产沙的主要外运力，同时也与径流的冲刷和挟带能力有关，使产沙率出现双峰形态。

在不同坡度下，典型降雨事件（表 4-2）的紫色土坡耕地的产流产沙过程有所不同，在较低的坡度（6.5°和 10°），地表径流滞后于降雨峰值约 30min，但在陡峭的坡度（15°、20°和 25°）的降雨峰值后，地表径流立即发生，这表明高强度降雨事件导致土壤表面雨水输入增加，在陡峭的坡度下，地表径流迅速发生（图 4-8～图 4-11）。同时，地表径流峰与降雨峰相对应，这表明降雨强度驱动了径流的产生。然而，对于大多数观测到的降雨事件

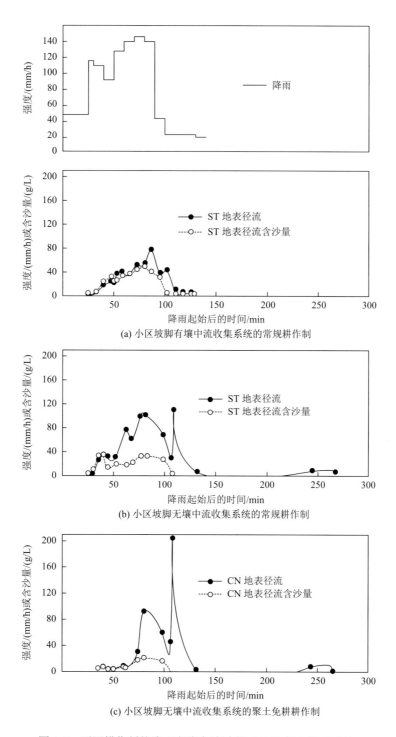

图 4-7　不同耕作制的降雨产流产沙过程（1998 年 8 月 19 日）

而言，壤中流落后于地表径流 30～60min（图 4-8～图 4-11）。降雨事件 20150623（图 4-9）

表现出不同的模式，其壤中流发生在地表径流之前，这是由于最初的低强度降雨事件，持续了很长一段时间（大约 4h），然后它变成高强度降雨才发生地表径流。这些结果还表明，地面流动是由高强度降雨所驱动的，而壤中流可能是在土壤水分饱和后产生的（Hua et al.，2016）。

表 4-2　典型降雨事件的特征

降雨事件（年月日）	雨前无雨日数/d	雨前土壤含水量/%	降雨量/mm	降雨持续时间/h	最大降雨强度/(mm/h)
20140911	0.8	22.3±0.82	79.4	8.0	55
20140913	1	28.2±1.06	52.7	5.0	33.2
20150623	10	23.2±1.94	101.2	17.0	35.2
20150807	8	17.8±1.44	53.3	11.5	25.6
20150908	3.6	25.5±1.27	136.8	64.0	26.2

不同坡度的壤中流过程对每个降雨事件的表现相似。此外，随着降雨强度的增加，壤中流急剧增加，只有一个峰值。此后，壤中流逐渐减少，并较地表径流持续更长的时间（图 4-10 和图 4-11）。壤中流峰值分别滞后于地表径流和降雨峰值 30～120min 和 60～180min。在降雨发生前，壤中流的产生很大程度上取决于土壤水分含量。此外，坡度是土壤含水量（soil water content，SWC）和径流过程中不同模式的主要因子，特别是在壤中流过程中（McDowell and Sharpley，2002）。

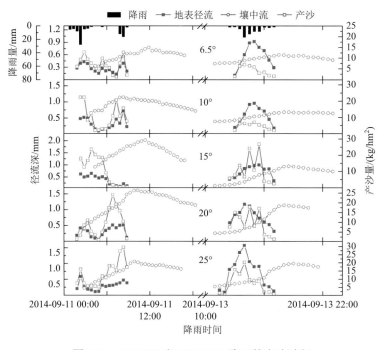

图 4-8　20140911 和 20140913 降雨的水沙过程

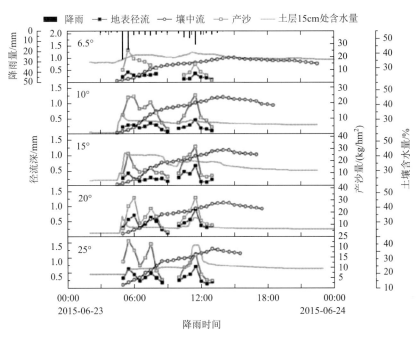

图 4-9　20150623 降雨的水沙过程

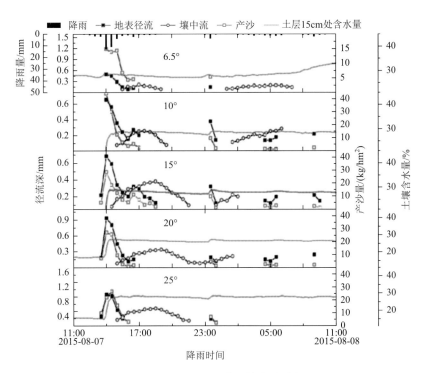

图 4-10　20150807 降雨的水沙过程

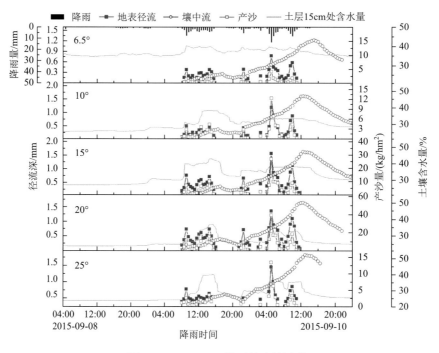

图 4-11　20150908 降雨的水沙过程

如图 4-10 和图 4-11 所示，土壤水分缓慢增加，当达到 34.2%时，对照（6.5°坡度）产生了壤中流，与降雨峰值有同步效应。其他不同坡度（10°、15°、20°和 25°）壤中流发生的临界土壤含水量分别为 27.5%、31.2%、28.6%和 25.2%。对于降雨事件 20140913（图 4-8），两个降雨事件（20140911 和 20140913）之间的间隔非常短暂（表 4-7），土壤湿度仍然非常高。在这种条件下，由于土壤饱和（图 4-9），降雨峰值发生后与其他降雨事件相比，会迅速产生壤中流。对于另一个间歇性降雨事件（事件 20150908），短暂的强降雨只导致土壤水分含量低，而壤中流的产生比降雨开始滞后约 30h（图 4-11）。在20150623 和 20150807 事件中，由于降雨事件之间的间隔（从 8～10d 较长，以及土壤含水量较低（约 15%），壤中流的产生滞后于降雨 2.5～4h（图 4-9 和图 4-10）。

在所有观测到的降雨事件（图 4-8～图 4-11）的不同坡度下，泥沙发生时间和峰值同时对应于地表径流，并滞后于降雨峰值小于 30min。对于较高强度的降雨事件，地表径流流速增加，入渗时间减少，地表径流的动能继续增加，因为获得了更多的泥沙（Walker et al.，2007）。因此，可以认为产沙对应于降雨强度和地表径流。

2. 代表性耕作制下紫色土坡耕地的地表径流与壤中流过程

该区的代表性耕作制是常规耕作制，即顺坡种植制（ST），从其地表径流和壤中流的发生过程特点，可以进一步认识紫色土的产流机制。

仍先就 1998 年 8 月 3 日（图 4-12）的降雨径流过程做进一步分析。此次地表产流的起始时间和径流峰都明显滞后于降雨，产流强度不大（不足 10mm/h），也没有观测到壤中流发生。分析其原因是：①雨前土壤含水量较少，使土壤潜在初始入渗率较大，降雨初始阶段的雨量渗入土层，增加土壤含水量。②降雨起始 10min 内，雨强不足 10mm/h，在土壤较干燥的情况下，远不至于发生地表径流，之后，雨强陡然上升到 120～150mm/h，并持续约 5min，该大雨强的降雨使表土层大孔隙迅速被堵塞，其内的空气来不及排出，地表入渗率大大降低，此时的土壤表层称为临时相对不透水表层；同时，渗入土层的水量沿坡向壤中流收集系统汇集，坡地饱和层面积也随降雨过程逐渐扩展，致使 120～150mm/h 雨强的降雨形成较大的地表径流而出现洪峰。③在这 5min 之后，雨强陡然降至 40～50mm/h，地表径流由于表土饱和层面积大，地表径流率仍然较大，并逐渐增大达到峰值。其后，在一定降雨作用后，表土逐步湿润扩大，表土层中的水流逐步使堵塞孔隙的土粒被携带排出或沉淀于下层土中，使前期堵塞在孔隙中的空气溢出，这样土体孔隙又贯通，恢复原表层土壤的入渗特性，临时相对不透水表层消失，土表入渗率相对增加，使地表径流率逐渐减小。由于土壤较干燥，降雨量也少，渗入土壤中的雨水完全被滞蓄于土壤中，故没有观测到壤中流流出土体。由此可以肯定，此次地表径流主要是超渗产流形成的。

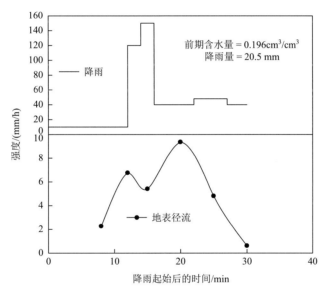

图 4-12　地表径流过程（1998 年 8 月 3 日）

1998 年 8 月 9 日（图 4-13）的产流情况基本上与 8 月 3 日相似，由于雨前土壤含水量稍多一些，降雨起始阶段的小雨强历时长一些（达 30min），雨强也大一些（20mm/h），使土表土壤逐步湿润，且 30min 后的雨强不大（60～90mm/h），孔隙中的空气被排除，未能形成临时相对不透水表层，地表径流强度取决于雨强，因而出流过程与降雨过程的变化较一致。因本次平均雨强较小，所以，地表径流强度不大。

图 4-14 描述的是 1998 年 7 月 20 日的地表径流和壤中流过程。此次雨前土壤含水量约为田间持水量的 70%时，降雨量约 80mm，降雨历时近 10h，除有地表径流形成外，还有耕作层（0～20cm）和非耕作层（20～60cm）的壤中流发生。从图中看出，地表径流过程与降雨过程的变化较一致，二者与 8 月 9 日的情况类似，地表径流仍是超渗产流。壤中流在降雨后期才发生，其出流强度变化不及地表径流那样复杂，呈单峰型。

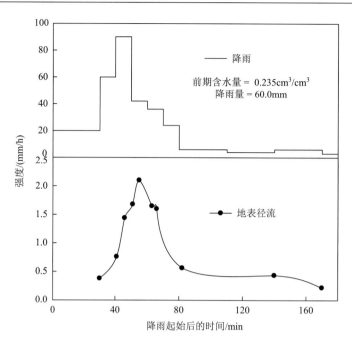

图 4-13　地表径流过程（1998 年 8 月 9 日）

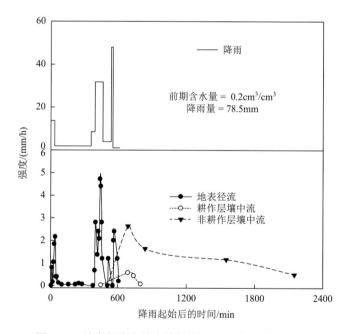

图 4-14　地表径流和壤中流过程（1998 年 7 月 20 日）

　　因为观测到的是侧向壤中流，且小区坡度小，侧向壤中流不多，因此，耕作层壤中流强度较小，峰值不足 1mm/h，至雨停止后约 2h 结束，由此可估计耕层平均饱和导水率为 100mm/h（＝200mm/2h，因为坡度小，可忽略水的水平渗漏）；而非耕作层壤中流（因为小区底层不透水，因而包括土壤垂直渗漏即地下径流）的峰值可达 3mm/h，雨停止后约

24h 才结束，由此求得非耕作层的平均饱和导水率约为 20mm/h（＝400mm/24h）。此例说明，壤中流在土壤含水量超过田间持水量后才开始发生，也说明紫色土的入渗率较大，持水能力不强，壤中流能较快流出土体。

图 4-15 描述的是 1998 年 8 月 14 日的地表径流和壤中流过程，雨前土壤含水量基本上接近饱和，因此，壤中流过程基本上与地表径流相似，出现多个峰值，但时间上明显滞后于降雨。由于 60cm 土层底部为不透水层，入渗水渗达底部后以重力水形式储蓄于土层中，形成饱和水带，并以重力水方式流出土层，量大、速度快（＞0～20cm 的耕作层壤中流），故其涨落率也较大，退水历时受耕层土壤水的不断补充而延长，这是一场比较典型的饱和产流过程。值得注意的是，此次壤中流在雨停后的历时与图 4-4 和图 4-6 是一致的，表明降雨停止后土壤中的自由水（重力水）排泄是由土壤特性所决定的，与降雨特征无关。

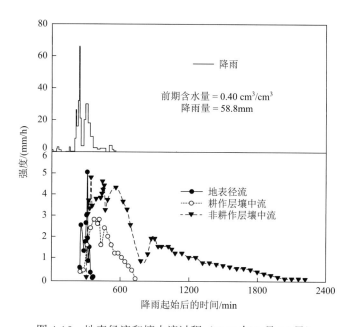

图 4-15　地表径流和壤中流过程（1998 年 8 月 14 日）

图 4-16 描述的是一次降雨历时长、强度较大的地表径流和壤中流过程，由于雨前土壤含水量未达到饱和，产流起始时间滞后，与图 4-4 的相似。此次反映出耕作层的壤中流水量大，同时，由图可知，与地表径流比较，耕作层壤中流明显反映出土层调蓄作用后的结果：峰低、滞后、历时长。此外，因本次降雨的量和强度都大，使壤中流的峰值高达 35mm/h，说明紫色土耕作层有大孔隙水流或管流（Smettem et al.，1991）。壤中流过程的变化特征与降雨过程相应性好，时间上稍滞后。从地表径流过程看，其变化过程同降雨过程也有很好的相应性，同时也明显反映出地表径流受到调蓄作用的影响，符合坡面流运动的规律。此例还说明，在这样大的降雨强度下，紫色土坡耕地的地表径流主要由饱和超渗产流所形成，Horton 型超渗产流量不大，反映了紫色土入渗能力大的特性。

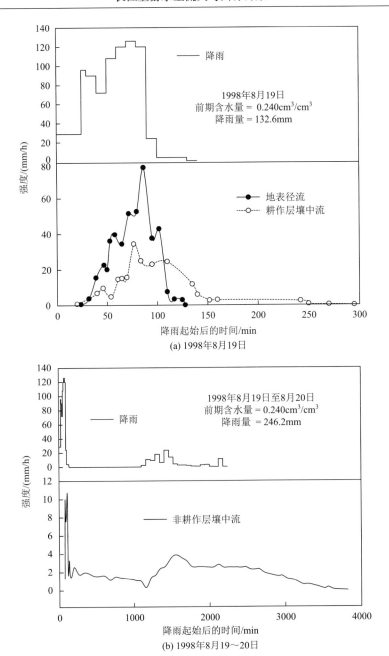

(a) 1998年8月19日

(b) 1998年8月19～20日

图 4-16　地表径流和壤中流过程

3. 坡面径流的来源

为了进一步弄清紫色土坡耕地的降雨产流机制,进行了三次降雨事件的不同径流和雨水水样的氯(Cl⁻)离子含量分析,结果如图4-17所示。不同的降雨特征和土壤初始条件,地表径流的氯离子含量与雨水的很接近,而壤中流的氯离子含量与雨水的差异明显(达2倍多),说明表面径流来自雨水,进一步阐明了紫色土地表径流主要是超渗产流。耕作层和非耕作层的壤中流的氯离子含量相近且量多,此为水流置换出了部分土壤中的氯离子的结果,也表明了其来自同一水源。若将图 4-7 与图 4-4～图 4-6 对比,其量和规律是相符的,表明上述对降雨产流过程的分析是符合事实的。至于壤中流是来源于土壤水还是雨水,有待于示踪元素进行研究(Leaney et al.,1993)。值得指出的是,由于水样的氯离子含量很少,有的测定误差可能较大。但统计分析(表 4-3)表明雨水和地表径流之间、耕作层壤中流和非耕作层壤中流之间差异水平不显著,但雨水、地表径流与耕作层、非耕作层的壤中流之间都达到显著差异水平。

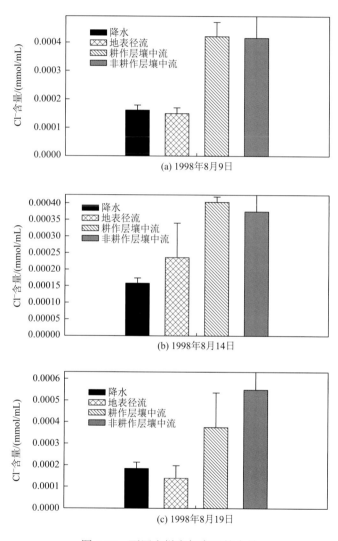

图 4-17　不同水样中氯离子的含量

表 4-3　不同水样中氯离子含量(mmol/mL)的统计分析

水样来源	R	surr	Rt	Nrt
均值	0.000176	0.000178	0.000421	0.000428
标准差	3.04×10^{-5}	6.85×10^{-5}	8.75×10^{-5}	7.62×10^{-5}

续表

水样来源	R	surr	Rt	Nrt
t-检验	$P_{\text{R-surr}} = 0.9387$		$P_{\text{Rt-Nrt}} = 0.9508$	
	$P_{\text{R-Rt}} = 0.000039$		$P_{\text{surr-Nrt}} = 0.000173$	

注：R 为降雨；surr 为表面径流；Rt 为耕作层壤中流；Nrt 为非耕作层壤中流；P 为同一样本可能性的概率。

综上所述，耕作制下紫色土的产流主要机制是：①当雨前土壤含水量未达到饱和状态时，产流起始时间有明显滞后现象，这与紫色土的快吸水性和较多非毛管孔隙密切相关；当雨前土壤较干燥，降雨初期雨强较大时，易形成临时相对不透水表层，表面产流峰也有明显滞后现象。②地表径流主要由超渗产流形成，当土壤达到饱和状态后，有小部分回归流发生，但以饱和超渗产流为主。③壤中流主要是饱和产流，比降雨有明显滞后，而且雨停后的壤中流历时与降雨无关。④耕作层的壤中流是很明显的，如当雨强达 120mm/h 时，壤中流峰值可达到 35mm/h，反映出耕作层中可能存在着大孔隙和管流，因此，应特别注意防止肥料和灌水在此层的流失。

4.1.4　紫色土坡耕地产流的主要影响因素

紫色土坡耕地径流的主要影响因素包括外在因素的降雨强度，以及内在因素的土层厚度、地块坡度和地表砾石覆盖度。

1. 降雨强度

历次降雨产流事件的降雨量在 19.9～229.9mm，降雨强度在 1.51～32.8mm/h。统计分析表明，降雨量与地表径流量呈显著线性相关，地表径流量与降雨量的回归方程为 $y = 2.5972x + 18.129$（$R^2 = 0.938$，$N = 23$；y 为径流量，x 为降雨量）。降雨量与壤中流径流量呈显著指数相关，径流量与降雨量的回归方程为 $y = 30.700e^{0.0208x}$（$R^2 = 0.717$，$N = 17$；y 为径流量，x 为降雨量）。但是，地表径流、壤中流流量与平均雨强的相关性不显著。尽管如此，通过人工降雨模拟试验，发现紫色土坡耕地地表径流系数随雨强的增大而增大，而壤中流径流系数随雨强的增大而降低（表 4-4），而且降雨强度是影响坡耕地径流产流时间及产流是否发生的重要因素（汪涛等，2008）。可见，径流量受降雨量与降雨强度的综合影响，而降雨量是径流量的主控因子。壤中流流量与平均雨强相关性不显著的原因还可能是强降雨的雨滴溅蚀导致泥沙颗粒堵塞表土孔隙，有利于地表径流的产生，阻止降雨入渗，不利于壤中流产流。

表 4-4　模拟降雨中不同雨强与坡度条件下坡耕地径流系数

雨强/(mm/h)	5°		10°		15°	
	地表径流	壤中流	地表径流	壤中流	地表径流	壤中流
19.62	0.52	0.48	0.62	0.38	0.82	0.18
37.42	0.60	0.40	0.84	0.16	0.92	0.08
53.95	0.66	0.34	0.92	0.08	0.96	0.04

续表

雨强/(mm/h)	5°		10°		15°	
	地表径流	壤中流	地表径流	壤中流	地表径流	壤中流
74.02	0.78	0.22	0.96	0.04	0.95	0.05
111.69	0.91	0.09	0.97	0.03	0.98	0.02

2. 土层厚度

土层厚度对壤中流影响显著（表 4-5）。裸地条件下，壤中流仅发生在 20cm 小区，并且 20cm 小区发生壤中流的概率高达 67%。而在农地和顺坡垄作条件下，所有的小区都产生了壤中流，说明耕种促进土壤的入渗性能而导致更多的壤中流发生。同时，20cm 厚度小区和 30cm 厚度小区发生的壤中流次数更高，即土层越薄壤中流越容易发生，说明土层厚度是影响壤中流产生的重要原因。由于紫色土土层浅薄，因此壤中流是一种主要的产流形式（徐佩等，2006）。

表 4-5　不同土层厚度下壤中流的发生概率

土层厚度/cm	平板裸地/%	平板农地/%	顺坡垄作农地/%
20	67	33	67
30	0	100	100
40	0	50	17
50	0	17	17
60	0	17	17

不同土层厚度下，年径流总量在（11.2±0.6）～（68.4±5.1）mm，并且土层越薄径流越多，即土层径流 20cm＞40cm＞60cm＞80cm＞100cm，不同土层厚度下的径流差异显著（$P<0.05$）（表 4-6）。年均地表径流量在（1.7±0.2）～（6.6±0.8）mm，不同土壤厚度间的差异达显著水平（$P<0.05$）；不同土层厚度间的壤中流有显著性差异（$P<0.05$），径流量在（9.4±0.8）～（61.9±5.4）mm，占径流总量的 84% 以上（表 4-6）。因此，土层厚度明显决定着土壤径流的响应，包括径流总量及其过程。

表 4-6　不同土层厚度下的年均地表径流和壤中流

土层厚度/cm	总径流/mm	地表径流/mm	壤中流/mm	壤中流占比/%
20	68.4±5.1a	6.4±1.0a	61.9±5.4a	90.6
40	51.9±1.6b	4.5±0.3b	47.5±1.6b	91.37
60	26.0±1.5c	6.6±0.8a	19.3±2.2c	74.51
80	18.1±0.2cd	2.1±0.2c	16.0±0.1cd	88.61
100	11.2±0.6d	1.7±0.2c	9.4±0.8d	84.4

注：数据为均值±标准差；同列不同字母表示差异极显著（$P<0.05$，LSD）。

3. 地块坡度

壤中流虽然是垂直入渗导致水分在相对不透水层上累积，但是坡度也是壤中流产生的重要条件，因为只有在一定的坡度下，壤中流才能在顺坡方向上流动（通过基质势产生的驱动力可以忽略）。在裸地条件下，5°小区是唯一产生壤中流的小区（表 4-7）。而在农地和顺坡垄作实验中，各个坡度都能够产生壤中流，在顺坡垄作条件下，陡坡产生壤中流的概率超过了缓坡。这说明坡度对壤中流的影响是复杂的。一方面，坡度影响水分垂直入渗，已有学者进行了探讨，但结论存在差异；另一方面，坡度为侧向流的流动提供了重力势能差。裸地由于入渗量较少，限制壤中流的主要因素是入渗量，所以缓坡产生壤中流，而其他坡度没有产生。对于平板农地和顺坡垄作，由于土壤结构的改善，入渗量增加，入渗量可以充分补给壤中流，所以限制壤中流产生的主要因素是坡度。在供水充分的条件下，坡度增加有利于壤中流流动，所以在各种坡度下均有壤中流发生，但是缓坡更有利于壤中流的产生（徐佩等，2006）。

表 4-7   不同坡度下壤中流的发生概率

坡度/(°)	平板裸地/%	平板农地/%	顺坡垄作农地/%
5	60	83	7
10	0	33	17
15	0	33	67
20	0	33	67
25	0	17	50

研究（Liu et al.，2017）还表明，低坡度（6.5°）坡耕地的径流量为 6.3～76.4mm，平均流量和径流系数分别为（39.9±3.1）mm 和 47.1%（图 4-18）；其平均壤中流流量为 36.8mm，占径流总量的 91%（表 4-8）。10°、15°、20°和 25°坡度的平均径流深度分别为

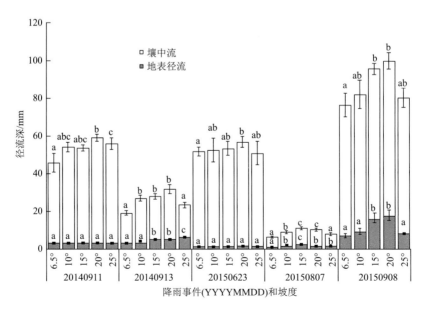

图 4-18   不同坡下的地表径流和壤中流

（45.1±4.2）mm、（48.7±2.9）mm、（51.8±3.0）mm 和（43.9±3.6）mm（图 4-18），相
应的径流系数分别为 53%、57%、63% 和 51%。10°、15°、20° 和 25° 坡度的平均壤中流流
量分别为 41.0mm、41.3mm、45.1mm 和 39.1mm，占总径流量的 83%~90%（表 4-8）。

表 4-8　不同坡度和降雨事件的径流系数

坡度	20140911	20140913	20150623	20150807	20150908
6.5°	0.58±0.07a	0.36±0.03a	0.51±0.02a	0.12±0.01a	0.56±0.06a
10°	0.68±0.03b	0.51±0.03b	0.52±0.09ac	0.17±0.01b	0.60±0.07a
15°	0.68±0.02b	0.54±0.02bc	0.53±0.04ac	0.21±0.01c	0.70±0.02b
20°	0.74±0.01b	0.61±0.02c	0.56±0.02bc	0.20±0.00c	0.73±0.03b
25°	0.71±0.05b	0.45±0.02d	0.50±0.07ac	0.15±0.01d	0.59±0.04a

　　地表径流的平均流量依次为 20°（6.6±0.4mm）＞15°（6.4±0.3mm）＞25°（4.7±0.5mm）
＞10°（4.2±0.2mm）＞6.5°（3.8±0.2mm）。一方面，与对照（6.5°）相比，10° 和 25° 坡
度的地表径流流量没有显著性差异（$P>0.05$）（图 4-18）；另一方面，与其他坡度（6.5°、
10° 和 25°）相比，15° 和 20° 坡度的地表径流有显著性差异（$P<0.05$）。对于大多数降雨事
件和所有坡度，壤中流峰值高于地表径流峰值（图 4-8、图 4-9 和图 4-11）。

　　不同坡度间的壤中流无显著性差异（$P>0.05$），这些结果表明，坡度不是坡耕地壤中
流排放的关键因素，这同以往研究得出的结论一致（Fu et al.，2003；Bu et al.，2008；Wang
et al.，2010）。地表径流量在 20° 以下随坡度的增加而增加，然后下降（图 4-18）。对于
坡度较大的斜坡，地表径流侵蚀水道的两侧和底部，导致坡脚有更多的泥沙，因为地表径
流产生的能量取决于坡度，达西-魏斯巴赫摩擦系数和曼宁糙率系数均随坡度的增加而增
大，径流系数和泥沙量存在临界坡度（Jin，1995）。本书中，确定了四川盆地紫色土坡耕
地地表径流产流的临界坡度为 15°~20°。由于径流速度在较低的坡度下较小，在地表径流
期间，微小颗粒进入底土层，形成沉积泥沙结壳，从而减少径流流量和泥沙量（Angel and
Conrad，2013）。另外，Goldshleger 等（2002）研究发现：在陡峭的斜坡上，径流速度和
能量增加，冲走了构成土壤物理地壳的微小土壤颗粒，研究也证实了这一点。此外，坡地
中土壤水流动也影响径流量（Kateb et al.，2013），陡坡上的土壤水流速度快于较小的坡
度梯度，后者在土壤孔隙中储存水的能力较强（Carey and Woo，2000）。然而，坡度＞20°
时，土壤水分渗出物积聚并覆盖地表，这可能削弱雨滴的飞溅侵蚀过程，延缓土壤结壳的
形成。这表明，坡度＞25° 的地表径流量和产沙量下降。

4. 地表砾石覆盖度

1）对地表径流的影响

图 4-19 是不同砾石覆盖度和降雨强度下地表产流过程。不同初始条件下，地表径流
产流后逐渐增加至稳定状态。在降雨初期，砾石覆盖小区与裸露小区的地表径流速率差异
较小，降雨历时 15~30min 后，砾石覆盖小区地表径流速率增长速度减缓，最终达到较低
的地表径流峰值，而裸露小区地表径流速率在较长时间内仍以较快的速度递增，并达到最

大地表径流峰值。当降雨强度为（53.9±2.8）mm/h 时，0%～42%砾石覆盖度小区的地表径流峰值依次为 27.10mm/h、20.03mm/h、14.14mm/h、9.61mm/h、7.55mm/h，在（90.8±6.1）mm/h 与（134.3±14.9）mm/h 降雨强度下，地表径流峰值分别为 16.47～51.35mm/h 与 29.10～93.84mm/h，即不同降雨强度下，地表径流峰值随着砾石覆盖度的增加而降低。

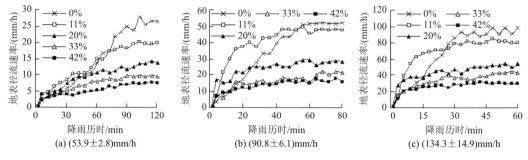

图 4-19 不同砾石覆盖度和降雨强度下地表产流过程

有关砾石覆盖度与降雨强度对地表径流特征主要参数影响的双因素方差分析结果显示，砾石覆盖度对地表产流时间、地表径流速率和地表径流系数等有显著影响（表 4-9）。当降雨强度为（53.9±2.8）mm/h 时，0%～42%砾石覆盖度小区的地表产流时间依次为 1.80min、1.19min、1.74min、1.89min 与 2.11min；降雨强度为（90.8±6.1）mm/h 时，地表产流时间依次为 1.27min、0.9min、1.60min、1.96min 与 1.95min；降雨强度为（134.3±14.9）mm/h 时，地表产流时间依次为 0.65min、0.58min、1.00min、1.12min 与 1.29min。不同降雨强度下，地表产流时间随砾石覆盖度的增加呈增加趋势，二者具有显著正相关关系。同时，地表径流速率和地表径流系数随砾石覆盖度的增加逐步降低，当降雨强度为（53.9±2.8）mm/h 时，地表径流速率和地表径流系数分别为 7.55～27.10mm/h 和 9.41%～29.87%；当降雨强度为（90.8±6.1）mm/h 时，地表径流速率和地表径流系数分别为 16.47～51.35mm/h 和 13.94%～47.03%；当降雨强度为（134.3±14.9）mm/h 时，地表径流速率和地表径流系数分别为 29.10～93.84mm/h 和 19.8%～60.2%，与地面裸露小区相比，当砾石覆盖度为 42%时，3 种降雨强度下，地表径流速率分别降低了 65.8%、61.6%与 62.8%，地表径流系数分别降低了 68.5%、70.4%与 67.1%。不同降雨强度下的地表径流参数也表现出显著差异，随降雨强度增加，地表产流时间缩短，地表径流速率和地表径流系数增加。

表 4-9 砾石覆盖度与降雨强度对地表径流特征影响的双因素方差分析

项目	地表产流时间/min	地表径流速率/(mm/h)	地表径流系数/%
砾石覆盖度（RFc）	23.388**	7.195**	18.683**
降雨强度（I）	8.803**	11.753**	14.384**
RFc×I	1.447n.s.	25.975**	6.810**
协变量			
表土初始含水率	0.652n.s.	0.788n.s.	0.292n.s.
总降雨量	0.010n.s.	1.658n.s.	16.782**

注：**表示 $P<0.01$；n.s. 表示不显著。

2）对壤中流的影响

图 4-20 是不同降雨强度下，砾石覆盖紫色土坡耕地壤中流产流过程。不同砾石覆盖度小区壤中流速率在降雨过程中呈现出不同的变化规律。地表裸露小区的壤中流速率在降雨过程中呈先增加再降低的趋势，在降雨历时 18～48min 逐渐增加达到最大值，随后逐渐降低；当砾石覆盖度为 11% 与 20% 时，壤中流产流后，径流速率逐渐增加至峰值后基本保持稳定或以较缓的速率逐渐降低；当砾石覆盖度为 33% 与 42% 时，壤中流速率迅速增大至峰值后基本保持稳定或先迅速提高再缓慢增加直至降雨结束。不同砾石覆盖度及降雨强度下，降雨停止后，壤中流速率都在 10～20min 内迅速降低至较低速率，土壤水以较稳定的速率（0.2～0.4mm/h）排出。

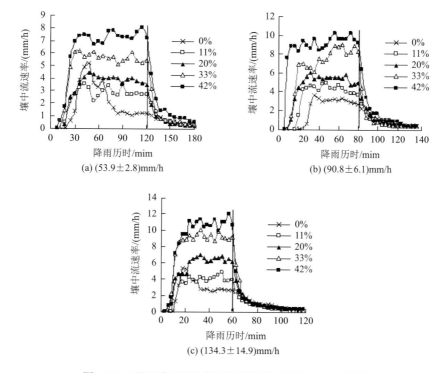

图 4-20　不同砾石覆盖度和降雨强度下壤中流产流过程

双因素方差分析结果显示，砾石覆盖度与降雨强度对壤中流特征具有显著影响（表 4-10）。当降雨强度为（53.9±2.8）mm/h 时，0%～42% 砾石覆盖度表土的壤中流产流时间依次为 18.84min、15.90min、13.74min、11.31min 与 8.11min；当降雨强度为（90.8±6.1）mm/h 时，壤中流产流时间依次为 21.08min、15.73min、8.63min、7.45min 与 6.05min；当降雨强度为（134.3±14.9）mm/h 时，壤中流产流时间依次为 9.98min、10.10min、6.33min、4.84min 与 3.28min。不同降雨强度下，壤中流产流时间随砾石覆盖度的增加而逐渐延后，二者呈显著负相关关系，与地表裸露小区相比，42% 砾石覆盖度小区壤中流产流时间缩短了 56.94%～71.29%。同时，壤中流径流速率和壤中流径流系数随砾石覆盖度的增加逐步增加，当降雨强度为（53.9±2.8）mm/h 时，壤中流径流速率和壤中流径流系数分别为 1.90～5.23mm/h 和 4.21%～12.34%；当降雨强度为（90.8±6.1）mm/h 时，壤中流径流速率和壤中流径流系数分别为 2.83～6.56mm/h 和 3.7%～10.08%；当降雨强度为（134.3±14.9）mm/h 时，壤中流径流速率和壤中流径流系数分别为 2.31～7.09mm/h 和 3.1%～7.7%；与地表裸露小区相比，当砾石覆盖度为 42%时，3 种降雨强度下，壤中流径流速率分别提高了 1.75 倍、1.32 倍与 2.08 倍，壤中流径流系数分别提高了 1.93 倍、1.67 倍与 1.44 倍。壤中流产流时间随降雨强度的增加呈延后趋势，这与壤中流径流速率和降雨强度的关系相一致，降雨强度提高壤中流径流速率，从而促进壤中流的发生；但不同砾石覆盖度下，壤中流径流系数与降雨强度呈负相关关系，壤中流径流系数随降雨强度的增加而降低。

表 4-10 砾石覆盖与降雨强度对壤中流特征影响的双因素方差分析

项目	壤中流产流时间/min	壤中流径流速率/(mm/h)	壤中流径流系数/%
砾石覆盖度（RFc）	6.642**	26.461**	14.714**
降雨强度（I）	31.526**	15.230**	3.795*
RFc×I	2.754n.s.	2.012n.s.	4.653**
协变量			
表土初始含水率	0.003n.s.	0.742n.s.	1.320n.s.
总降雨量	0.081n.s.	1.422n.s.	22.059**

注：**表示 $P<0.01$；*表示 $P<0.05$；n.s. 表示不显著。

3）砾石覆盖度对径流的影响机理

土壤中砾石存在对水文过程的影响受到砾石的位置、大小与含量以及土壤结构的影响（Posen and Lavee，1994；符素华，2005）。研究表明，位于地表之上的砾石覆盖对降雨入渗、地表产流及壤中流产流等水文过程有着重要的影响，降雨分配与砾石覆盖度呈显著相关关系（王小燕等，2012）。表土砾石覆盖增加了地表糙度（Ma and Shao，2008）和降雨截留（Posen and Lavee，1994），随表土砾石覆盖度的提高，地表蓄水量增加，从而导致地表填洼时间延长与地表径流发生的延迟，不同降雨强度下，地表产流时间随砾石覆盖度提高呈增加趋势。Cerd（2001）和 Mandal 等（2005）研究证明径流和入渗受砾石覆盖的影响，主要是由于砾石覆盖增加了地表糙度，随着砾石覆盖度的提高，砾石间的地表径流深度增加，即土壤水向下移动的压力势增加，入渗过程以更快的速率发生，在相同时间内湿润峰能移动到土壤更深处（Luk et al.，1986；Cerd，2001；Mandal et al.，2005）；在试验过程中还观测到，砾石覆盖下的土壤更有利于水分的入渗，随着降雨历时延长，砾石覆盖下土壤与砾石间土壤入渗性能的差异更加显著，这归因于表土砾石覆盖保护土壤免受雨滴的溅蚀，减少了地表结皮，使表土维持更高的孔隙度，表土砾石截留的雨水及部分砾石间的径流通过砾石下的表土渗入土体中，从而减少了地表径流，促进降雨入渗，故砾石覆盖对入渗速率特别是稳定入渗速率影响显著（Poesen and Ingelmo-Sanchez，1992）。

4.2 金沙江干热河谷坡耕地的水土流失特征

干热河谷区是指干燥、高温的河谷地带，大多分布于热带或亚热带地区。我国的干热河谷主要分布于 23°～28°N 的金沙江河谷，河谷坝区面积约 1.2 万 km² （张荣祖，1992）；河谷及其两侧山地属于国家生态安全战略格局"两屏三带"中"黄土高原-川滇生态屏障"区域，是国家和地方关注的重要生态区之一，该生态区具有明显的特殊性和脆弱性（何大明等，2005；明庆忠，2006），表现在：①在地貌上呈纵（南北）向分布（走向）、河谷横断面近似"U"或"V"形，即有南北向的通道作用和扩散效应，以及横（东西）向的阻隔作用和屏障效应；②在景观上有明显的垂直变化规律；③在气候上有下干上湿和下热上凉的特点。同时，河谷区的生态环境胁迫问题特别突出（刘刚才等，2011），表现在：①干旱胁迫（水热矛盾）严重。潜在蒸发量是降水量的 4 倍以上，季节性干旱期长（10 月至次年 5 月）而热（常年平均温度为 22～24℃），因而旱生特征突出。②土壤胁迫因子多。水土流失严重、土壤有机质少、养分瘠薄、质地偏砂或偏黏等。③植被胁迫，如群落结构单一化、植被覆盖度降低、物种入侵等越来越明显。因此，该区域水土流失尤为突出：水土流失面积占流域总面积的 60%以上，其中，云南元谋县水土流失面积为其面积的 74.4%，土壤侵蚀强度大，如云南元谋干热河谷区的土壤侵蚀模数高达 1.64 万 t/(km²·a)（刘刚才等，2011）。本节系在元谋干热河谷开展的土壤侵蚀与水土保持研究工作的总结。

4.2.1 元谋干热河谷基本特征

元谋干热河谷属于云南元谋县，元谋县位于云南省楚雄彝族自治州北部，25°23′～26°06′N，101°35′～102°06′E，辖区总面积为 2025.58km²，地处金沙江及其一级支流龙川江河谷附近。地势大致南高北低，龙川江自南向北而流纵贯全县汇入金沙江。境内最高海拔 2835.9m，最低海拔 898m，相对高差 1937.9m，东西两侧均向海拔 1000m 左右的元谋盆地下降，南面由南北顺龙川江呈阶梯状过渡到金沙江边，北部由高到低向金沙江倾斜，形成四周高、中间低的"筲箕凹"地形，属金沙江干热河谷的典型区段（张荣祖，1992）。

元谋干热河谷焚风效应显著，因而降水较少，年降水量 614mm，是干热河谷区降水量最少的地区之一。元谋县降水天数仅有 91d，最长连续无降水日数 124d。降水的年际变化大，最多为 906.7mm，最少的为 287.4mm，两者之比约为 3.2。蒸发量约为降水量的 6 倍；干季蒸发更为强烈，可达降水量的数十倍之多。年平均相对湿度为 53%，最小相对湿度为 0，年干燥度为 2.8，是干热河谷最干燥的地区之一；长夏无冬，雨热同季，干湿季分明。试验区四季变化不甚明显，而干、湿分明，雨热同期。干季受大陆暖气团控制，雨量只有 50mm，占全年雨量的 8.2%；雨季受西南季风和东南季风共同影响，降雨量多达 564mm，占全年的 91.8%。6～8 月降水最多，占全年的 89.0%；冬、春两季最少，分别占 2.0%、9.0%。

研究地点选择在元谋县城东南部老城乡公路梁子"长江中上游水土保持重点治理项目区"的那能小流域内，地处 25°38′42″N、101°53′26″E，海拔 1300m 左右，属深切河谷低山丘陵地貌，为低纬度南亚热带季风河谷干热气候，以特别干热而著称，日照充足，光能资源丰富。试验地处于河谷两侧的低山丘陵带，海拔低（1100～1300m），地形闭塞，东、西、南面均有高山，焚风效应及空气局地环流作用明显，同时太阳辐射强烈，使得气温较高。年平均气温为 21.9℃，夏季炎热，最热月出现在雨季前的 5 月，月平均气温为 26.9℃，是干热河谷有名的"火炉"。

4.2.2 研究期间的降水特征

经观测统计，试验区 2010 年和 2011 年的雨季 6～10 月降水场次分别为 40 场和 41 场，总降水量分别为 386.4mm 和 323.6mm，占雨季多年平均降水量 542.4mm 的 71.2%和 59.7%，较往年偏少。各月降水量分配不均，降水特征见表 4-11。

表 4-11 2010 年和 2011 年雨季降水特征

雨季（年月）	降水量/mm	多年平均降水/mm	降水次数	小雨 降水量/mm	次数	中雨 降水量/mm	次数	大雨 降水量/mm	次数	大暴雨 降水量/mm	次数
201006	55.0	115.2	10	18.0	8	37.0	2				
201007	189.2	135.1	11	31.8	7	28.0	2	27.6	1	101.8	1
201008	66.6	140.9	8	30.4	6	36.2	2	0.0	0	0.0	0
201009	49.8	88.5	4	7.0	2	16.2	1	26.6	1	0.0	0
201010	25.8	62.7	7	13.4	6	12.4	1	0.0	0	0.0	0
小计	386.4	542.4	40	100.6	29	129.8	8	54.2	2	101.8	1
201106	80.4	115.2	9	14.0	5	79.2	4	35.6	1	0.0	0
201107	77	135.1	7	10.6	5	18.0	1	31.4	1	0.0	0
201108	88.8	140.9	8	5.6	4	51.8	3	0.0	0	0.0	0
201109	58.0	88.5	10	13.4	8	44.6	2	0.0	0	0.0	0
201110	19.4	62.7	7	19.4	7	0.00	0	0.0	0	0.0	0
小计	323.6	542.4	41	63.0	29	193.6	10	67.0	2	0.0	0

注：降雨强度等级划分按照 24h 降水总量（mm）标准，规范取自国家防汛抗旱总指挥部办公室 2006 年编制的《防汛手册》。小雨 0.1～10mm/24h，中雨 10.0～24.9mm/24h，大雨 25.0～49.9mm/24h，暴雨 50.0～99.9mm/24h，大暴雨 100.0～249.9mm/24h，特大暴雨≥250mm/24h。

2010 年雨季除 9 月降水场次较少仅 4 次外，其他月份降水场次均较多，分别为 10 次、11 次、8 次、7 次；7 月降水类型最为丰富，且降水量达到 189.2mm，数值高于多年平均值，占雨季总降水量的 49.0%，其他月份降水量均远小于多年平均降水量。7 月降水集中且次数增多，降水量猛增，仅 7 月 28 日单场降水量就达 101.8mm。

2011 年 6～10 月降水量分配不均且均小于多年平均降水量，降水次数相差较小，分别为同期总降水场次的 22.0%、17.1%、19.5%、24.4%和 17.1%。雨季较 2010 年晚，但 6 月降水量高于去年同期降水量。6 月和 8 月降雨较集中且降水量较其他月份高。观测期间，在全部降水日数中，降水量低于 5.0mm 的占 68.3%，日降水量在 10.0mm 以上的降水量占 34.2%，通常日降水持续时间长，而降水强度不大，暴雨出现的概率很小。

4.2.3　水土流失观测小区情况

2005 年秋季在同一地貌部位自然坡面完成 3 个径流小区（A、B、C）布设，对照小区（C）保持自然状态，原地貌植被为扭黄茅群落，A 小区修整为反坡台整地小区，B 小区修整为水平阶整地小区。2010 年初在另一坡面上并列布设 2 个坡耕地小区，均为自然坡面。5 个径流小区水平投影面积均为 $5 \times 10m^2$。径流小区基本概况见表 4-12。

表 4-12　径流小区基本概况

小区类型	坡度/(°)	坡位	坡向/(°)	植被（作物）平均高/m		植被（作物）覆盖度/%		整地规格
				2010 年	2011 年	2010 年	2011 年	
反坡台地	8.0	坡中下部	NW25	0.89	0.85	70	75	台、坡等宽相间布设，反坡 8°，台宽 80cm
水平阶地	8.0	坡中下部	NW25	0.85	0.80	75	78	阶、坡等宽相间布设，阶宽 80cm
自然坡面	7.8	坡中部	NW20	1.15	0.33	85	65	自然坡面
坡耕地 1#	15	坡上部	NW5	0.20	0.43	15	95	自然坡面
坡耕地 2#	15	坡上部	NW5	0.16	0.28	10	96	自然坡面

4.2.4　干热河谷坡耕地水土流失特征

1. 不同处理对径流的拦蓄作用

坡面产流除了受气候和植被条件影响之外，还受地形条件影响。图 4-21 是 5 个坡面

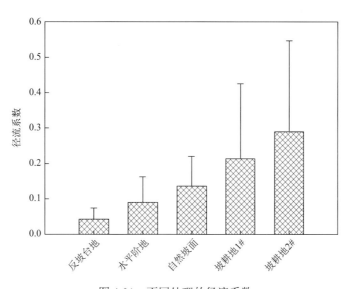

图 4-21　不同处理的径流系数

径流小区 2010 年与 2011 年径流观测结果，结果表明：坡耕地（2#）＞坡耕地（1#）＞自然坡面＞水平阶地＞反坡台地，以自然坡面且植被覆盖度最小的坡耕地 2#小区径流流失量最高，反坡台地处理小区最低。

将反坡台地、水平阶地与自然坡面等径流小区对比分析，24 场降水的降水总量为 520.6mm，受前期降水影响，有效产流降水的降水量较小，最低至 4.8mm，反坡台地产生的径流量为 25.8mm，水平阶地产生的径流量为 45.8mm，自然坡面产生的径流量为 89.7mm，产流率分别为 5.0%、8.89%和 17.2%，反坡台地和水平阶地产流比自然坡面少 71.2%和 48.9%，整地的拦蓄径流作用明显，反坡台地比水平阶整地方式的拦蓄径流能力更强，对地表径流的拦蓄使地表径流向土壤内部转移，从而提高了土壤的含水量。

将坡耕地 1#小区和坡耕地 2#小区进行对比可知，在 2010 年有效降水条件下，产流量分别为 100.02mm 和 122.74mm，产流率分别为 19.2%和 23.6%，结合表 4-12 中径流小区的基本概况可知，两个小区为撂荒耕地，有自然植被生长。受植被盖度影响，产流不同。因为坡耕地 1#小区植被盖度比坡耕地 2#小区大 5%，截流的效果明显增加 18.5%。说明植被覆盖度较大的地方，不论地形如何变化，水土流失均减小，植被对径流起很重要的拦截作用。2011 年两个坡耕地小区种植农作物，作物盖度达 95%以上，雨季未产生径流。

2. 不同处理坡面对泥沙的拦截作用

不同处理坡面的泥沙流失量大小顺序与径流流失量大小顺序一致，坡耕地 2#小区泥沙流失量最高，反坡台地处理小区最低（图 4-22）。这是因为 2010 年坡耕地 2#小区为撂荒耕地，自然植被覆盖度最小且为自然坡面，其泥沙随径流而流失，而反坡台地和水平阶地方式能拦截径流于台内土壤中，降低径流的势能，吸纳台间泥沙的沉降，泥沙流失量也将随之减少。

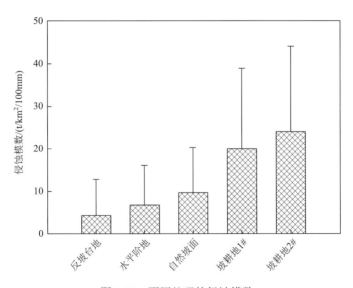

图 4-22　不同处理的侵蚀模数

24 场总降水中,反坡台地产沙 23.74t/km²,自然坡面产沙 47.41t/km²,反坡台地与自然对照小区相比,产沙量减少 49.9%,说明反坡台地对减少泥沙的流失量具有很好的作用,减沙效益很明显。水平阶地径流小区和自然对照小区进行对比,从 47.41t/km² 下降到 32.49t/km²,产沙量减少 31.5%,反坡台地比水平阶地多拦截泥沙 18.5%。对比坡耕地 1#和坡耕地 2#可知,2010 年产沙量分别为 75.93t/km² 和 87.32t/km²,坡耕地 1#小区植被盖度比坡耕地 2#小区大 5%,减沙的效果明显增加 13.04%;2011 年未产沙。反坡台地、水平阶地的处理方式优于自然坡面小区,微地形的改变使得径流方向改变,汇流方式也随之变化,减小了水流流速,也就减少了坡面径流量,从而降低了坡面水流的挟沙力,其产沙量也就较小(唐克丽,2004)。

3. 不同处理坡面产流产沙的年际变化

2010 年和 2011 年的同期降水量基本持平(表 4-11),2011 年有效降水只比 2010 年多 0.6mm,2011 年的降水以中雨和大雨为主,而 2010 年的降水以小雨和中雨为主,一场 101.8mm 的大暴雨占同期降水量的 39.2%,对不同类型坡面的产流量贡献在 41.7%~62.9%,产沙量贡献在 45.7%~58.1%。说明 2010 年 101.8mm 的那场大暴雨对坡面产流产沙起了决定性的作用。

绘制 2010~2011 年同期不同类型处理方式的产流图(图 4-23)和产沙图(图 4-24),除 2011 年 C 小区由于植被覆盖度降低,产流量较去年增加 12.28%外,其余都有所下降,A、B 产流量下降幅度为 6.2%、123%,A、B、C 产沙量下降幅度在 53.0%~85.2%,说明 2011 年同期反坡台地和水平阶地的产沙量下降幅度明显大于产流量。究其原因,产流产沙量的减少,一方面是由于整地本身对径流的拦截作用,降低了侵蚀产沙动力,产沙能力降低;另一方面是局部侵蚀产沙量在水平阶地和反坡台地内得到了拦截沉降;同时,整地措施实施后,土壤的疏松度随年度变化不断减小,且植被不断生长和郁闭,对径流泥沙也起到了分散和拦截作用,使整地措施和植物措施起到了很好的互补作用。

年际间整地拦蓄径流和泥沙效果的对比分析表明,实施整地后,随着时间的推移,整地减少泥沙的效果好于拦截径流的效果,单场大暴雨对径流和泥沙产生起主导作用。实施作物种植后,在作物覆盖度远远提高的基础上,能够有效地截流减沙。

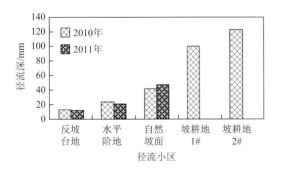

图 4-23　不同年份径流小区产流量变化

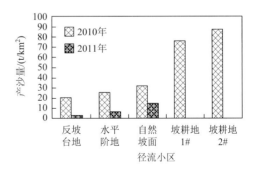

图 4-24　不同年份径流小区产沙量变化

4.2.5 干热河谷水土流失的主要影响因素

1. 降水

降水作为影响坡面产流能力最直接的因素,是径流产生的直接来源。对降水量与水土流失量进行相关性分析(表4-13),2010年5种径流小区(反坡台地、水平阶地、自然坡面、坡耕地1#、坡耕地2#)的降水量与产流量、降水量与产沙量、产流量与产沙量均显著相关,这表明降水、径流、泥沙之间关系密切。2011年反坡台地、水平阶地、自然坡面小区的降雨量与水土流失量相关性表明,降水量与产流量显著相关,降水量与产沙量不相关,产流量与产沙量相关关系表现为水平阶地小区Pearson相关系数为0.784($P<0.01$)(Sig. = 0.002),表明产流与产沙相关关系显著,反坡台地与自然坡面小区Pearson相关系数分别为0.633($P<0.01$)(Sig. = 0.023)和0.715($0.01<P<0.05$)(Sig. = 0.012),也表明产流量与产沙量显著相关。两年雨季的相关数据表明降水量与产流量相关性最为显著,即降水量越大,产流量越大。产流量与产沙量相关显著,即产流量越大,产沙量越大。

表4-13 降水量与水土流失量的相关分析

小区类型	年份	降水量与产流量		降水量与产沙量		产流量与产沙量	
		Pearson相关系数	Sig.	Pearson相关系数	Sig.	Pearson相关系数	Sig.
反坡台地	2010	0.950**	0.000	0.953**	0.000	0.878**	0.000
	2011	0.713**	0.007	0.492	0.062	0.633*	0.023
水平阶地	2010	0.917**	0.000	0.943**	0.000	0.794**	0.000
	2011	0.785**	0.002	0.342	0.151	0.784**	0.002
自然坡面	2010	0.969**	0.000	0.938**	0.000	0.925**	0.000
	2011	0.720**	0.006	0.310	0.176	0.715*	0.012
坡耕地1#	2010	0.975**	0.000	0.959**	0.000	0.973**	0.000
坡耕地2#	2010	0.983**	0.000	0.969**	0.000	0.977**	0.000

注:**在$P=0.01$的水平上相关性显著;*在$P=0.05$的水平上相关性显著。

2. 植被

1)对水分入渗的影响

元谋干热河谷沟蚀崩塌观测研究站设置的几种植被模式如坡改梯经济林模式(模式1)、沟头坡面生态林模式(模式2)和冲沟内生态林模式(模式3)下的水土流失监测结果表明,坡改梯经济林小区的入渗率显著($P<0.05$,$n=9$)大于对照小区(图4-25)。与对照小区比较,坡改梯经济林小区的入渗率平均是对照的2.2倍。沟头坡面生态林植被恢复模式下,土壤入渗率都显著($P<0.05$,$n=9$)大于其对照小区(图4-26)。与对照小区比较,植被恢复小区内的入渗率平均增加约1倍。同时,不同部位的入渗率差异也较显著($P<0.05$,$n=6$),

坡中的入渗率最大，坡上部的最小，说明在坡面不同部位其土壤性质的差异很明显。冲沟内生态林植被恢复模式下，坑内、坑外的入渗率差异显著（$P<0.03$，$n=6$），坑内是坑外入渗率的 2.5 倍；同时，坡上与坡下的差异也很显著（$P<0.001$，$n=6$），坡下端的入渗率明显较大（图 4-27）。说明坑穴种植模式中，坑内能吸纳较多的降水而有利于植被生长。

　　三个模式的一致规律是植被措施下的稳定入渗率比对照要高，坡下部比坡上部高。分析原因主要有以下几点：①植被恢复的整地措施。翻松土壤，增加了土壤孔隙度，提高了土壤入渗率，与对照相比，入渗率是对照的 1～2.5 倍。②植被的改良作用。植物的根系能够增加土壤孔隙度，特别是一年生草本其增加孔隙度的作用更为明显；枯落物和根系分泌物能够增加土壤中的有机质含量，不仅促进了植被的生长，还增加了土壤中动物和微生

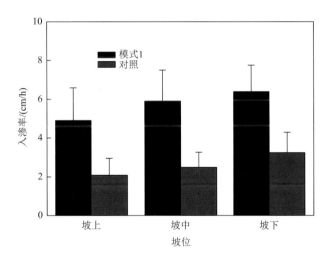

图 4-25　坡改梯经济林模式不同坡位的土壤入渗率

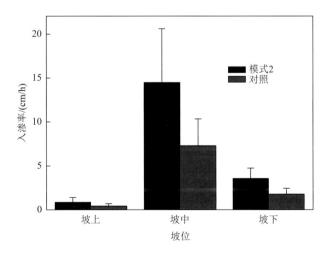

图 4-26　沟头坡面生态林植被恢复模式不同坡位的土壤入渗率

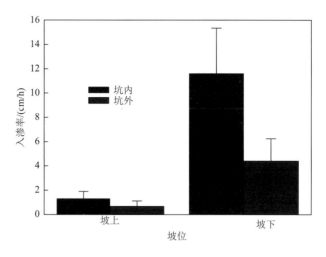

图 4-27 冲沟内生态林植被恢复模式不同坡位的土壤入渗率

物的量和活动,改善了土壤的通透性,增加了土壤入渗。③坡位是影响径流的一个因素,坡上位产生地表径流后,径流不在坡上部停留,这与坡面中下部相比,缺少了一个径流在表面停留的过程,相同降雨的情况下,坡面上部进入土壤中的降水要比坡中下部要少,土壤含水量比坡中下位的差,进而影响着植被的生长,植被相较于坡中下位的差,其拦截降水和改良土壤的作用要相对较弱一些,故其入渗率要比坡中下位的小。

2)对水土流失的影响

无论是经济林还是生态林治理,其水土流失量都较未治理小区的低,特别是坡度比较大的模式 2 观测场,治理小区的水土流失明显较裸地的低(图 4-28)。说明该区采取的生态恢复措施具有一定的水土保持效果。通过比较这两年的平均值,治理小区的水土流失较对照明显减少。模式 1 观测场的坡改梯种植龙眼小区较裸地减少水土流失分别为 57.4%和34.5%;模式 2 观测场的种植生态林小区较其对照减少水土流失分别为 79.8%和 49.7%。统计分析表明,这二者的水土流失减少量是极显著的。

从时间上看,2007 年、2008 年、2009 年的径流系数基本呈现出下降趋势(表 4-14)。一方面是经过几年的植被恢复作用,其拦截降水、减缓径流、增加入渗的作用明显增强了;

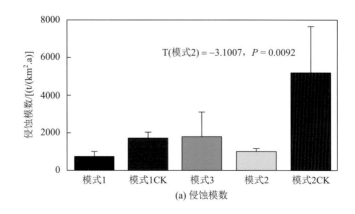

(a) 侵蚀模数

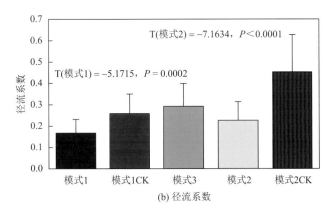

图 4-28　不同治理模式的年均水土流失量

CK 表示对照

另一方面是 2009 年的降水观测值明显比前两年的小，这也是径流系数差异明显的一个原因。植被恢复在初期就能显著减少地表径流，这与上述结果——能显著增加水分入渗率是一致的。

表 4-14　径流系数差异检验

年份	模式 1	模式 1CK	模式 2	模式 2CK	模式 3
2007 年	0.1949bc	0.25506bcd	0.26488bcd	0.57446e	0.23062bcd
2008 年	0.15225b	0.25875bcd	0.2061bc	0.38055c	0.3306cd
2009 年	0a	0.00135a	0.00913a	0.2460bcd	0.0071a

注：同列不同字母表示差异达显著水平（$P<0.05$）。

3. 人为因素

人类不合理的经济活动和不合理的土地资源开发利用是加速金沙江干热河谷水土流失的主要原因。具体表现在以下几个方面。

（1）生产力水平低下，科学技术落后，人口剧增导致对土地资源的掠夺式经营，加剧了水土流失。流域内人口自 20 世纪 50 年代以来年均增速保持在 20%左右，而适宜耕种的土地资源有限，为了生存必然大量开垦陡坡地，流域内>25°的陡坡耕地占耕地面积比例普遍在 25%以上，凉山彝族自治州（简称凉山州）达到 30%以上。

（2）乱砍滥伐，森林锐减。新中国成立初期，四川甘孜、凉山、攀枝花地区森林覆盖率在 40%以上，到 20 世纪 80 年代末期土地资源详查时降至 20%以下。由于流域内地表组成物质抗蚀能力极低，一旦失去森林植被的保护，水土流失将十分严重。

（3）超载放牧，导致草场退化和沙化。流域内牧区牲畜超载量普遍在 20%～30%，如昌都芒康县天然草场理论载畜量为 37156 万羊单位，而 1989 年的实际载畜量为 51130 万羊单位，超载 37.6%，导致草场产草量逐年下降，大多数草场鲜草产量在 1500～1800kg/hm²，部分草场只有 600kg/hm²。由于草原表层植被受到严重破坏，在降水、冻融和风力作用下，侵蚀加剧，并使草场沙石化面积不断扩大。

（4）开矿及开发性的基本建设工程，因忽视水土保持而加重水土流失。仅昆明市东川区某单位每年直接排入金沙江、小江的尾矿砂就达 213 万 t；地方工业废渣排放量 21612 万 t，利用率仅 1%，可见金沙江流域的开矿及开发性基本建设工程对加剧流域的水土流失具有重要作用。

4.3　喀斯特区（黄壤）坡地的水土流失特征

4.3.1　喀斯特坡地的岩土组构特点

1）土-石直接突变接触，岩层孔隙和孔洞发育

喀斯特坡地的土壤和下伏碳酸盐岩之间的土-石界面清晰，为直接突变接触。完整的风化壳剖面，土层和基岩之间有时发育有厚约数厘米至十余厘米的"杂色黏土层"（石灰岩），或"碳酸盐岩腐蚀带"，俗称"糖砂层"（白云岩）。本书用土壤蠕滑充填土下伏碳酸盐岩溶蚀产生的孔隙的机制解释碳酸盐岩风化壳的土-石界面突变接触现象（张信宝等，2007）。由于化学溶蚀，组成坡地的碳酸盐岩岩层孔隙和孔洞发育。喀斯特坡地的表层岩溶带可以看作一个布满"筛孔"的石头"筛子"，溶沟、溶槽和洼地为被土壤塞住的形状不一、大小不等的"筛孔"（Dai et al.，2017）。坡地地表径流和壤中流极易通过"筛孔"渗入表层岩溶带，进入地下暗河系统。

2）成土速率低

碳酸盐岩酸不溶物含量低，成土速率低。不少学者根据碳酸盐岩酸不溶物含量和溶蚀速率求算西南喀斯特地区土壤的成土速率，并用以表征土壤允许侵蚀量。各结果差别不大，成土速率每年每平方千米多介于数吨至数十吨。柴宗新（1989）提出的广西喀斯特区的土壤允许侵蚀量为 68t/(km^2·a)；韦启璠（1996）认为南方喀斯特区的土壤允许侵蚀量不超过 50t/(km^2·a)；李阳兵等（2006）认为，贵州连续性碳酸盐岩区和碳酸盐岩夹碎屑岩区土壤允许侵蚀量分别为 6.84t/(km^2·a) 和 45.53t/(km^2·a)；张信宝等（2009）分析求得的贵州茂兰喀斯特森林保护区的成土速率为 17.4t/(km^2·a)；曹建华等（2011）认为，西南喀斯特地区的容许流失量为 38t/(km^2·a)。张信宝等（2010b）根据土壤中硅酸盐矿物的物质平衡，提出不同碎屑岩含量碳酸盐岩区的土壤允许流失量介于 5～500t/(km^2·a)。

曹建华等（2011）将西南岩溶区土壤允许流失量作为微度划分标准的起点，参照已有的分级范围，将轻度、中度、强度、极强度、剧烈等级进行重新确定，并与以往岩溶研究工作者的成果进行对比（表 4-15）。

表 4-15　西南岩溶区土壤侵蚀强度分级标准初步厘定　　[单位：t/(km^2·a)]

划分类别	微度	轻度	中度	强度	极强度	剧烈
1997 年水利部标准	<200, 500, 1000	200, 500, 1000～2500	2500～5000	5000～8000	8000～15000	≥15000
柴宗新，1989	<68	68～100	100～200	200～500	≥500	
韦启璠，1996	<50	50～100	100～200	200～500	500～1000	≥1000
万军等，2003	<46	46～230	230～460	460～700	700～1300	≥1300
曹建华等，2008	<30	30～100	100～200	200～500	500～1000	≥1000

3）土壤总量少、异质性强，土地贫瘠

西南喀斯特地区的大部分坡地为土层薄、地面土石相间的石质和土石质坡地，土壤分布于岩脊间的溶沟、溶槽和凹地内，异质性强。坡地上部多为石质坡地；顺坡向下土质面积逐渐增加，中下部坡地多为土石质坡地；一些坡地的坡麓地带无岩石出露，为土质坡地。严冬春等（2008）调查了黔中高原清镇市王家寨喀斯特坡地的土壤厚度，调查坡地长53m，平均坡度为 22°。坡地土壤为黑色石灰土，坡脚处为黄壤，土壤平均质量厚度（单位面积＜2mm 颗粒的干土重）为 16.04kg/m²。李豪等（2009）调查了中国科学院亚热带农业生态所广西环江站喀斯特坡地的土壤厚度，调查坡地长 122m，平均坡度为 22.5°，平均土壤质量厚度为 21.95kg/m²。以土壤容重 1.0g/cm³ 计，两坡地相应的土壤厚度分别仅为1.6cm 和 2.2cm。

张信宝等（2010b）区分了石漠化和石质化的科学内涵，指出了喀斯特山地石漠化的核心是土地的石质化，提出了按照地面物质组成与裸岩率叠加的石漠化分类系统（表 4-16）。

表 4-16 地面物质组成与裸岩率叠加的石漠化分类

石漠化等级（裸岩率，%）	地面物质组成（石质土地面积率，%）				
	土质（<20）	土质为主（20～40）	土石质（40～60）	石质为主（60～80）	石质（80～100）
无（0～30）	无石漠化土质坡地	无石漠化土质为主坡地	无石漠化土石质坡地	无石漠化石质为主坡地	无石漠化石质坡地
轻度（30～50）		轻度石漠化土质为主坡地	轻度石漠化土石质为主坡地	轻度石漠化石质为主坡地	轻度石漠化石质坡地
中度（50～70）			中度石漠化土石质为主坡地	中度石漠化石质为主坡地	中度石漠化石质坡地
强度（>70）				强度石漠化石质为主坡地	强度石漠化石质坡地

4.3.2 水土流失特点

1）地表和地下流失叠加的水土流失方式

喀斯特坡地地表流失产出的泥沙部分随地表径流进入地表河流，部分沉积于坡地的溶沟、溶槽和凹地内。地下流失指地下径流侵蚀产出泥沙的流失，流失的泥沙主要为表土层以下的或岩石孔隙、裂隙中充填的土体，这些土体可以是土下岩石化学溶蚀产生的酸不溶物，也可以是沉积于溶沟、溶槽和凹地内的地表流失产出的泥沙。地下流失产出的泥沙通过地下暗河系统最终汇入地表河流。

封闭的峰丛洼地流域，地表径流携带的坡地地表流失产出的泥沙进入洼地后，部分经落水洞进入暗河系统，部分沉积于洼地内。沉积于洼地内的泥沙也可能以土体沉陷的方式通过底部的埋藏落水洞进入暗河系统，最终汇入地表河流系统。

2）喀斯特坡地地表产流、产沙少

张信宝等（2007）提出了岩溶坡地的土壤侵蚀是化学溶蚀、重力侵蚀和流水侵蚀叠加的观点。曹建华等（2011，2015）结合岩溶区水循环特征、土壤空间分布特征，根据不同空间尺度将岩溶区水土流失发生的基本单元分为坡地、洼地、谷地及流域，并分析了其侵蚀过程；熊康宁等（2012）从不同的地理视角（高原山地、盆地和峡谷）分析了水土流失发生机制与空间差异，认为石漠化强度高的地区其地表产流产沙量有减小趋势，主要因为岩石发育的节理、裂隙、管道等能吸收或渗漏一部分降水，且裸露岩石的截留汇流作用降低了地表径流速度；彭旭东等（2016）认为，随着石漠化强度加剧，地表侵蚀越不容易发生，地表裸露岩石对地表侵蚀的作用机理值得进一步研究和探索。

　　喀斯特坡地地表径流极易通过地表溶沟、溶槽和洼地等"筛孔"渗入表层岩溶带，进入地下暗河系统，从而使地表径流量变小；由于地表的少量土壤分布于溶沟、溶槽和洼地内，不易侵蚀，以及径流量小等，喀斯特坡地的地表产沙量低。贵州普定陈旗小流域的大型全坡面径流场的观测结果（彭韬等，2008，2009）揭示了黔中喀斯特坡地的产流产沙特点。6个径流场坡度为31°～37°，面积为684.3～2890.0m²，岩被面积率为20%～50%，土壤为黑色石灰土，土地利用类型分别为幼林、稀疏灌丛、坡耕地、灌草地、火烧迹地、复合植被。其中侵蚀模数最高的是放牧严重的稀疏灌丛，最低的是封禁的幼林地（表4-17）。中国科学院亚热带农业生态所的广西环江站喀斯特坡地10余个大型径流小区，设置于塔状丘峰中、下部的薄层撒落物覆盖坡地上，坡地表土层为含砾黑色石灰土，厚度多不足30cm，下伏裂隙密集的风化白云岩。土地利用类型有次生灌丛、灌丛迹地、自然修复地、水保林、坡耕地、各种牧草和对照裸地等。每个径流场的面积在2000m²左右，2005年开始观测，5年来基本不产流产沙（张信宝等，2010a）。

表4-17　不同土地利用方式年土壤流失量和次降雨土壤流失量

时间	灌草	火烧	幼林	坡耕地	稀疏灌丛	复合植被
	土壤流失量/(t/km²)（悬移产沙量/(t/km²)）					
2007-07～2007-12	1（0.07）	12.19（0.35）	0.73（0.04）	0.76（0.37）	13.12（3.28）	0.92（0.89）
2008-01～2008-12	0.38（0.06）	3.48（0.14）	0.05（0.03）	7.93（1.32）	62.25（8.69）	2.24（1.85）
	降雨量/mm	最大雨强/(mm/h)	降雨时间/h	土壤流失量/kg（占全年流失量的百分比%）		
2008-05-18	28.7	13.6	6.8	0.01（0.1）	0.01（0.0）	0.11（2.4）
2008-05-23	65.0	20.2	9.8	0.07（0.4）	0.09（0.1）	0.25（5.7）
2008-05-27	89.1	29.6	8.1	0.13（0.8）	49.93（32.4）	1.72（39.0）
2008-05-28	66.6	38.2	4.3	14.41（86.0）	43.92（28.5）	0.46（10.3）
2008-06-10	29.0	17.2	5.0	0.22（1.3）	0.20（0.1）	0.12（2.7）
2008-06-12	74.8	14.8	24.5	0.04（0.2）	0.24（0.2）	0.14（3.3）
2008-07-01	87.8	35.6	18.6	1.24（7.4）	1.02（0.7）	0.35（7.9）
2008-07-22	75.2	33.6	3.8	0.45（2.7）	33.29（21.6）	0.18（4.0）
2008-08-04	63.8	24.4	4.5	0.11（0.7）	16.13（10.5）	—
2008-08-17	51.4	21.8	6.0	0.07（0.4）	9.37（6.1）	1.09（24.7）
合计				16.75（100）	154.2（100）	4.42（100）

张信宝等（2010b）综述了贵州普定、茂兰和广西环江等 6 个喀斯特洼地沉积物的 ^{137}Cs 断代研究结果，发现茂兰坡格森林小流域表层土壤的侵蚀速率最低，1963 年以来的平均速率为 1.0t/(km^2·a)（何永彬等，2009；Zhang et al.，2010b），森林植被在 1979 年遭受严重破坏的普定石人寨小流域土壤侵蚀速率最高，1979 年以来的平均速率为 2315t/(km^2·a)，其中 1979～1990 年森林植被遭受破坏初期的侵蚀速率可能高达 6000t/(km^2·a) 以上（Zhang et al.，2010a）；其他 4 个不同程度石漠化的小流域，土地利用无明显变化，1963 年以来的平均侵蚀速率为 15.2～51.4t/(km^2·a)。显然，由于森林植被的保护，森林小流域表层土壤流失轻微，石漠化小流域易于流失的表土已流失殆尽，表层土壤流失量也不大；森林植被刚遭受破坏的小流域，短期内表层土壤流失可能非常强烈。

郭继成等（2013）的研究结果表明：西南地区石灰性黄壤坡面径流分离速率随坡度和流量的增大而增大；坡度和流量的多元回归分析结果能够很好地预测径流分离土壤的速率值（$R^2 = 0.9$）。水流功率和单位水流功率与径流分离速率呈现较好的幂函数关系，决定系数比较接近（$R^2 = 0.83$ 和 $R^2 = 0.79$）；而水流剪切力预测黄壤分离速率较差（$R^2 = 0.18$）。黄土坡面径流分离土壤的速率明显大于黄壤坡面，且二者分离速率差异随坡面冲刷流量的增大而增大（表 4-18），F 检验值表明方程在 0.01 水平上均显著。尽管坡度、流量、水流功率和单位水流功率均可以很好地预测径流分离土壤的速率，且回归方程形式与国内他人研究相差不大，但方程中表征土壤可蚀性的系数相差较大，体现了黄壤坡面侵蚀过程及其受径流影响作用的特殊性。

表 4-18　典型坡度下西南石灰性黄壤与黄土高原黄土径流分离速率对比

试验土类	拟合关系式	R^2	F
黄土	$Dr = 1.15Q + 0.61$	0.93	40.43
黄壤	$Dr = 0.61Q + 0.18$	0.97	86.42

注：Dr 为土壤分离速率[kg/(m^2·s)]；Q 为流量（L/s）。

4.3.3　石灰性黄壤坡地地下漏失过程与机理

张信宝等（2007）提出了石灰性黄壤区"地下漏失"的概念，认为岩溶坡地的土壤流失是化学溶蚀、重力侵蚀和流水侵蚀叠加的结果，流失方式不仅有地面流失，还有地下漏失。溶沟、溶槽、洼地发育的、石质化严重的纯碳酸盐岩坡地，地下漏失往往是最主要的土壤流失方式，纯碳酸盐岩地区地下流失量比例大。岩溶坡地的土下侵蚀主要有两种方式：一是土下岩石的化学溶蚀；二是土下溶洞和暗河内发生的管道侵蚀。这两种侵蚀形成的孔隙和孔洞，为上覆土壤通过蠕滑和错落等重力侵蚀方式充填，造成坡地地面溶沟、溶槽、洼地和岩石缝隙内的土壤沉陷，这一过程称为土壤地下漏失。溶沟、溶槽和洼地发育、石质化严重的纯碳酸盐岩坡地，可以看作一个布满"筛孔"的石头"筛子"，溶沟、溶槽和洼地为被土壤塞住的形状不一、大小不等的"筛孔"，"筛孔"内的土壤，通过地下漏失，充填土下化学溶蚀和管道侵蚀形成的孔隙和孔洞。岩溶坡地土下溶蚀速率的变化不大，土壤地下漏失和土地石质化速率主要取决于管道侵蚀和"筛孔"内沉陷土壤的补给情况。

喀斯特山地存在土壤地下漏失的观点,得到了学界的认同,许多学者开展了地下漏失方式、过程和漏失量的研究,但对地下漏失的内涵有一些不同的认识。例如,蒋忠诚等(2014)提出的"水土漏失"的概念是指地表、地下双层空间结构发育的岩溶地区,在水流机械侵蚀及化学溶蚀作用下,地表泥土经过落水洞和岩溶裂隙等岩溶通道向下渗漏到地下河的过程。水土漏失是岩溶作用强烈地区特有的水土流失过程,地表、地下双层空间结构的存在是其发生的前提,其叠加有特殊的化学溶蚀动力学过程。水土漏失不仅产生水土资源的流失,还因其经常导致地下河管道堵塞而频繁引发洼地内涝灾害。

^{137}Cs 核素仅赋存于表层土壤,地表流失产出的泥沙含 ^{137}Cs,地下流失产出的泥沙基本不含 ^{137}Cs,因此可以根据表层土壤与出水洞泥沙或塘库表层底泥的 ^{137}Cs 含量,利用混合模型求算喀斯特小流域地表流失和地下流失的相对产沙量。茂兰喀斯特森林保护区的坡格洼地森林小流域,出露岩层为二叠纪石灰岩,坡地表层土壤和附近出水洞泥沙的 ^{137}Cs 平均比活度分别为 7.12Bq/kg 和 1.43Bq/kg,利用混合模型求得的小流域地面流失和地下流失的相对产沙量分别为 20% 和 80%。中国科学院亚热带农业生态所广西环江生态站次生灌丛林小流域,出露岩层为泥盆-石炭纪白云岩,坡地表层土壤和水库底泥的 ^{137}Cs 平均含量分别为 15.17Bq/kg 和 1.82Bq/kg,地面流失和地下流失的相对产沙量分别为 12% 和 88%(张信宝等,2009)。

周念清等(2009)建立了岩溶区水土漏失概念模型,并将水土流失过程概化为雨滴溅蚀、坡面侵蚀、落水洞漏失和地下暗河运移 4 个主要过程;Dai 等(2017)分析了坡耕地降雨侵蚀过程中能够进入地下孔(裂)隙的产流产沙量;Wang 等(2014)解释了土壤地下流失的侵蚀-蠕变-崩塌机理,包括裂隙土扰动—内部侵蚀和局部坍塌—自由面形成—土壤蠕变—土管形成—土管坍塌—地面塌陷与填充 7 个过程;Zhou 等(2012)通过剪切试验和蠕变试验,建立了喀斯特管道中土壤地下流失的概念模型。其他研究(冯腾等,2011;Zhang et al.,2011;魏兴萍等,2015)表明,岩石与土壤存在的软硬界面使土壤颗粒可能随水流沿岩石-土壤界面运移(张信宝等,2007);已有研究证实坡面土壤通过裂隙漏失进入溶洞的土壤颗粒少,溶洞内部土壤主要来自岩土界面,这说明土壤沿岩土界面蠕移可能是该区水土流失的重要部分。岩土界面作为一种介于岩土与土壤之间的特殊结构,许多研究均注意到喀斯特地区碳酸盐基岩-土壤界面清晰、突变接触过渡的现象,且多处呈现岩土界面蠕移擦痕,今后应加强岩土界面特性及其对喀斯特地区坡面水文循环及土壤侵蚀影响的研究。同时,土石界面、地下孔(裂)隙、落水洞对喀斯特区土壤地下漏失的主导程度,土壤漏失迁移距离均有待后续进一步的研究证实。

4.3.4　农耕驱动的石灰性黄壤水土流失机制

张信宝等(2010a,2010b)认为,喀斯特坡地土壤流失其实就是硅酸盐矿物流失的结果。从国内外河流硅酸盐化学流失速率分析,包括农耕在内的人类活动促进土壤化学流失的作用不大。在自然状况下,坡地土壤的生物流失量和生物返还量相等;人类砍伐森林和收获农作物,植株的矿物质不能返还土壤,引起土壤的生物流失。以低产农田植物生产力 $3.0t/(hm^2 \cdot a)$,植物灰分含量为 10%,灰分中非 CaO 和 MgO 的矿物质含量以 67.5% 计,生物流失量达 20.3t/(km²·a)，此值高于大部分纯碳酸盐岩区的成土速率。毁林开荒，地面土壤失去植被保护，增加了地表径流和破坏了植物根系，疏松土壤，降低了土壤抗蚀性，不可避免地要引发强烈的地表流失。如前述普定石人寨小流域 1979 年毁林开荒后，土壤流失速率迅速增加到 6000t/(km²·a)以上。

农耕促进土壤地下流失的机制主要有：①耕作破坏植物根系，溶沟、溶槽和洼地内的土壤失去植物根系的网固，促进土壤向下蠕滑。②犁耕动土迫使"筛孔"内的土壤向下漏失。③耕作疏松土壤易于径流入渗和灌溉渗水，均增加孔隙和裂隙的入渗水量，促进土壤的蠕滑和管道侵蚀。犁耕将坡地地块上部的土壤运移到下部，往往引起坡地上部土地的石质化。据普定开展的标线法测定犁耕侵蚀的研究，坡度为 3°、坡长为 24.2m 旱坡地的顺坡犁耕通量为 48.2kg/(m·a)，坡顶处的侵蚀速率高达 0.67cm·a，同该处卧牛石 30 年露出了 20cm 的实际情况相符。地表流水侵蚀和耕作侵蚀的叠加是土质农耕坡地水土流失的主要驱动力，耕作侵蚀是土石质农耕坡地的主要驱动力，地下侵蚀是石质坡地的主要驱动力（张信宝等，2010a）。

4.4　其他土地利用坡地的水土流失特征

4.4.1　工程裸地的产流产沙特征及工程侵蚀量

随着社会经济快速发展，紫色土丘陵区经济开发、道路和水利工程建设等较频繁，这些工程建设破坏了植被，损坏了水土保持设施，开挖山体，造成大量裸露土石方未夯实，且无保护措施，成为新的水土流失源。因此，紫色土丘陵区工程开挖项目的工程侵蚀严重，其松散堆积物侵蚀模数远高于相应对照草坡的侵蚀强度，其侵蚀也具有明显的时间特点。

以道路建设工程裸地为例，朱波等（2005）通过建立工程松散堆积物裸地径流观测场（12 个，坡度为 45°），利用集流桶收集径流与泥沙，测定了不同径流量与泥沙量，利用侵蚀指针动态观测不同坡位的侵蚀特征。结果表明：开发建设项目的松散堆积物工程侵蚀以水力侵蚀为主，面蚀普遍，沟蚀也很突出，新建工程松散堆积物侵蚀强度是原草坡地的 19～142 倍（表 4-19）。其主要原因是原植被破坏后，人为弃土裸露，土壤结构松散，抗蚀能力弱，暴雨冲刷严重，松散堆积的弃土能迅速由面蚀转变为严重的沟蚀，并形成高含沙的坡面径流，甚至造成坡面崩塌，城镇建设工程侵蚀与公路工程侵蚀类似。

表 4-19　工程建设松散堆积物裸地与对照草坡的侵蚀特征

观测小区	堆积形态	坡度/(°)	植被覆盖率/%	侵蚀模数/[t/(km²·a)]	侵蚀特征
荒草地对照区 1		30	80	267	面蚀为主
荒草地对照区 2		45	70	545	面蚀为主
荒草地对照区 3		60	70	697	面蚀为主

续表

观测小区	堆积形态	坡度/(°)	植被覆盖率/%	侵蚀模数/[t/(km²·a)]	侵蚀特征
公路弃土松散堆积坡1	披坡式堆积	30	裸露	13895	面蚀、沟蚀兼有重力侵蚀
公路弃土松散堆积坡2	披坡式堆积	45	裸露	21382	面蚀、沟蚀兼有重力侵蚀
公路弃土松散堆积坡3	陡坡坡麓扇形堆积	60	裸露	38086	面蚀、沟蚀兼有重力侵蚀

松散堆积物随堆放时间延长，其土壤结构和植被覆盖也发生改变，所表现出的侵蚀特征也发生改变。在雨水和重力的作用下，土壤逐渐夯实，土壤干容重由堆积初期的 1.24g/cm³ 增加到了 1.60g/cm³（表4-20），植被也从完全裸露逐渐恢复到30%覆盖度以上，抗蚀力提高，并且影响松散堆积物侵蚀的降水也有一定的季节变化，侵蚀特征也随其发生变化。可见工程侵蚀具有明显的动态特征，表现为随时间推移，工程侵蚀强度减弱。

表4-20 松散堆积物侵蚀量随时间的变化

观测时段（月份）	雨量/mm	松散堆积物（坡度60°）			松散堆积物（坡度45°）		
		容重/(g/cm³)	植被覆盖率/%	侵蚀模数/[t/(km²·a)]	容重/(g/cm³)	植被覆盖率/%	侵蚀模数/[t/(km²·a)]
4	54.3	1.24	裸露	—	1.25	裸露	—
5	143.5	1.36	<2	14176	1.36	<5	9016
6	136.8	1.49	<15	13310	1.52	<20	7212
7	91.1	1.57	<20	4215	1.58	<25	2236
8	136.3	1.59	<30	6455	1.60	<35	2868
9	15.0	1.60	>30	5631	1.61	<40	2503

观测表明，坡度对侵蚀产沙量影响最大，坡度30°的松散堆积物侵蚀模数为 13895t/(km²·a)，而坡度60°的侵蚀模数增大为38086t/(km²·a)，坡度80°松散堆积物侵蚀模数为52400t/(km²·a)，表明松散堆积物工程侵蚀强度随坡度增大而增加。暴雨时，松散堆积物坡面从上到下侵蚀强度由804t/(km²·a)增大到23316t/(km²·a)，坡面由上到下具有明显的面蚀-细沟侵蚀-切沟侵蚀发育特征，一些部位还有坡面滑塌现象（表4-21），表明松散堆积物坡面越长，其工程侵蚀量越大。

表4-21 松散堆积弃土坡不同坡段的侵蚀特征

坡段位置（自上而下）	坡度/(°)	侵蚀模数/[t/(km²·a)]	主要侵蚀特征
1~3m	60	804	面蚀
3~5m	60	5413	面蚀、细沟侵蚀
5~7m	60	14820	细沟、切沟侵蚀
7~9m	60	23316	切沟、崩塌

在降水量为 78.5mm 的情况下，坡度 45°松散堆积物的不同植被覆盖条件下的观测结果表明，植被覆盖率仅为 10%的松散堆积物是工程建设初期堆积的，其径流量为 2.83m³，径流系数为 60%，侵蚀量也相当高，高达 48000t/(km²·a)。随着自然植被的生长与人工植被的栽种，植被覆盖率提高，径流量与侵蚀量均降低，当小区植被覆盖率达到 80%时，径流系数仅为 22%，而侵蚀量仅为堆积初期的 3.5%。可见植被覆盖对松散堆积物的侵蚀具有显著的抑制作用。

4.4.2　桤柏混交林和荒草地产流产沙特征

根据四川盐亭县（中国科学院盐亭紫色土农业生态试验站）和南部县升水镇、蓬溪县附西农场三个观测站多年的观测结果表明，无论是蓬莱镇组（YT）还是遂宁组（PX）母质的紫色土，若为草地，不管植被覆盖率大小，其年均径流系数都较林地大 [图 4-29（a）和图 4-29（b）]，二者差异达显著水平（$P<0.05$）。说明紫色土草地较林地而言，不利于减少径流，这主要是由于：一方面，杂草截流不如树林；另一方面，草根浅而密不易形成大孔隙，树大根深而稀易形成大孔隙，这样草地雨水入渗率较小。但是，草地和林地侵蚀量差异因其植被覆盖率而异：在植被覆盖率较大时，草地侵蚀量极显著（$P<0.01$）地少于林地（图 4-30），侵蚀模数减少约 20%；在植被覆盖率较小时，草地侵蚀量明显多于林地（图 4-31），不过差异未达显著（$P>0.05$）水平，可能是年间的产流降水变异较大的缘故。草地和林地侵蚀量的这种差异现象，应该归因于树木对降水特性的改变和根系对土壤水稳定性团聚体的改善。一方面，树木高大因截雨而增大雨滴，使降水侵蚀力增加，因而在森林覆盖率较大的盐亭站，林地的侵蚀量较大；另一方面，林地的水稳定性团聚体（1～5mm 粒径）少于草地的含量，即林地的抗蚀性不如草地（图 4-32）。

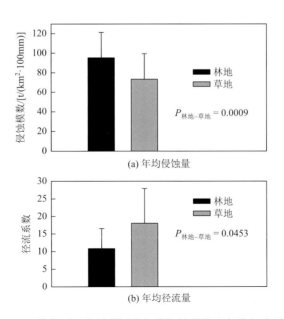

图 4-29　盐亭不同土地利用的年均侵蚀模数和年均径流系数

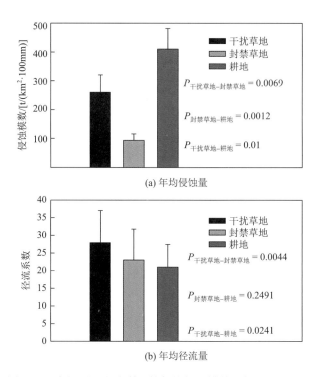

图 4-30 南部不同土地利用的年均侵蚀模数和年均径流系数

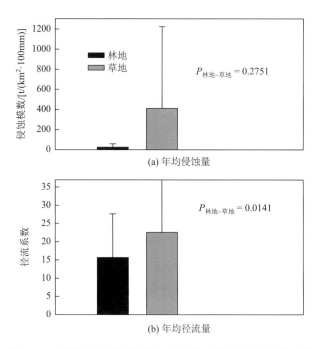

图 4-31 蓬溪不同土地利用的年均侵蚀模数和年均径流系数

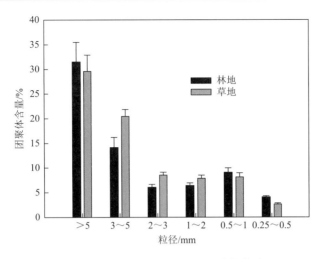

图 4-32　盐亭林地和草地的团聚体含量

草地与耕地比较（图 4-30），耕地侵蚀率极显著（$P \leqslant 0.01$）大于封禁草地和干扰草地，分别高出约 340% 和 60%，但径流系数显著（$P < 0.05$）小于干扰草地。说明紫色土坡耕地土壤侵蚀是四川紫色土低山丘陵区的主要几种土地利用类型（林地、草地和耕地）中最严重的。同时干扰草地的侵蚀率也极显著（$P < 0.01$）大于封禁草地，高出约 180%，从而反映了人为活动大大加剧了侵蚀速率，这些区域是土壤侵蚀的主要源。这种加速的侵蚀应归因于耕地的耕作使土壤疏松即抗冲力降低，草地的人畜活动使草地的覆盖率减小、土壤松散，所以侵蚀率加大。因此，控制土壤侵蚀，除了造林植草外，最根本的是规范人为活动或禁止人为活动，包括合理的耕作措施、治理措施和管理措施（刘刚才等，2001）。

在蓬溪观测站，筛选到两组降水量（1986 年 40mm/月，1989 年 80mm/月）相近而降水强度各异的侵蚀情况，在降水强度较大时，半封禁草地的侵蚀量较降雨强度较小时，更明显高于林地，尤其是在雨季初期遇上较大强度降水时，前者高出后者达 10 倍之多。而林地在不同雨强时的侵蚀率变化不是太大，而且 1989 年的比 1986 年的这种变化更小，且侵蚀率增大，说明随着树木的成长，树林改变降水特性的能力增大，且使降水侵蚀力增加。南部观测站两次典型不同雨强时测得的结果，在低雨强（雨量为 98.9mm）时，一方面，干扰草地、封禁草地和耕地的侵蚀率差异不明显，但在较大雨强时（雨量为 58.1mm），这三者的侵蚀率差异极明显，尤其是耕地的侵蚀模数大为增加，高达 1000t/(km²·100mm) 以上；另一方面，封禁草地的侵蚀率基本上不随雨强变化，说明草地（从广义上讲是地被）的抗蚀能力主要表现在减少降水侵蚀力方面。因此，防治土壤侵蚀的根本途径是增加地被盖度，特别是控制人为活动频繁的耕地。

4.4.3　果园产流产沙特征及林下植被的影响

通过中国科学院盐亭紫色土农业生态试验站 2 年（2003～2004 年）的小区试验（刘刚才，2005），对比观测了紫色土坡耕地种作物（小麦-玉米）、种饲草（黑麦草）、种果树（枇杷）和种果树＋饲草这 4 种模式的水土流失状况。结果表明，耕地种饲草后，其径流量得到一定程度的控制（表 4-22），耕地种饲草当年（2003 年）地表径流量相对于耕地年均减少 30%，种饲草第二年（2004 年）减少更多，几乎没发生地表径流，且这二者径流量差异达极显著水平（$P = 0.0081$）。说明耕地退耕种草对控制地表径流也具有持续稳定的极明显效果。但是这二者壤中流的情况相反（2003 年），即耕地壤中流少于退耕种草模式壤中流。这与理论相吻合，即从地表流失的径流越多，从土壤中流失的越少。耕地退耕后种果树＋饲草，径流量减少量与种饲草模式基本接近，也减少 30%。也就是说，退耕既种果树又种饲草模式控制地表径流量的效果与只种饲草模式接近，这二者的壤中流产流差异不明显。

表 4-22　耕地不同利用方式的径流系数

径流类型	年份	作物		饲草		果树		果树＋饲草	
		平均值	标准差	平均值	标准差	平均值	标准差	平均值	标准差
地表径流	2003	0.09	0.17	0.06	0.15			0.06	0.16
	2004	0.03	0.04	0.00	0.00	0.25	0.18		
壤中流	2003	0.01	0.02	0.03	0.08			0.01	0.02
	2004	0.01	0.03	0.00	0.00	0.01	0.02		

坡耕地退耕种草和种果树＋饲草，较种植作物显著减少水土流失 30%以上（表 4-23），特别是种果树＋饲草，侵蚀量减少 60%以上。但如果退耕只种果树，水土流失量反而多于种植作物。这些结果揭示了控制水土流失的关键之一是提高地表盖度。效益分析结果显示这 4 种模式水土保持综合效益的大小次序是果树＋饲草＞饲草＞作物＞果树。

表 4-23　耕地不同利用方式的侵蚀量　　　　　[单位：$t/(km^2·a)$]

年份	作物		饲草		果树		果树＋饲草	
	平均值	标准差	平均值	标准差	平均值	标准差	平均值	标准差
2003	907.68	980.04	606.00	1075.68			361.92	481.07
2004	247.14	177.90	17.88	37.08	643.20	532.68		

参 考 文 献

曹建华，蒋忠诚，杨德生，等. 2008. 中国西南岩溶区土壤允许流失量及防治对策. 中国水土保持，（12）：40-45.
曹建华，鲁胜力，杨德生，等. 2011. 西南岩溶区水土流失过程及防治对策. 中国水土保持科学，9（2）：52-56.
曹建华，袁道先. 2015. 受地质条件制约的中国西南岩溶生态系统. 北京：地质出版社.
曹文藻. 1995. 贵州几种主要土壤类型钾素供应能力的研究. 西南农业学报，18（4）：60-65.
柴宗新. 1989. 试论广西岩溶区的土壤侵蚀. 山地研究，7（4）：255-260.
陈奇伯，王克勤，李金洪，等. 2004. 元谋干热河谷坡耕地土壤侵蚀造成的土地退化. 山地学报，（5）：528-532.
陈奇伯，王克勤，李艳梅，等. 2003. 金沙江干热河谷不同类型植被改良土壤效应研究. 水土保持学报，17（2）：67-70.

陈奇伯, 王克勤, 刘芝芹, 等. 2006. 金沙江干热河谷封禁管护坡面的产流产沙特征. 水土保持研究, 13（4）: 217-219.

陈一兵. 1995. 不同土壤抗蚀性能研究. 水土保持通报, 15（1）: 46-50.

邓良基, 侯大斌, 王昌全, 等. 2003. 四川自然土壤和旱耕地土壤可蚀性特征研究. 中国水土保持, 7: 23-26.

邓良基, 凌静, 张世熔, 等. 2002. 四川旱耕地生产、生态问题及水土流失综合治理研究. 水土保持学报, 16（2）: 8-11.

方海东, 纪中华, 杨艳鲜, 等. 2005. 金沙江干热河谷新银合欢人工林枯落物层持水特性研究. 水土保持学报, 19（5）: 52-54.

冯腾, 陈洪松, 张伟, 等. 2011. 桂西北喀斯特坡地土壤^{137}Cs 的剖面分布特征及其指示意义. 应用生态学报, 22（3）: 593-599.

符素华. 2005. 土壤中砾石存在对入渗影响研究进展. 水土保持学报,（1）: 171-175.

付美芬, 高洁. 1997. 影响元谋植被恢复与造林成败的主要气象条件及其对策. 西南林学院学报, 17（2）: 36-42.

付智勇, 李朝霞, 蔡崇法, 等. 2011. 三峡库区不同厚度紫色土坡耕地产流机制分析. 水科学进展, 22（5）: 680-688.

郭继成, 张科利, 董建志, 等. 2013. 西南地区黄壤坡面径流冲刷过程研究. 土壤学报. 50（6）: 1102-1108.

何丙辉, 缪驰远, 吴咏, 等. 2004. 遂宁组紫色土坡耕地土壤侵蚀规律研究. 水土保持学报, 18（3）: 9-12.

何大明, 吴绍洪, 彭华, 等. 2005. 纵向岭谷区生态系统变化及西南跨境生态安全研究. 地球科学进展,（3）: 338-344.

何永彬, 李豪, 张信宝, 等. 2009. 贵州茂兰峰丛森林洼地泥沙堆积速率的^{137}Cs 示踪研究. 地球与环境, 37（4）: 366-371.

何毓蓉, 黄成敏, 陈学华, 等. 2003. 中国紫色土（下篇）. 北京: 科学出版社.

蒋忠诚, 罗为群, 邓艳, 等. 2014. 岩溶峰丛洼地水土漏失及防治研究. 地球学报, 35（5）: 535-542.

赖奕卡. 2008. 坡面土壤侵蚀影响因子研究进展. 亚热带水土保持, 20（1）: 12-16.

李豪, 张信宝, 王克林, 等. 2009. 桂西北倒石堆型岩溶坡地土壤的^{137}Cs 分布特点. 水土保持学报, 23（3）: 42-47.

李晋, 熊康宁. 2011. 岩溶洞穴土壤颗粒分析及其对水土流失的研究意义. 贵州师范大学学报（自然科学版）, 29（2）: 16-18.

李昆, 陈玉德. 1995. 元谋干热河谷人工林地的水分输入与土壤水分研究. 林业科学研究, 8（6）: 651-653.

李仁辉, 潘秀清, 金家双, 等. 2010. 国内外小流域治理研究现状. 水土保持应用技术,（3）: 32-34.

李艳梅, 王克勤, 刘芝芹, 等. 2006. 云南干热河谷不同坡面整地方式对土壤水分环境的影响. 水土保持学报,（1）: 15-19, 49.

李阳兵, 王世杰, 魏朝富, 等. 2006. 贵州省碳酸盐岩地区土壤允许流失量的空间分布. 地球与环境, 34（4）: 36-40.

刘刚才, 纪中华, 方海东, 等. 2011. 干热河谷退化生态系统典型恢复模式的生态响应与评价. 北京: 科学出版社, 235.

刘刚才, 李兰, 周忠浩, 等. 2015. 紫色土丘陵区坡耕地退耕对水土流失的影响及其效益评价. 中国水土保持科学, 3（4）: 32-36.

刘刚才, 罗治平, 张先婉. 1993. 川中丘陵区土壤侵蚀及其 P 值的确定. 水土保持学报, 7（2）: 40-44.

刘刚才, 朱波, 代华龙, 等. 2001. 四川低山丘陵区紫色土不同土地利用类型的水蚀特征. 水土保持学报, 15（6）: 96-99.

刘刚才. 2001. 紫色土坡耕地的降雨产流机制及产流后土壤水分的变化特征. 成都: 四川大学博士学位论文.

刘刚才. 2005. 紫色土土壤容许侵蚀量的定位研究. 重庆: 西南大学博士后出站报告.

刘刚才. 2008. 紫色土侵蚀规律及其防治技术. 成都: 四川大学出版社.

柳春生, 邱进贤. 1980. 桤柏混交林保持水土的效益观测. 四川林业科技,（2）: 10-13.

罗治平, 张先婉. 1990. 聚土免耕耕作法的水土保持效益研究. 土壤农化通报, 5（1, 2）: 57-66.

吕甚悟, 陈谦, 袁绍良, 等. 2000. 紫色土坡耕地水土流失试验分析. 山地学报, 18（6）: 520-525.

明庆忠. 2006. 纵向岭谷北部三江并流区河谷地貌发育及其环境效应研究. 兰州: 兰州大学.

彭韬, 王世杰, 张信宝, 等. 2008. 喀斯特坡地地表径流系数监测初报. 地球与环境, 2（36）: 125-129.

彭韬, 杨涛, 王世杰, 等. 2009. 喀斯特坡地土壤流失监测结果简报. 地球与环境,（37）2: 126-130.

彭旭东, 戴全厚, 杨智, 等. 2016. 喀斯特山地石漠化过程中地表地下侵蚀产沙特征. 土壤学报, 53（5）: 1237-1248.

全国土壤普查办公室. 1998. 中国土壤. 北京: 中国农业出版社.

唐克丽. 2004. 中国水土保持. 北京: 科学出版社.

田有国, 刘子勇, 杨太新. 1999. 几种不同土壤类型对冰糖橙产量和品质的影响研究. 土壤肥料, 3: 30-32.

万军, 蔡运龙, 路云阁, 等. 2003. 喀斯特地区土壤侵蚀风险评价——以贵州省关岭布依族苗族自治县为例. 水土保持研究, 10（3）: 148-153.

汪涛, 朱波, 罗专溪, 等. 2008. 紫色土坡耕地径流特征试验研究. 水土保持学报, 22（6）: 30-34.

王先拓, 王玉宽, 傅斌, 等. 2006. 川中丘陵区紫色土坡耕地产流特征试验研究. 水土保持学报, 20（5）: 10-19.

王小燕，李朝霞，蔡崇法. 2012. 砾石覆盖紫色土坡耕地水文过程. 水科学进展，23（1）：38-45.

韦启璠. 1996. 我国南方喀斯特区土壤侵蚀特点及防治途径. 水土保持研究，3（4）：72-76.

魏兴萍，谢德体，倪九派，等. 2015. 重庆岩溶槽谷区山坡土壤的漏失研究. 应用基础与工程科学学报，23（3）：462-473.

熊康宁，李晋，龙明忠. 2012. 典型喀斯特石漠化治理区水土流失特征与关键问题. 地理学报，67（7）：878-888.

徐佩，王玉宽，傅斌，等. 2006. 紫色土坡耕地壤中产流特征及分析. 水土保持通报，（6）：14-18.

徐士良. 1997. FORTRAN 常用算法程序集. 北京：清华大学出版社.

严冬春，文安邦，鲍玉海，等. 2008. 黔中高原岩溶丘陵坡地土壤中的 ^{137}Cs 分布. 地球与环境，36（4）：342-346.

杨文元，张奇，张建华，等. 1997. 紫色丘陵区土壤抗冲性研究. 土壤侵蚀与水土保持学报，3（2）：22-28.

袁正科，周刚，田大伦，等. 2005. 红壤和紫色土区域植被恢复中的水土流失过程. 中南林学院学报，25（6）：1-7.

张平仓，丁文峰. 2018. 长江中上游坡耕地侵蚀产沙调控理论与实践. 人民长江，49（1）：23-27.

张荣祖. 1992. 横断山区干旱河谷. 北京：科学出版社.

张先婉，陈实，李同阳，等. 1992. 聚土免耕法的理论与实践. 土壤农化通报，7（2-3）：1-13.

张小林. 2006. 长江上游坡耕地水土流失需国家地方群众齐心治理. 中国水土保持，（6）：50.

张信宝，王世杰，曹建华，等. 2010b . 西南喀斯特山地水土流失特点及有关石漠化的几个科学问题. 中国岩溶，29（3）：274-279.

张信宝，王世杰，曹建华. 2009. 西南喀斯特山地的土壤流失与土壤的硅酸盐矿物质平衡. 地球与环境，37（2）：97-102.

张信宝，王世杰，贺秀斌，等. 2007. 碳酸盐岩风化壳中的土壤蠕滑与岩溶坡地的土壤地下漏失. 地球与环境，（3）：202-206.

张信宝，王世杰，孟天友，等. 2010a. 农耕驱动西南喀斯特地区坡地石质化的机制. 地球与环境，38（2）：123-128.

中国科学院成都分院土壤研究室. 1991. 中国紫色土（上篇）. 北京：科学出版社.

中国科学院南京土壤研究所. 1981. 土壤理化分析. 上海：上海科学技术出版社.

周念清，李彩霞，江思珉，等. 2009. 普定岩溶区水土流失与土壤漏失模式研究. 水土保持通报，29（1）：7-11.

朱波，高美荣，刘刚才，等. 1999. 紫色页岩风化侵蚀与环境效应. 土壤侵蚀与水土保持学报，5（3）：33-37.

朱波，莫斌，汪涛，等. 2005. 紫色丘陵区工程建设松散堆积物的侵蚀研究. 水土保持学报，（4）：193-195.

Angel R，Conrad R. 2013. Elucidating the microbial resuscitation cascade in biological soil crusts following a simulated rain event. Environmental Microbiology，15（10）：2799-2815.

Bu C F，Cai Q G，Sai-Leung N G，et al. 2008. Effects of hedgerows on sediment erosion in Three Gorges Dam Area，China. International Journal of Sediment Research，23（2）：119-129.

Carey S K，Woo M K. 2000. The role of soil pipes as a slope runoff mechanism，Subarctic Yukon，Canada. Journal of Hydrology，233（1）：206-222.

Cerd A. 2001. Effects of rock fragment cover on soil infiltration，interrill runoff and erosion. European Journal of Soil Science，52（1）：59-68.

Dai Q，Peng X，Zhao L，et al. 2017. Effects of underground pore fissures on soil erosion and sediment yield on karst slopes. Land degradation & development. 28：1922-1932.

Fu T，Ni J P，Wei C F，et al. 2003. Research on the nutrient loss from purple soil under different rainfall intensities and slopes. Plant Nutrient and Fertilizer Science，9（1）：71-74.

Goldshleger N，Ben D E，Benyamini Y，et al. 2002. Spectral properties and hydraulic conductance of soil crust formed by rain drop energy. International Journal of Remote Sensense，23（19）：3909-3920.

Hua K，Zhu B，Wang X，et al. 2016. Forms and fluxes of soil organic carbon transport via overland flow，interflow，and soil erosion. Soil Science Society of America Journal，80（4）：1011-1019.

Jin C X. 1995. A theoretical study on critical erosion slope gradient. ActaGeography Sinica，50（3）：234-238.

Kateb H E，Zhang H F，Zhang P C，et al. 2013. Soil erosion and surface runoff on different vegetation covers and slope gradients: A field experiment in Southern Shaanxi Province，China. Catena，105（5）：1-10.

Kirby P C，Mehuys G R. 1987. The seasonal variation of soil erosion of soil erosion by water in South-western Quebec. Canadian Journal of Soil Science，67（1）：55-63.

Leaney F W，Smettem K R，Chittleborough D J. 1993. Estimating the contribution of preferential flow to subsurface runoff from a hillslope using deuterium and chloride. Journal of Hydrology，147：83-103.

Liu Q，Zhu B，Tang J，et al. 2017. Hydrological processes and sediment yields from hillslope croplands of regosol under different slope gradients. Soil Science Society of America Journal，81（6）：1517-1525.

Luk S，Abrahams A D，Parsons A J. 1986. A simple rainfall simulator and trickle system for hydro-geo-morphical experiments. Physical Geography，7（1）：344-356.

Ma D H，Shao M A. 2008. Simulating infiltration into stony soils with a dual-porosity model. European Journal of Soil Science，59（5）：950-959.

Mandal U K，Rao K V，Mishra P K，et al. 2005. Soil infiltration，runoff and sediment yield from a shallow soil with varied stone cover and intensity of rain. European Journal of Soil Science，56（4）：435-443.

McDowell R W，Sharpley A N. 2002. The effect of antecedent moisture conditions on sediment and phosphorus loss during overland flow：Mahan tango creek catchment，Pennsylvanian，USA. Hydrology Process，16（15）：3037-3050.

Poesen J，Ingelmo-Sanchez F. 1992. Runoff and sediment yield from top-soils with different porosity as affected by rock fragment cover and position. Catena，19（5）：451-474.

Poesen J，Lavee H. 1994. Rock fragments in top soils：Significance and processes. Catena，23（1/2）：1-28.

Smettem K，Chittleborough D J，Richards B G，et al. 1991. The influence of Macropores on runoff generation from a hillslope soil with a contrasting textual. Journal of Hydrology，199：36-52.

Walker J D，Walter M T，Parlange J Y，et al. 2007. Reduced raindrop-impact driven soil erosion by infiltration. Journal of Hydrology，342（3/4）：331-335.

Wang J，Zou B，Liu Y，et al. 2014. Erosion-creep-collapse mechanism of underground soil loss for the karst rocky desertification in Chenqi village，Puding county，Guizhou，China. Environmental Earth Sciences，72（8）：2751-2764.

Wang L，Tang L，Wang X，et al. 2010. Effects of alley crop planting on soil and nutrient losses in the citrus orchards of the Three Gorges Region. Soil and Tillage Research，110（2）：243-250.

Zhang X B，Bai X Y，Liu X M. 2010a. Application of ^{137}Cs fingerprinting technique to interpreting responces of sediment deposition of a karst depression to deforestation in the catchment of the Guizhou Plateau，China. Science in China Series D：Earth Sciences，54（3）：431-437.

Zhang X B，Bai X Y，Wen A B. 2010b. Preliminary investigation of the potential for using the Cs-137 technique to date sediment deposits in karst depressions and to estimate rates of soil loss from karst catchments in southwest China. Sediment dynamics for a changing future. Warsaw：Warsaw Univ Life Sci.

Zhang X，Bai X，He X. 2011. Soil creeping in the weathering crust of carbonate rocks and underground soil losses in the karst mountain areas of southwest China. Carbonates and Evaporites，26（2）：149-153.

Zhou J，Tang Y，Yang P，et al. 2012. Inference of creep mechanism in underground soil loss of karst conduits I. conceptual model. Natural Hazards，62（3）：1191-1215.

Zhu B，Wang T，You X，et al. 2008. Nutrient Release from Weathering of Purplish Rocks in the Sichuan Basin，China. Pedosphere，18（2）：257-264.

第5章 长江上游水土保持关键技术

5.1 概　　述

水土保持是指合理利用开发水土资源，防治水土流失，维护和提高土地生产力，以充分发挥水土资源的经济效益和社会效益，建立良好的生态环境。水土保持技术主要由水土保持生态技术、水土保持农业技术、水土保持工程技术以及流域综合治理技术等组成（唐克丽，2009）。

水土保持生态措施（技术）主要指植树种草、封山育林、恢复和重建植被，不断提高植被覆盖率和林草生产力，增大地表糙率，从而减轻雨滴对地面的打击，增加土壤入渗，减少地表径流量，减缓流速和削弱冲刷力以达到保护水土资源的目的。

水土保持农业措施（技术）主要指水土保持耕作法。没有不良的土壤，只有不良的耕作法，坡地耕作易造成水土流失，水土保持耕作法是在坡耕地上修成有一定蓄水能力的临时性小地形，如区田、畦田、沟垄种植等。国内外还广泛采用覆盖耕作、免耕和少耕等措施保持坡地水土资源。

水土保持工程措施（技术）主要是指田间工程和水利水保工程措施，其主要作用是通过修建各类工程改变小地形，拦蓄地表径流，增加土壤入渗，从而达到减轻或防治水土流失、开发利用水土资源的目的。根据所在位置和作用，可分为坡面治理工程、沟道治理工程和护岸工程等类型（辛树帜和蒋德麒，1982）。

小流域综合治理是指以流域为单元进行水土资源合理配置，可以将流域内农业措施、生态措施和工程措施集成与整合，实现生产、生态与水土资源利用的协调，使自然体系和社会经济体系统一协调、有机结合，也是当今社会践行"山水林田湖草"综合治理的核心与本质。小流域综合治理以流域作为山-水-林-田-湖-草生命共同体综合治理的基本尺度与载体（王震洪等，2020），将"生活、生产、生态"空间格局与水土资源协调配置，在国家生态文明建设中发挥着重要的支撑作用。

5.2 水土保持生态技术

在水土流失区造林种草，恢复生态系统结构，提高土地的植被覆盖率，使之有效地发挥拦蓄径流，涵养水源，调节河川、湖泊和水库的水文功能，采用防止土壤侵蚀、改良土壤和改善生态环境的措施。水土保持生态技术还能提供燃料、饲料、肥料、木材、果品及其他林副产品，促进农、林、牧及商品生产的综合发展。因此，培育具有较高生态效益和经济效益的森林生态系统、草地生态系统，应作为水土保持生态技术的主体。

5.2.1　川中丘陵植被恢复技术

四川盆地中部丘陵区（简称川中丘陵区）广泛分布紫色土，紫色土区是我国水土流失最为严重的地区之一，仅次于黄土地区。据川中丘陵区腹心地带的琼江流域水土流失调查，土壤侵蚀面积达 3277.8km^2，占全流域总面积的 75.2%，平均土壤侵蚀强度为 5645.6t/(km^2·a)，属强度侵蚀区。

桤木具有较强的固氮能力（刘国凡和邓廷秀，1985；石培礼等，1997），大量的富含养分且易腐的枯枝落叶和地下根瘤，有利于改善土壤结构和性质，提高土壤肥力，为柏木提供充足的物质和适宜的环境条件，促进柏木生长（邓廷秀和刘国凡，1987；吴鹏飞和朱波，2005）；桤木和柏木根系垂直分布的层次不同，桤木根系主要分布在 0～20cm 的表层土壤中，而柏木主要分布在 0～40cm 的亚表层土壤中，这种营养生态位的分离，有利于水分和营养物质的充分吸收与利用，减小根系的种间竞争压力；桤木对柏木有侧方庇荫作用，这有利于柏木幼苗的生长，进而促进混交林提早郁闭（石培礼等，1996；吴鹏飞和朱波，2005）；桤柏混交能形成复层结构，使林内直射光减少，温差变小，湿度增大，风速减弱，有利于改善林内光、热、温、湿等生态因子，形成森林小气候（邓廷秀和刘国凡，1987；石培礼等，1996；吴鹏飞和朱波，2005），这些生态条件的改善，促进了桤木与柏木的生长。正是桤、柏两树种在营养和空间生态位上的分离，形成了互补、互利关系，因此，桤柏混交林可形成良好的群落结构，桤柏混交林生态系统地上部分的结构随林龄、混交比的不同而变化。例如，在 7 年生的桤柏混交林生态系统中，桤木高 4.37m，郁闭度为 0.32；柏木高 7.19m，郁闭度为 0.30。林下灌木主要是耐旱生的阳性灌木，如马桑（*Coriaria nepalensis*）、铁仔（*Myrsine africana*）、火棘（*Pyracantha fortuneana*）、栓皮栎（*Quercus variabilis*）、黄荆（*Vitex negundo*）、胡颓子（*Elaeagnus pungens*）、小果蔷薇（*Rosa cymosa*）等（石培礼等，1996）。林下草本平均高 0.5m，盖度高达 95%，物种多达 16 种，主要有黄茅（*Heteropogon contortus*）、白茅（*Imperata cylindrica*）、金发草（*Pogonatherum paniceum*）、禾叶蒿草（*Kobresia graminifulia*）、画眉草（*Eragrostis pilosa*）、苞子草（*Themeda caudata*）、缫丝花（*Rosa roxburghii*）等一年生或多年生旱生草本植物。7～10 年的混交林生态系统的郁闭度在 0.7～0.8，11～16 年郁闭度达 0.8～0.9。在 7～10 年的混交林中以 8 柏 2 桤和 5 柏 5 桤组成的林分林下植被覆盖度大；11～16 年的则以 6 柏 4 桤和 9 柏 1 桤组成的林分林下植被覆盖度大（石培礼等，1996；吴鹏飞和朱波，2008a）。可见，桤木、柏木能够混交成功，并在四川盆地中部丘陵区迅速推广，并成为川中丘陵区长江上游防护林的主体类型，为川中丘陵植被的快速恢复提供优化模式，也为川中丘陵区森林覆盖率提高做出了突出贡献。而桤柏混交林具有显著的水土保持效益，据中国科学院盐亭紫色土农业生态试验站对不同土地利用类型的水土流失观测（表 5-1），桤柏混交林削减径流和泥沙的作用强大，但纯柏林地表无落叶覆盖，草被稀疏，保土作用较弱；草地控制土壤侵蚀效果最佳，但径流量为桤柏混交林地的 2 倍左右。小流域长期观测数据也表明，桤柏混交林与坡耕地镶嵌的农林复合小流域多年平均土壤侵蚀量为 1056t/(km^2·a)，径流系数为 0.32，而对照小流域土壤侵蚀量为

2580t/(km^2·a)，径流系数为 0.38，可见农林复合结构的水土保持效益良好。嘉陵江北碚站近年观测资料分析表明，入江泥沙呈下降之势（Zhang and Wen，2004）。

表 5-1　川中丘陵区植被类型与土壤侵蚀的关系（1996～1999 年）

植被类型	降雨量/mm	降雨强度/(mm/hm^2)	径流量		径流系数	侵蚀量		侵蚀模数/[t/(km^2·a)]	集水区侵蚀模数/[t/(km^2·a)]
			m^3/hm^2	%		kg/hm^2	%		
旱坡地（6°）	79.0	74.0	106.2	268.9	0.45	3562	237.5	3860	1056
白茅草坡	79.5	26.2	80.0	202.5	0.38	1135	75.6	1136	2580
纯柏林	79.0	74.0	85.6	216.7	0.41	1852	123.5	1682	1056
桤柏混交林	79.0	74.0	39.5	100.0	0.32	1500	100.0	1253	1056

5.2.2　金沙江干热河谷植被恢复技术

金沙江河谷气候干热，生态环境脆弱，植被恢复困难。一方面，干热河谷的植被恢复应针对不同岩土组成坡地类型生境的土壤水分条件，依靠优势生活型植物种类进行乔灌草不同生活型植物类型的合理配置，建立起植被与生境土壤水分条件的群落生态关系；另一方面，增加降水入渗的造林整地措施和集流入渗的工程措施是干热河谷植被恢复的关键技术之一。为此，提出了增加降水入渗的微水造林技术，主要措施是拦蓄雨季径流，增加坡面入渗，充分利用天然降水，改善坡地土壤水分状况，进行造林育林，其已成为干热河谷植被恢复的代表性技术之一。20 世纪 90 年代以来，张信宝和陈玉德（1997）、杨忠等（2003）在金沙江典型干热河谷区——元谋县开展了干热河谷岩土组成、土壤水分、植物生长相互关系的研究，提出了不同岩土组成坡地的微水造林技术模式。微水造林，即修建微型水利工程，或通过一定的整地措施，拦蓄造林地附近毛支沟雨季洪水径流或坡面径流，于坡面入渗，改善坡地土壤水分状况，进行造林育林，包括三种技术措施：截流引水沟 + 水窖（蓄水池）工程造林 [图 5-1（a）]、截流竹节渗沟工程造林 [图 5-1（b）] 和隔坡水平沟坡面截流入渗造林 [图 5-1（c）]。

1）截流引水沟 + 水窖（蓄水池）工程造林

工程由毛支沟、截流坝、引水沟、沉沙函和水窖（蓄水池）组成，水窖容积一般不小于 60m^3。工程设计可参照当地水利部门水窖定型设计。工程拦截毛支沟雨季洪水径流，蓄积于水窖内，供旱季林地灌溉 [图 5-1（a）]。水窖蓄水，还可用于扑灭山火，防止森林火灾。该措施由于造价较高，仅适用于营建小面积城市景观林（如攀枝花市视野区）或经济林等。根据干热河谷区灌溉用水量 [180m^3/(hm^2·a)]，容积 60m^3 水窖可保证 0.33hm^2 常绿森林植被或经济林果的灌溉用水。容积 60m^3 的水窖及附属设施造价 3000～5000 元。水窖微水工程是一项成熟的节水农业技术，广泛应用于解决农村饮水和部分经济作物农田灌溉，自 1980 年以来，其已在攀枝花市及四川省凉山州农村大面积推广使用，取得了很

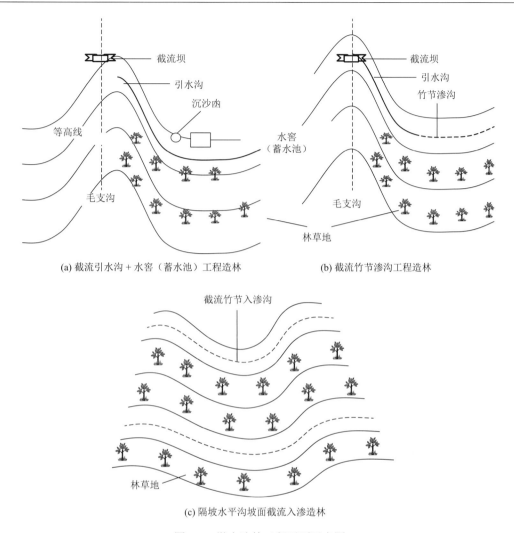

(a) 截流引水沟 + 水窖（蓄水池）工程造林　　(b) 截流竹节渗沟工程造林

(c) 隔坡水平沟坡面截流入渗造林

图 5-1　微水造林工程平面示意图

好的效果。截流引水沟 + 水窖（蓄水池）工程造林投资虽高于雨养造林，但造一片成一片，营造的常绿森林植被的生态效益、社会效益价值远高于雨养造林植被。

2）截流竹节渗沟工程造林

工程由截流坝和竹节渗沟组成。工程截流坝拦截毛支沟雨季洪水径流，通过倒流沟引入坡面，经过竹节渗沟渗入土层，增加土壤及深层岩土的含水量，以期旱季深层岩土保持较多水分，促进林木生长。竹节渗沟为在坡面上每隔 8～10m 人工开挖的等高线水平沟，在水平沟内每隔 4～5m 开挖集水入渗塘，用于集流和入渗降水。水平沟沟宽和沟深以 50～60cm 为宜，集水入渗塘规格以 70～80cm 为宜 [图 5-1（b）]。该微水工程适用于深层岩土透水性较好的稳定坡地，斜坡稳定性差的坡地不宜使用，以免引起斜坡失稳。该工程技术简易，成本低，适用于大面积山地造林。

3）隔坡水平沟坡面截流入渗造林

截流竹节渗沟工程造林是利用截流坝拦截毛支沟径流，经过导流沟引入坡面，通过竹节渗沟或种植沟于坡面入渗 [图 5-1（c）]。隔坡水平沟坡面截流入渗造林则利用截流竹节入渗沟直接截流坡面径流，就地入渗。观测结果表明，该技术增加了降水的入渗量，既达到了水土保持的效果，又改善了坡面的土壤水分状况，延长了土壤湿润期，提高了林木的成活率和生长速度（张信宝等，1998）。在干热河谷入渗能力较弱的泥岩坡地上进行植被恢复，效果最佳，截流竹节渗沟工程造林可延长坡面土壤湿润期至 30～40d，隔坡水平沟坡面截流入渗造林可延长坡面土壤湿润期至 15～25d。由于土壤湿润期延长，解决了干热河谷造林的季节性干旱问题，定植幼苗成活率可提高 20%～30%，营造的林木生长也明显加快。

5.2.3 退耕还林（草）技术

1）实施背景

退耕还林是指从保护和改善生态环境的角度出发，将易发生水土流失的坡耕地有计划、分步骤地休耕，并按照适地适树原则，因地制宜地植树造林，达到恢复森林植被的目的。退耕还林工程建设包括坡耕地退耕还林和宜林荒山荒地造林。1998 年夏季全国发生特大洪水，29 个省份共计 2.3 亿人受灾，各地估报的直接经济损失高达 2484 亿元，退耕还林水土保持工程开始得到重视与发展。1999 年，四川、陕西、甘肃率先开展退耕还林工程试点，由此揭开了我国实施退耕还林工程的序幕。2002 年 1 月 10 日，国务院西部开发办公室召开退耕还林工作电视电话会议，全面启动退耕还林工程。2002 年 4 月 11 日，国务院下发了《关于进一步完善退耕还林政策措施的若干意见》（国发〔2002〕10 号）。2002 年 12 月 6 日，国务院第 66 次常务会议审议通过了《退耕还林条例》，自 2003 年 1 月 20 日正式实施，标志着退耕还林步入了法治化管理轨道。2008 年 3 月 28 日，《国务院关于完善退耕还林政策的通知》（国发〔2007〕25 号）下发。长江流域是我国退耕还林工程的主战场之一，8 年累计完成退耕还林 1.57 亿亩，其中退耕地还林 0.63 亿亩，荒山荒地造林 0.83 亿亩，封山育林 0.11 亿亩。

2）关键技术与实施范围

在长江流域，退耕还林需因地制宜，根据不同的生态环境，选择不同的整地方式和退耕树种与草种，还应该结合当地产业结构调整，充分考虑未来农民生存与发展空间，确定木本粮食、畜牧业相结合的粮食安全保障体系，围绕农民增收、农村经济发展选择退耕还林模式。根据不同坡度采取不同措施，坡度在 25°以上的采用一次性退耕还林还草与封山育林相结合的措施（于江龙等，2009）；坡度在 25°以下的，采用渐进方式，如中国科学院盐亭紫色土农业生态试验站提出创立的"旱坡地粮经弹性结构种植"技术模式（朱波等，2000）。退耕还林初期，建立坡地垄沟格网式水土保持体系，应用农林复合及边缘效应原理，建立沟内定制乔木型果木，垄上种植矮秆经济植物，如花生、绿肥和蔬菜，增加植物覆盖，防止水土流失，可获得与常规种植相当的经济效益，2～3 年之后退耕主体植物长势良好，覆盖度增加（朱波等，2004）。

针对陡坡耕地，朱波等（2000）进一步提出了长江中上游陡坡退耕还林的模式，在四川盆地丘陵区，退耕模式采用生物篱设计原理，实行林粮、林草间作。林木可选择经济价值高的果木或其他工业用材、工业原料林。粮食间作应免耕，主要增加还林初期（1～2 年）的植被覆盖度，当林草覆盖到全土时，间作粮食随即退还成草。既可以逐渐完成退耕还林（草），又将农业生产结构调整于退耕还林之中，发展地方经济。海拔 2000m 以下的低山、中低山区，水热条件较好，可采用林粮、林草、林药间作等模式；海拔 2000m 以上的中山、中高山区，陡坡耕地相对较少，地区热量不足，陡坡耕地应全部退耕，并且退耕区应首先还草发展畜牧业，以解决山区农民的生活就业问题，并逐步在退耕地上营造水源林。这与陈国阶（2001）所提到的坚持因地制宜，反对"一刀切"观点一致。

3）主要生态效益与社会效益

至今为止，退耕还林的各项建设任务进展良好，促进了生态效益、经济效益和社会效益的统一，取得了明显成效。根据国家发展和改革委员会介绍，巩固退耕还林成果项目取得了明显成效，主要表现在 5 个方面：①林木保存率保持在较高水平；②退耕农户口粮自给能力进一步增强；③退耕农户收入快速增长；④退耕农户生活方式发生了变化；⑤退耕农户长远生计有了基本保障。

实施退耕还林以来，四川省累计完成退耕还林面积 175.49 万 hm^2，其中退耕地还林89.09 万 hm^2，配套荒山造林和封山育林 86.4hm^2（1999～2006 年）。全省森林覆盖率由 1998 年的 24.23%提高到 2006 年的 30.27%。2007 年全省滞留泥沙 0.54 亿 t，增加蓄水量 6.84 亿 t，累计减少土壤有机质损失量 3646 万 t、氮磷钾损失量 2083 万 t，提供的生态服务价值达 134.5 亿元（高淑桃和方玉媚，2008）。以成都市为例，成都市实施退耕还林工程之后，形成了颇受欢迎的后续产业和相关林业产业发展模式（季猛等，2013）。全市森林覆盖率较实施前提高了 6.8%，全市退耕还林地水源涵养能力达到 1.26 亿 m^3，固土能力达到 1.89 万 t/a，在保育土壤、固定二氧化碳和供给氧气等方面的综合生态价值，经折算综合贡献值每年达 2.71 亿元，退耕还林工程区作为成都市生态屏障的作用开始显现（许先鹏和周锐，2011）。王鹏等（2013）研究发现，退耕还林实施以来，1994～2009 年洪雅县植被恢复效果显著，林地面积比例由 60.58%上升到 66.30%，耕地、草地则分别减少了 5.12%、1.51%。

5.2.4　低效水土保持林结构调整

1）桤柏混交林郁闭度与生态效应

根据 48 个郁闭度调查样地资料，可将柏木林分结构划分为下面 5 种类型（表 5-2），研究四川盆地丘陵区主要森林群落物种多样性、稳定性与水土保持效应。

表 5-2　柏木林分类型结构特征与指标

类型	结构特征
I	郁闭度<0.45，灌木盖度>50%，草本盖度<45%，枯落物盖度>60%
II	郁闭度 0.45～0.6，灌木盖度>50%，草本盖度>45%，枯落物盖度>60%

续表

类型	结构特征
III	郁闭度 0.6～0.7，灌木盖度 35%～50%，草本盖度＞45%，枯落物盖度＞60%
IV	郁闭度 0.7～0.8，灌木盖度 20%～35%，草本盖度＞45%，枯落物盖度 50%～60%
V	郁闭度＞0.8，灌木盖度＜20%，草本盖度＜45%，枯落物盖度＜50%

　　根据 25～70 年生柏木纯林 70 多个样地调查资料，通过郁闭度与灌草生物量的拟合发现：灌木生物量随林分郁闭度增大而减小，草本生物量与郁闭度呈抛物线关系。林分郁闭度为 0.59 时，草本生物量最大。郁闭度为 0.60 时，灌木盖度和草本盖度分别为 40%和 65.7%。研究表明，防护林灌木盖度不宜＜30%。综合分析，中等郁闭度林分可以保证适宜的灌木和草本盖度，郁闭度过大，灌草盖度均小。中等郁闭度时，柏木林分灌木和草本层物种组成最丰富、结构最复杂。平均坡度＜15°的地块，林下灌木的盖度为 20%～40%，草本的盖度为 50%以上，这时水土保持效益最佳。因此，柏木林分适宜郁闭度为 0.6～0.7（图 5-2）。林地郁闭度、地表植被覆盖度与土壤侵蚀有直接的关系，根据多年观测数据：纯柏林郁闭度＞0.8，地表覆盖度低于 40%，平均侵蚀速率为 750t/(km²·a)，径流系数达 0.36；而林地郁闭度在 0.6 左右，乔灌草多层次结构形成，植被覆盖率增加到 95%以上，侵蚀速率为 163t/(km²·a)，径流系数为 0.18（吴鹏飞和朱波，2008b）。

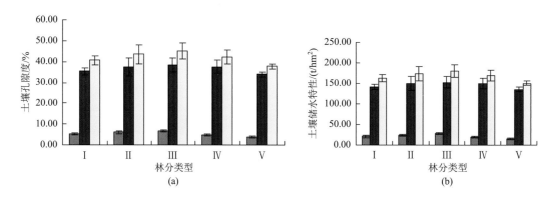

图 5-2　柏木孔隙度（a）与土壤储水特性（b）的影响

2）低效柏木林结构改造模式

　　尽管桤柏混交林具有良好的水土保持功能，但由于目前川中丘陵区桤柏混交林逐渐向纯柏林演替，其枯枝落叶蓄积量明显降低，土壤抗蚀性下降，水土保持功能退化。因此，桤柏混交低效林的结构调整与改造十分迫切。通过对纯柏林不同改造措施的水土保持效应的对比观测发现（表 5-3），封禁及间伐后封禁具有较好的地表覆盖和水土保持作用，而经过调整后引进落叶树种形成的乔灌草体系的林地水土保持功能最强。

表 5-3　纯柏林地改造及水土保持效应

改造措施	植被覆盖度/%	径流量/(m³/km²)	侵蚀率/[t/(km²·a)]
封禁	100	21600	68
间伐	80	46300	156
间伐后封禁	95	18320	82
乔灌草体系建设	90	12330	60

在长期研究的基础上，结合调查分析，提出了川中丘陵低效林结构调整技术与优化模式：顺坡带状砍伐，补植巨桉、台湾桤木、四川桤木、喜树、香樟、窄冠刺槐、核桃。巨桉、核桃栽植密度为 3m×4m，宽行窄株。台湾桤木、四川桤木、喜树、香樟、窄冠刺槐栽植密度为 2m×3m，形成了退化桤柏混交林乔灌草植被体系构建技术，优化了生态效益与经济效益。

3）桤柏混交林林下生态养殖技术

通过对合理密度林分下不同养殖密度的试验，研究不同载禽量对土壤理化性质、林分生长量和林下灌草多样性的影响及不同载禽量的经济效益，通过生态效益、经济效益及社会效益的耦合分析，提出合理密度林下适宜载禽量的林下生态养殖技术。确定合理的林下生态养鸡合理载禽密度为 40 只/亩，折合每公顷 600 只为宜。养鸡间隔时间：一年放养两批，4 月放养第一批，7 月、8 月为间隔期，以避免雨季，9 月放养第二批。为预防养鸡对林下植被覆盖度的影响，林下补播饲牧草：间隔期间，人工补播紫花苜蓿、黑麦草和菊苣等饲草。

5.2.5　农林复合技术

农林复合技术是一种具有显著的生态效益和经济效益的农业生态模式，它对于减少土壤侵蚀、保持水土具有重要的作用。因此，解决低山丘陵坡耕地的水土流失问题，建立农林复合系统是保证三峡库区农业可持续发展的重要途径（胡德龙和贺金生，1998）。

1）主要技术与模式

复合农林业（agro-forestry）又称农林复合技术、农用林业或混农林业，它是指在农业实践中采用适合当地栽培的多种土地经营与利用方式，在同一土地利用单元中，将木本植物与农作物或养殖等多种成分同时结合或交替生产，使土地生产力和生态环境都得以可持续提高的一种土地利用系统，它具有复合性、系统性、集约型以及高效稳定性等基本特征。农林复合系统对保持水土的效果主要表现在以下几方面：等高生物绿篱带的固土与减缓冲蚀作用、枯枝落叶与草被植物对地表的保护作用以及林冠对雨水的截留作用（王礼先和朱金兆，2005）。

以四川盐亭农田生态系统国家野外科学观测研究站董家坪小流域内梨树林地及其林下不同种植作物形成的农林复合系统为研究对象，靳雪艳等（2010）采用能值分析法研究了紫色土区不同农林复合模式的结构功能特征和生态经济效益，主要的农林复合模式包括 4 种，分别是梨树-油菜-玉米（M1）、梨树-油菜-花生（M2）、梨树-小麦-玉米（M3）和梨树-小麦-甘薯（M4）。而胡德龙和贺金生（1998）认为农林复合系统，主要是指林粮、林药、林牧间作系统。三峡库区的林粮间作模式主要包括：水稻-桑系统；玉米、小麦、红薯-油桐系统；小麦、玉米-杉木系统；小麦、玉米-柑橘系统。而林草间作系统主要有豆科牧草-柑橘系统、豆科牧草-茶叶系统、豆科牧草-油桐系统、豆科牧草-杜仲系统。针对四川盆地长江防护林体系建成后区内的农林复合特征，罗成荣等（2002）提出了农田林网型、坡地林带型、山地林药型、林农间作型和庭园复合型 5 个类型 30 个农林复合系统分类（表 5-4），并利用动态经济分析法选出了适合四川盆地低山丘陵区生产发展的 10 个优良农林复合模式。费世民和向成华（2000）建议四川简阳清水河小流域的农林复合系统应以草-灌-桤柏混交林、草-灌-栎柏混交林和乔-灌-草结构的林分为宜，另外需考虑乔、灌、草种的生长特性和用材薪柴的利用特性从而进行综合选择。这些不同组合的农林复合模式充分利用了当地土地资源，增加了经济林产量，在一定程度上降低了水土流失的风险，生产潜力大。

表 5-4　四川盆地低山丘陵区农林复合模式分类系统

类型	主要模式	功能与作用
农田林网型 5	桑＋经济作物＋水稻 蜡＋桑＋水稻 水果＋经济作物＋水稻 香椿＋经济作物＋水稻 柏木＋水稻	护埂保坎，发展地埂经济 改善平坝农田的小气候 提高农业经济作物产量
坡地林带型 4	柏木林带＋旱地作物 柏木林带＋地边桑带＋农经作物 经济林带＋牧草＋农经作物 松树林带＋牧草带＋旱地作物	丘坡、山坡、陡坎固土防蚀防冲防塌，改善农村经济和山区畜牧业
山地林药型 4	水杉（柳杉）＋杜仲（黄柏）＋前期经济作物 杜仲＋黄柏＋草本药材（农经作物） 水杉（柳杉）＋黄连＋前期经济作物 厚朴＋杜仲＋草本药材（经济作物）	盆周山地低山、深丘区水保用材与中药材经济
林农间作型 14	油桐＋农经作物 油橄榄＋农经作物 银杏＋农经作物 核桃＋农经作物 板栗＋农经作物 柿＋农经作物 大枣＋农经作物 柑橘＋农经作物 柚＋农经作物 柠檬＋农经作物 桃＋农经作物 枇杷＋农经作物	充分利用土地资源和光、热、水资源，发展干果、水果及木本油料等经济林产业和畜牧产业；提高农民的直接经济效益，在退耕还林工程中发展果（干果水果）牧（牧草）间作型，可有效控制退耕地的水土流失，有利于发展种养殖业

续表

类型	主要模式	功能与作用
林农间作型 14	梨 + 农经作物	
	桑 + 农经作物	
庭园复合型 3	竹基庭园复合模式	改善农户生态环境和生活条件
	庭园经济林复合模式	提高农户生活质量和直接经济效益
	庭园混交林复合模式	

2）生态经济效益

在中国科学院盐亭紫色土农业生态试验站，朱波等（2001）以当地树种柏木为造林对象，结合具有固氮作用的桤木，培育桤柏混交林，与农田形成镶嵌格局，构成具有较好的水土保持能力的农林复合系统。随着植被的恢复，森林覆盖率由 20 世纪 60 年代的 5%上升到 90 年代的 35%，对川中丘陵坡地水土流失的抑制十分成功，基本解决了本区最大的生态问题——水土流失。现将有关观测研究结果列于表 5-5。由表 5-5 可知，林地的土壤侵蚀量接近草坡，因为桤柏混交林地表无落叶覆盖，植被稀疏，保土作用较弱，但桤柏混交林削减径流的作用强大，草坡径流量为林地的 1.76～2.48 倍。小流域长期观测数据也表明，桤柏混交林与坡耕地镶嵌的农林复合小流域多年平均土壤侵蚀量为 1056t/(km²·a)，径流系数为 0.32，而对照小流域土壤侵蚀量为 2580t/(km²·a)，径流系数为 0.38，农林复合结构的水土保持效益显著。陈伟烈等（1994）在对三峡库区的植物和复合农业生态系统的研究中发现，经济林间作牧草一段时间后，土壤理化性质得到明显改善。代表土壤肥力水平的土壤有机质、全氮、碱解氮以及其他养分状况都得到了不同程度的改善，特别是柑橘地种草区全氮、有机质增加明显，这是因为白三叶不但具有固氮能力，而且其根系生长较好，枯死根系归还土壤，提高了土壤有机质的储量，改善了土壤理化性质，即其不仅提高了经济林木的产量，还使土壤的生产力得以提高。此外，间作牧草还增加了地面覆盖，特别是雨季减少了水土流失，同时又能提高土壤对水分的调控能力，利用间作牧草饲养家畜家禽，增加了青饲料的来源，降低了精饲料的投入，降低了养猪等的成本，经济效益明显增长，是较为经济又实用的立体种植模式。刘刚才等（2001）对四川省盐亭县林山乡典型农林复合系统的调洪抗旱能力进行了相关研究。结果表明，农林复合系统的年均径流量为非农林复合系统的 1/2，洪峰模数降低 63%，有林区的径流量与无林区之间差异悬殊，流量模数相对减少 200%，农林复合系统较无林农田系统在汛期有较好的调蓄、涵养雨水的作用，说明农林复合系统削减流域径流、洪峰及防洪效果明显。通过对湖北省溪河小流域农林复合系统多样性的研究，曾祥福等（1998）发现坡度对多样性指数的影响无明显规律，表明三峡库区可以通过梯地化以及生物地埂作用减轻对自然环境的破坏，减少坡耕地带来的土壤侵蚀，从而达到保持水土的效果。但不同农林复合生态系统防止土壤侵蚀的功能差异明显（表 5-6），物种多样性指数高的农林复合模式，其 A 层土壤较厚，团粒结构丰富，抗冲蚀能力强，生物地埂上植物的覆盖度高，地埂稳定性好，防止土壤侵蚀的功能性强；而物种多样性指数较低的柑橘园及坡地小麦（对照），土壤侵蚀剧烈，土地生产力丧失严重（曾祥福等，1998）。

表 5-5 生态恢复区与对照区水土流失比较（1983～1986 年）

年份	5～9月降水量/mm	土壤侵蚀量/(t/hm²)						径流量/(m³/hm²)					
		林山桤柏林	对照草坡	草坡/桤柏林	林山梯地	对照坡地	坡地/梯地	林山桤柏林	对照草坡	草坡/桤柏林	林山梯地	对照坡地	坡地/梯地
1983	825	4.21	4.72	1.12	1.82	10.34	5.68	717	1514	2.11	915	1575	1.72
1984	634	1.78	3.01	1.69	0.58	8.66	14.93	462	570	1.23	444	1329	2.99
1985	867	4.11	3.83	0.93	0.48	7.54	15.71	498	1233	2.48	452	1191	2.63
1986	378	4.09	1.72	0.42	0.38	3.38	8.89	271	477	1.76	279	639	2.29

表 5-6 农林复合生态系统物种多样性指数与土壤侵蚀

农林复合模式	S	D	H	A层厚度/cm	土壤结构	地埂上植物总覆盖度/%	侵蚀种类	侵蚀程度
蔬菜+金荞麦埂	8	2.70	1.71	25	有团粒	10	面蚀、沟蚀	中度
柑橘+金荞麦埂	10	2.07	1.39	20	有团粒	20	面蚀、沟蚀	中度
小麦+杉木埂	9	1.02	0.10	10	少量	20	面蚀、沟蚀	强度
油菜×茶+杉木埂	20	2.50	1.79	40	有团粒	65	鳞片状面蚀	弱度
柑橘（间作）+茶埂	21	3.30	2.14	35	有团粒	70	鳞片状面蚀	弱度
柑橘（间作）+金荞麦埂	16	3.00	2.01	25	有团粒	45	鳞片状面蚀	弱度
柑橘+茶埂	15	2.91	1.92	20	有团粒	30	鳞片状面蚀	弱度
小麦+茶埂	12	1.80	0.90	10	少量	25	鳞片状面蚀	中度
柑橘园（对照）	5	1.20	0.61	13	少量		面蚀、沟蚀	强度
坡地小麦（对照）	4	1.10	0.10	无	无		面蚀、沟蚀	剧烈

5.2.6 坡坎植物篱技术

1）概况与背景

长江上游地区以丘陵山地为主，土壤侵蚀模数高，生态环境脆弱，水土流失严重。根据农业、水利与林业等部门多年的调查研究结果，坡耕地是长江上游主要的侵蚀泥沙来源（涂仕华等，2005）。坡耕地作为重要的国土资源，广泛分布，特别是我国西南丘陵和山地地区。坡耕地利用方式单一，土壤侵蚀承载力指数低，严重的水土肥流失使得坡耕地土层变薄、养分流失，导致坡耕地土地生产能力降低、耕作价值丧失（周萍等，2010b）。近年来植物篱技术在防治坡耕地土壤侵蚀和提高土壤肥力等方面具有显著效果，该技术集水土保持、生态效益和经济效益为一体（刘学军和李秀彬，1997；夏立忠等，2007）。

2）技术与模式

植物篱（又称等高植物篱、活篱笆、绿篱、植物篱间作）的概念一般有两类，一类是在坡地或农耕地沿等高线每隔一定距离种植速生、萌生力强的多年生灌木、灌化乔木，或与草本植物混种一行或多行的植物篱，而在植物篱之间的种植带上种植农作物，通过对植物篱周期性刈割避免对相邻农作物遮光的一种特殊的复合农林经营模式；另一类是地埂篱（蒲玉琳，2013）。在实际应用中，根据植物篱作用的不同可分为水土保持型植物篱、固氮植物篱和经济植物篱。此外，植物篱按岩性又可分为以下四种：半坡式、石坎梯田式、土埂式、纯坡式（刘卉芳等，2015）。为有效控制坡耕地严重的水土流失，探索长江上游坡耕地资源持续利用的途径和方法，在国际山地综合开发中心（International Centre for Integrated Mountain Development，ICIMOD）的支持下，谢嘉穗等（2003）自 1991 年以来在四川宁南县开展"坡耕地水土保持和土壤改良技术体系研究"项目，逐步建立了一套既能有效控制坡耕地水土流失，又能实现坡耕地持续利用的技术体系——等高固氮植物篱技术。在坡耕地上每隔 4～8m，沿等高线高密度种植双行（株距 5～10cm，行距 30～50cm）生长快、耐刈割、萌蘖力强的木本固氮植物，农作物及其他经济植物种植在植物篱间种植带上；当植物篱生长至 1m 左右时，从距地面 30～50cm 处刈割，避免其与农作物争光，刈割的枝叶可作优良绿肥或饲料。密集种植的固氮植物篱可以非常有效地降低地表径流和土壤侵蚀，同时减少土壤养分淋失，加上每年植物篱腐根、枯枝落叶输入和植物篱提供的绿肥，能有效改善土壤肥力及土壤团粒结构，改善土壤水分入渗率和土壤水分状况，提高土地生产力；植物篱中还可种植经济植物（如桑树等）；在不种植作物的季节，可减少切割植物篱次数以生产薪柴（唐亚等，2001）。

植物篱技术是植被恢复和水土保持的重要保育措施。随着国内外的广泛应用，各地形成了不同的植物篱模式，尤其是我国坡耕地分布广泛的西南地区。关于植物篱的配置模式不同试验点有不同的配置方式（表 5-7），如中国科学院成都生物研究所在四川宁南设置了新银合欢双行植物篱和三毛豆双行植物篱，等高固氮植物篱间作柑橘或桑树；四川省农业科学院土壤肥料研究所在川中丘陵区的资阳市响水滩流域，高、中、低坡度分别设置了香根草和紫穗槐植物篱、紫花苜蓿和蓑草植物篱、香椿（或梨+黄花、枇杷+黄花）经济植物篱（蒲玉琳，2013）。廖晓勇等（2009）以饲草玉米为纽带营建坡地生物篱模式，经 4 年定位试验探讨了其生长状况和水土保持效益。

表 5-7　长江上游主要地方植物篱配置模式

研究区域	单位	地貌、气候类型	植物篱模式	篱植物类型
四川宁南梁家沟流域	中国科学院成都生物研究所	金沙江干热河谷	固氮植物篱+牧草（果园/桑园）	新银合欢、三毛豆、桑树
四川资阳响水滩流域	四川省农业科学院土壤肥料研究所	丘陵、亚热带湿润季风气候	经济植物篱+农作物；牧草植物篱+农作物；固氮植物篱+农作物	紫穗槐、枣、香根草、香椿、梨、黄花、苜蓿、蓑草等
重庆万州五桥河流域	中国科学院水利部成都山地灾害与环境研究所	丘陵、亚热带湿润季风气候	植物篱+农作物/果园；牧草植物篱+农作物	皇竹草、饲草玉米
湖北秭归县王家桥流域	中国科学院地理科学与资源研究所、华中农业大学、香港中文大学	丘陵、亚热带大陆季风气候	植物篱+农作物/果园	香根草、马桑、黄荆、新银合欢、黄花菜
贵州罗甸县	贵州省农业科学院土壤肥料研究所	丘陵、亚热带季风性湿润气候	植物篱+农作物；复合植物篱（牧草+果树植物篱）+农作物	黄荆、新银合欢、马桑、灰毛豆、小冠花、经济植物（桃、花椒、杨梅、杏、柿）、牧草、金荞麦等
湖北、四川、贵州、陕西、甘肃等地	中国科学院地理科学与资源研究所、中国科学院成都生物研究所、地方水保局、地方林业局	丘陵、湿润季风气候、大陆季风气候、干热河谷	地埂篱	紫穗槐、柠条、杏树、榆树、柳树、花椒、黄花菜、中药材（知母、甘草、板蓝根）、牧草等

3）效益与效果

植物篱技术在长江上游地区保持水土流失方面的作用不可忽视,已有很多文献报道过相关研究（廖晓勇等,2006,2009;林超文等,2007;黎建强等,2010;周萍等,2010b;曹艳等,2017）。坡耕地布设植物篱能有效减少水土流失,地上部分能增加地面植被覆盖度及地面粗糙度,减缓径流流速,降低径流携带泥沙的能力。同时,地下部分能改善土壤物理性状,提高土壤抗冲性,有效减少坡耕地的产流量、产沙量。另外,植物篱根系能改善土壤渗透性能和通气状况,使得土壤容重减小,空隙增加,土壤入渗量和入渗率提高,使坡面产流时间延长,径流与表土的混合、养分溶解交换过程更加充分,从而使土壤养分含量增加（许峰等,2000;董萍和严力蛟,2011）。

中国科学院成都生物研究所对地处金沙江干热河谷的四川宁南县的固氮高等植物篱技术进行了系统研究。1997 年和 1998 年位于该地区的坛罐窑实验点和马桑坪实验点处理的土壤侵蚀量如表 5-8 所示。植物篱小区比对照小区的土壤侵蚀量要少得多。其中,1997 年,坛罐窑实验点新银合欢植物篱小区的土壤侵蚀量减少到对照的 14.5%～15.4%,1998 年土壤侵蚀量减少到对照的 3%以下。1997 年山毛豆植物篱土壤侵蚀量减少到只有对照的 17.6%,1998 年更降至对照的 2.06%。1997 年和 1998 年,马桑坪实验点的新银合欢植物篱小区土壤侵蚀量分别只有对照的 20.8%～23.7%和 1.1%～1.2%;山毛豆植物篱小区 1997 年为对照的 46.4%,1998 年的土壤侵蚀量下降到对照的 2.4%。在传统耕作的对照 T1 中,农作物种类对土壤侵蚀量的影响很大。从 1997 年和 1998 年坛罐窑实验点对照的土壤侵蚀量来看,1997 年比 1998 年高得多,即玉米比花生更有利于保护坡耕地不受侵蚀。马桑坪 1997 年和 1998 年的结果也有同样的趋势,说明植物篱防治土壤侵蚀的效果是比较稳定的（孙辉等,1999）。四川中部丘陵区的资阳市雁江区花椒沟小支流种植 8 年的紫花苜蓿、蓑草、香根草和紫穗槐植物篱的减流减沙效应结果显示（表 5-9）,紫花苜蓿、蓑草、香根草和紫穗槐植物篱年均径流深和年均泥沙量分别比对照减少 68.8%～79.1%和 87.0%～93.3%;香根草模式控制水土流失效果较紫穗槐与蓑草模式好,如香根草植物篱模式的年均径流深和年均泥沙量分别比紫穗槐植物篱模式减少了 25.5%和 39.7%;植物篱控制水土流失不但效果显著,而且见效快,在其栽植的第二年能使径流与泥沙分别比对照减少 63.0%～70.8%与 81.9%～85.7%（Lin et al.,2007,2009）。

表 5-8　1997 年和 1998 年不同处理的土壤侵蚀　　　　　　（单位：t/hm²）

实验点	年份	T1	T2	T3	T4
坛罐窑	1997 年	14.63	2.26	2.12	2.57
	Cv	0.52	0.27	0.51	0.20
	1998 年	6.80	0.21	0.17	0.14
	Cv	0.15	0.19	0.18	0.40
马桑坪	1997 年	5.15	1.07	1.22	2.39
	Cv	0.09	0.27	0.07	0.14
	1998 年	9.04	0.11	0.10	0.22
	Cv	0.24	0.20	0.08	0.16

注：T1 为顺坡耕作（对照）,施肥;T2 为新银合欢双行植物篱＋农作物,不施肥;T3 为新银合欢双行植物篱＋农作物,施肥;T4 为山毛豆双行植物篱＋农作物,施肥。

分年度 LSD 检验表明对照与各植物篱处理间侵蚀量均为极显著差异（α＝0.01）,植物篱处理间差异不显著。

表 5-9　紫花苜蓿等植物篱的水土保持效应

项目	紫花苜蓿	蓑草	香根草	紫穗槐
年均径流深/mm	10.7	13.3	14.0	18.8
比对照减少/%	79.1	74.0	76.7	68.8
年均泥沙量/(t/hm²)	1.6	3.1	2.2	3.65
比对照减少/%	93.3	87.0	93.3	88.8

　　黎建强等（2010）通过调查分析长江上游现有坡耕地植物篱的配置方式、生长状况等，对 3 种坡耕地-植物篱系统中土壤养分含量及其分布特征进行了研究，结果表明：在坡耕地-植物篱系统中，植物篱能显著改善和提高植物篱带内表层土壤的养分含量，不同植物篱带内土壤有机质、全氮、水解氮、全磷、速效磷、全钾、速效钾平均质量分数比带间坡耕地土壤分别提高了 59.1%、83.5%、56.2%、83.3%、149.6%、14.0%、153.1%。廖晓勇等（2009）研究发现，陡坡地营建饲草玉米生物篱的水土保持效益显著，其削减土壤侵蚀量和地表径流量的幅度分别达 41.41%～75.20% 和 35.71%～57.05%。同时，生物篱通过对坡面泥沙的有效拦截，对防止三峡库区面源污染至关重要。而陈一兵等（2002）在四川简阳将横坡垄作＋植物篱（梨树墙＋黄花梨篱笆）与独垄大厢等方式相结合，使得 1998 年和 1999 年土壤流失量分别减少 43.05%～44.41% 和 50.5%～54.29%。通过长期定位小区试验，林超文等（2007）研究了长江上游的紫色土区域植物篱种植对坡耕地土壤肥力的影响，结果发现在坡耕地栽种植物篱带可以显著减少径流量和泥沙流量（表 5-9）。在三峡库区植物篱坡地农业技术水土保持效益的研究中，申元村（1998）论述了土壤侵蚀与土挡高度具有密切关系，植物篱在防止土壤冲刷上具有明显效益，并且随着成篱时间的延长效益增加。

　　植物篱技术不仅能获得生态效益，还能获得良好的经济效益。植物篱拦截泥沙和地表径流，可控制水土流失，加上植物篱本身的经济价值，还能够提高坡地土壤肥力和生产力，创造了双重经济价值（刘卉芳等，2015）。经济植物篱技术和平衡施肥技术对于防止长江上游坡耕地的水土流失，是一项实用性强、应用广泛的技术，它可以有效降低坡耕地的水土流失，增加作物产量，提高农民收入，实现社会效益、生态效益和经济效益相统一，保证耕地农业可持续利用（涂仕华等，2005）。以位于三峡库区的重庆市江津区常见的 6 种植物篱模式（柑橘、沙梨、花椒、黄荆、桑树、紫背天葵）为对象，王幸等（2011）从生态效益、经济效益和社会效益三方面建立了三峡库区坡耕地植物篱模式效益评价指标体系，结果发现，经济效益以花椒类植物篱最高，综合效益以花椒类植物篱最高，其次是桑树植物篱、柑橘植物篱、沙梨植物篱、黄荆植物篱，紫背天葵类植物篱最差，最终建议三峡库区坡耕地采用花椒、桑树、柑橘等植物篱模式进行坡耕地治理为宜。

5.3　水土保持耕作技术

5.3.1　保护性耕作技术

　　保护性耕作是指通过少耕、免耕、地表微地形改造技术及地表覆盖、合理种植等综合配套措施，减少农田土壤侵蚀，保护农田生态环境，并获得生态效益、经济效益及社会效益协调发展的可持续农业技术。其核心技术包括少耕、免耕、缓坡地等高耕作、沟垄耕作、残茬覆盖耕作、秸秆覆盖等农田土壤表面耕作技术及其配套的专用机具等，配套技术包括绿色覆盖种植、作物轮作、带状种植、多作种植、合理密植、沙化草地恢复以及农田防护林建设等。

　　研究发现采取地表覆盖的保护性耕作方式可以增加土壤团聚体含量，改善土壤结构，使土壤表层的结构趋于稳定，有机碳含量增加。张塞和王龙昌（2013）通过对重庆北碚西南大学试验农场的不同土壤耕作团聚体平均重量直径（表5-10）进行观测，发现除垄作处理的土壤团聚体平均重量直径（0～5cm）略低于平作外，其他各处理下土壤团聚体平均重量直径和几何平均直径均显著高于平作，其中土壤团聚体平均重量直径值增加了0.38%～12.54%，几何平均直径增加了0.95%～21.73%，表明以垄作和秸秆覆盖为主的保护性耕作可以显著改善土壤结构，增强团聚体稳定性，增加＞0.25mm的大团聚体含量。

表 5-10　不同处理土壤团聚体直径

| 处理 | 不同土层 | | | |
| | 0～5cm | | 5～10cm | |
	土壤团聚体平均重量直径/mm	几何平均直径/mm	土壤团聚体平均重量直径/mm	几何平均直径/mm
平作	1.403	0.931	1.497	1.074
垄作	1.191	0.747	1.419	0.96
平作 + 秸秆覆盖	1.403	0.967	1.523	1.095
垄作 + 秸秆覆盖	1.395	0.944	1.612	1.214

5.3.2　聚土免耕技术

　　聚土免耕技术是通过聚土筑垄、沟内培肥、秸秆覆盖、季节性免耕等措施，搭配合适的高秆作物与矮秆作物，开展立体耕作。聚土免耕分为聚土垄作和垄沟互换两个处理。聚土垄作是聚土免耕的基础，应予优先保证。在作物收获后，全土翻耕，沿等高线2m开厢，一半为垄，一半为沟（图5-3）。该技术可增产15%～30%，通过恰当的作物品种配置，可增收50%以上；另外，该技术在10°以下的坡地上应用，可减沙80%以上。

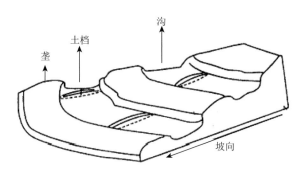

图 5-3　聚土免耕田间格网式结构

在四川盆地丘陵区，朱波等（2002）通过 1984～1996 年四川省盐亭县林山乡的田间观测实验发现，聚土免耕与常规平作的土壤侵蚀模数相比，聚土免耕减少土壤侵蚀的 83%；聚土免耕与常规平作的径流相比，聚土免耕减少径流的 64%，由此可见聚土免耕具有显著的水土保持效果（表 5-11）。另外，聚土免耕的网格状结构对旱坡地的水土保持作用尤为突出，聚土免耕以垄沟和小土档所构成的网格状结构对水土保持贡献率达 80% 以上。聚土免耕网格状的沟和土档作为微小的蓄水库接收和保持降水，所截留的降水再进入土壤水库，而蓄积在土壤水库中的水分长期缓慢地为作物生长所利用，缓解了旱地的季节性干旱，改善了土壤水分条件。

表 5-11　聚土免耕组分对水土保持的贡献（1985～1989 年）

组分	水土保持		削减径流	
	流量/(mg/hm^2)	贡献率/%	流量/(m^3/hm^2)	贡献率/%
垄	5.8±0.3	28.2	376.7±26.1	73.4
沟	9.3±0.5	44.9	—	—
土档	1.7±0.1	8.3	39.5±6.7	7.7
免耕	1.8±0.1	8.5	45.8±4.7	8.9
留茬	2.1±0.1	10.1	51.5±5.2	10
总量	20.7	100	513.5	100

注：标准差（SD），n = 5。

刘刚才等（2001）通过对盐亭站径流场多年的观测结果分析，发现聚土免耕、横坡种植和顺坡种植的平均侵蚀模数分别为 93.2t/(km^2·100mm)、169.0t/(km^2·100mm) 和 242.4t/(km^2·100mm)，径流系数为 9.9mm/100mm、16.6mm/100mm 和 20.3mm/100mm；聚土免耕的水土流失量与顺坡种植之间的差异达到极显著水平，与横坡种植的差异达显著水平，证明聚土免耕具有明显的水土保持效益（表 5-12）。

表 5-12　不同耕作制的水土流失对比

年份	土壤侵蚀模数/[t/(km^2·100mm)]			径流系数/(mm/100mm)		
	聚土免耕	横坡种植	顺坡种植	聚土免耕	横坡种植	顺坡种植
1985	51	91	163	7.6	12.9	16.4
1986	79	120	192	6.2	13.6	17.6
1987	184	293	411	13	16.5	20.7
1988	102	218	278	15.8	26.6	27.9
1989	50	123	168	6.9	13.2	18.8

注：侵蚀模数用每 100mm 产流雨量单位面积上的侵蚀量表示；径流系数（RC）用每 100mm 产流雨量的径流深表示。

5.3.3　大横坡、小顺坡耕作技术

大横坡、小顺坡耕作技术通过在坡面地块上缘、下缘及横向修筑地埂，其上侧面为竖直面，下侧面水平倾角为30°～80°，地埂下侧面密植护埂植物，地埂上侧、下侧分别开挖边沟、背沟，在坡面地块其余周边沿坡面开挖，连接上缘地埂背沟和下缘地埂边沟，形成排水网渠；并且在排水网渠内坡面地块开挖多条横坡进行截流，将坡面分割为多个顺坡起垄区；在顺坡起垄区内沿坡面均匀起垄若干小顺坡，相邻小顺坡之间开挖垄沟；并使顺坡起垄区内垄沟与横坡截流沟、边沟相连通；顺坡起垄区的顺坡坡面长度小于该坡面发生细沟侵蚀的临界坡长。

大横坡、小顺坡耕作技术是一种能够有效控制坡耕地细沟侵蚀的技术。大横坡、小顺坡的坡式梯田能够有效改善坡耕地拦沙效益，降低土壤容重，增加其含水量、饱和导水率和总孔隙度，充分满足保水减蚀的需求，并且具有低造价、操作简便的优点，广泛被农民接受（郑祖俊，2018）。

张怡等（2013）以重庆忠县水土保持试验站为研究平台发现，与全顺坡模式比较，6m顺坡＋2m横坡模式、5m顺坡＋3m横坡模式和4m顺坡＋4m横坡模式径流量分别减少了41.74%、45.84%和59.63%，表明每种大横坡、小顺坡耕作技术都可以有效减少水土流失。三峡库区的忠县和川中丘陵区的盐亭分别开展的人工降雨试验表明：暴雨情况下细沟侵蚀发生的临界坡长与坡度呈二次抛物线关系；在临界坡长处开挖水平沟截断径流能有效控制细沟侵蚀的发生，与没有改造的小区相比拦沙效益提高了53.8%。因此，建议在调查长江上游各区坡耕地细沟侵蚀发生临界坡长的基础上，针对不同坡度、土壤特征按照细沟侵蚀可能发生的临界坡长，开挖横坡截流沟，重新确定小顺坡的坡长（严冬春等，2010）。通过三峡库区忠县石宝开展的21场人工降雨实验，研究了降雨侵蚀过程与机理，初步查明三峡库区10°和15°紫色土坡耕地细沟侵蚀临界坡长分别约为6.2m和4.5m（表5-13），细沟侵蚀出现主要与土壤性质和坡度有关。应用^{7}Be示踪技术结合人工降雨实验开展了细沟侵蚀产沙研究，结果表明，细沟侵蚀量约占总侵蚀量的70%。

表5-13　人工降雨实验临界坡长统计

坡度	设计降雨强度/(mm/h)	实际降雨强度/(mm/h)	均匀度/%	降雨历时/min	重复次数	临界坡长/m
	60	55.9	78.6	26	3	6.16
10°	100	108.1	71.7	40	4	5.89
	130	136.3	70.5	30	5	6.35
	60	60.5	76.9	21	3	5.3
15°	100	105.7	74.4	30	3	3.78
	130	135.5	73.7	27	3	4.47

5.4　水土保持工程技术

水土保持工程包括坡面治理工程、沟壑治理工程、山洪排导工程以及小型蓄水引水工程等。坡面治理工程主要包括梯田工程、坡面蓄排水工程。梯田工程可以改变小地形、截断坡面雨水径流、就地拦蓄入渗，防治水土流失。坡面蓄排水工程主要指坡面上修建的以蓄积坡地径流为目的的蓄水沟、鱼鳞坑、蓄水池、水窖等，以排泄多余径流为目的的截流沟、排洪沟等。沟壑治理工程有沟头防护工程、谷坊工程和淤地坝工程，其作用在于防止沟头前进，拦蓄和调节径流泥沙，巩固抬高侵蚀基准，削减山洪洪峰流量，拦泥淤地生产。山洪排导工程包括泥石流拦挡排导工程、导流堤等，其作用在于防止山洪、泥石流危害，保护冲积扇上的农田、村庄、道路和工矿企业，保护沟岸河堤免遭冲毁。小型蓄水引水工程主要是小型水库工程、山地引洪灌溉工程、引洪淤滩造田工程等，其目的是针对坡地径流及地下潜流，采取拦蓄引措施，充分利用，合理调配，为发展农业生产服务。

5.4.1　坡改梯工程技术

坡改梯工程技术是紫色土区治理坡耕地、建设基本农田的重要措施，一直是"长治"和"中低产田改造"等工程的重点。三峡库区紫色土坡地的水稻梯田已有 3000 余年历史，可有效地防止水土流失，改善水土环境，提高作物产量。通常对坡度为 5°～25° 的紫色土采取坡改梯工程技术。

根据断面形态，可将梯田分为水平梯田、坡式梯田和隔坡梯田。在土层深厚、劳动力充裕的地方，一般修成水平梯田；在土层较薄或劳动力较少的地方，先修成坡式梯田，经逐年向下方翻土耕作，减缓田面坡度，逐步变成水平梯田；在地多人少、劳动力缺乏以及降水量较少且坡度在 15°～20° 的地方，采用隔坡梯田的形式，平台部分种庄稼，斜坡部分种牧草。根据田坎筑材，可将梯田分为土坎梯田、石坎梯田和土石复合坎梯田。实际应用中，也有用空心砖、框格梁、预制砼块、粉煤灰条块等新型材料筑坎的。在西南紫色土区不同地区坡耕地整治过程中，为修建投资少、稳定性高、效益好的梯田，都在不断探索最适宜的治理模式，建立宜石则石、宜土则土、土坎与植物护坎相结合的多种坡改梯模式（鲍玉海等，2018）。

通过对四川省宣汉县和遂宁市两地的观测，坡耕地改为梯田后有更好的保水保土效益，平均可减少地表径流量的 71.7%～78.9%，减少地面侵蚀量的 87.9%～93.2%（表 5-14）。由此可见，坡耕地实施坡改梯的措施能够达到非常有效的减水减沙效益（李秋艳等，2009）。

表 5-14　坡耕地改梯田后的蓄水保土效益

观测地点	坡度	地表径流量			地面侵蚀量		
		坡耕地/mm	梯田/mm	减少/%	坡耕地/(t/km²)	梯田/(t/km²)	减少/%
四川宣汉	7.5°～25°	2218.5	628.5	71.7	72.45	4.95	93.2
四川遂宁	5°～25°	2079	439.5	78.9	90.15	10.95	87.9

5.4.2　路沟池配套的坡面水系改造技术

1）坡面集雨灌溉系统优化模型

将雨水集蓄利用埋论、系统优化、序列二次规划和计算机编程技术应用于丘陵区雨水集蓄利用工程优化设计，建立具有自主知识产权的坡面集雨模型，由降雨-径流序列分析、集蓄水量分析、灌溉水量分配等子模型及蓄水工程优化设计模型构成，以川中丘陵区为典型研究区域，以中国科学院盐亭紫色土农业生态试验站截流小流域的监测数据为基础，对模型关键参数进行率定，对模型算法、界面做了调整和优化，模型经过验证后用于确定最大灌溉效益下的蓄水工程最优布局和工程规模。

2）川中丘陵区集雨效率和工程优化设计

模拟计算表明，相同集流材料下，随着可供灌溉水量增加，系统总纯收益增加，这主要是随着灌溉水量增加作物产量也增加。在同一可供灌溉水量水平下，不同集流材料纯收益大小为自然土坡＞机瓦＞混凝土＞原土夯实＞塑膜覆砂；对同一集流材料，系统纯收益随可供灌溉水量增加而增加。

川中丘陵区开展雨水集蓄利用工程建设时，可选择自然坡面作为集流面。蓄水池结构尺寸应根据可供灌溉水量大小确定，其优化设计与布设条件如表 5-15 所示。另外，道路、沟、池可有效配套，实现路、沟、池、窖在空间布局的优化，蓄水、集灌效益高效。

表 5-15　蓄水池的布设条件

序号	可供灌溉水量/(m³/hm²)	蓄水池有效容积量/m³	每公顷蓄水池数量/口
1	150	23	3
2	300	46	3
3	450	66	3
4	600	90	3
5	700	108	3

3）与路、沟、池配套的坡面水系改造技术体系

通过实地调研区域内田间道路的类型、长度、宽度、规格和山边沟类型、渠系规格、流量与流速（图 5-4），基于上述模型和 ArcGIS 软件，对研究区的田间道路、山边沟、渠系和蓄水池等的现状和存在问题进行分析，模拟优化集水的路、沟、池配套布局和灌溉量，进行池、沟、灌溉的综合配套与效益优化；依据"理顺坡面水系，路沟池配套，实行综合治理"，建立路、沟、凼、窖、池、塘、坊、坝、渠系统配套技术体系，并与小型机械化配套道路建设相衔接，开展试验示范。

图 5-4　坡面水系改造概况

5.4.3　坡式梯田与坡面水系整治技术

　　坡改梯是改善农业生产条件、增强农业发展后劲的重要手段，它的实施对于发展区域经济和促进农业增产、农民增收具有重要意义。坡面水系工程是人为引导坡面径流，在一定范围的坡体上建立起来的池、渠、凼配套，蓄、排、灌结合的微型水利工程组合体，常常与坡改梯工程配套建设，是紫色土区控制坡耕地水土流失的有效措施。坡面水系工程主要是将降水过程中产生的坡面径流通过截短地面流线，分段拦蓄径流泥沙、引导坡面排水（鲍玉海等，2018）。针对目前山区坡改梯实施过程中存在的造价高、效益低等问题，结合坡面水系工程的优势，在长江流域推广应用坡耕地"坡式梯田 + 坡面水系"治理模式。采用"坡式梯田 + 坡面水系"治理模式对坡耕地进行治理，长江流域各典型区域重点小流域坡耕地数量明显减少，水土流失得到了有效控制。据统计，实施该治理模式后，嘉陵江流域 688 条、金沙江流域 303 条小流域水土流失面积减少了 13158.93km^2，比治理前减少了 65% 以上，平均土壤侵蚀模数由治理前的 5279t/(km^2·a)下降到 3565t/(km^2·a)。由表 5-16 可知，治理模式的实施减轻了土壤侵蚀，改善了农业生产条件，保护了生态环境。例如，云贵高原区的松树小流域平均坡度由 24°减小到 5°～8°；三峡库区沿江溪小流域年均土壤侵蚀量由 3120t 减少到 410t，减少了 86.86%；四川安居的白安河小流域耐干旱时间由 15d 增至 33d。上述分析结果表明，实施"坡式梯田 + 坡面水系"治理模式既可拦泥蓄水、减少水土流失，又可改变地形条件、增厚土层，有利于培肥地力，提高作物单产，实现农业增产增收，是适合长江上游陡坡耕地治理的有效模式（邓嘉农等，2011）。

表 5-16　长江上游各典型区域重点小流域陡坡耕地生态经济效益调查

流域名称	坡改梯前				坡改梯后			
	平均坡度/ (°)	产量/ (kg/hm^2)	土层厚度/ cm	侵蚀量/t	平均坡度/ (°)	产量/ (kg/hm^2)	土层厚度/ cm	侵蚀量/t
沿江溪	24	4500	20～50	3120	9	6750	40～60	410
白安河	10.5	3525	30～50	393	3	4755	50～70	137.5
洗线沟	17	4500	30～50	2093	<5	6180	50	1700
松树	24	5100	30～50	3345	5～8	6450	50～70	2980

流域名称	坡改梯前				坡改梯后			
	平均坡度/(°)	产量/(kg/hm²)	土层厚度/cm	侵蚀量/t	平均坡度/(°)	产量/(kg/hm²)	土层厚度/cm	侵蚀量/t
响坝河	5~8	25500	25	3145.9	4	37500	40	445.9
发图	8~15	4800	35	470	5	6300	55	110
大地沟	15~25	1500	30	5000	<5	2700	50	250

5.5　小流域综合治理技术

流域是指以分水岭和出口断面为界而形成的闭合集水区。目前,水土保持工作中的小流域,一般是指面积在 5~30km² 的流域。按照小流域自然和社会经济状况及区域国民经济发展的要求,以小流域水土流失治理为中心,以提高生态效益、经济效益和社会经济持续发展为目标,以基本农田优化结构和高效利用及植被建设为重点,建立具有水土保持兼高效生态经济功能的半山区小流域综合治理模式,其称为小流域综合治理。小流域综合治理技术是指以小流域为单元,合理安排农、林、牧、副各业用地,将水土保持耕作措施、林草措施与工程措施相结合,做到互相协调与配合,形成综合防治措施体系,以保护、改良与合理利用小流域水土资源为目的的一种综合治理技术。

5.5.1　原理

小流域一般是面积在 5~30km² 的封闭集水区,是基本的自然单元。小流域是一个完整的生态系统,由山、水、林、田、湖、沟、路、村组成,是流域所有生物与环境之间不断进行物质循环和能量流动而形成的统一整体(杨进怀等,2014)。流域尺度上的山水林田湖草系统治理主要结合生态清洁小流域建设进行,根据小流域自然和社会经济状况及区域国民经济发展的要求,以小流域水土流失治理为中心,以提高生态效益、经济效益和社会经济持续发展为目标,以基本农田结构优化和高效利用及植被建设为重点,建立具有水土保持兼高效生态经济功能的半山区小流域综合治理模式(余新晓等,2004,2019)。

1)流域土壤侵蚀理论

小流域是进行水土流失综合治理的基本单元,土壤侵蚀产沙规律是实施水土保持措施的基本依据(冷疏影等,2004;张光辉,2020)。我国的土壤侵蚀开始于 20 世纪 20 年代,主要包括土壤侵蚀过程及调控机制理论、土壤侵蚀预报以及土壤侵蚀测定技术。土壤侵蚀过程研究主要包括雨滴击溅侵蚀、坡面水蚀过程、坡沟系统水沙关系、沟道侵蚀与输沙研究。在小流域尺度上,根据黄土丘陵区土壤侵蚀特点,构建小流域分布式水文-侵蚀模型 WEPM 110,实现从降水输入到水分输出等一系列水分循环过程和侵蚀过程的模拟(贾媛媛等,2005)。土壤侵蚀测定技术主要有测量学方法、遥感研究方法、地球化学方法(放射性核素法、稀土元素示踪法)、地貌学方法、水文学方法和土壤学方法等。

2）流域水文学理论

小流域水资源理论包括水资源调控、水资源配置和水资源持续高效利用理论（余新晓，2012）。小流域水资源调控理论主要是在对流域水土资源和社会经济进行全面调查、评价的基础上，各种水土流失治理措施的实施有效调控水资源，以达到充分利用天上降水和地表径流、减轻水土流失危害，促进农业生产发展和发展经济的目的。水资源配置通过对区域内常规水资源和非常规水资源进行联合配置，建立适宜该地区的多目标、多水源联合配置模型。小流域水资源持续高效利用理论旨在通过计算出小流域地表水资源、地下水资源拥有量的基础上，结合流域综合治理，探索水资源持续高效利用的途径（吕志学等，2003）。

3）流域生态经济理论

生态经济学是以生态学原理为基础，经济学理论为主导，人类活动为中心，围绕人类经济活动与自然生态相互发展关系这个主题，研究生态系统和经济系统相互作用所形成的生态经济复合系统，研究其矛盾运动中发生的生态经济问题，阐明它们产生的生态经济原因及解决的理论原则，从而揭示生态经济运动发展的客观规律（季曦和李刚，2020）。流域生态经济系统是由流域生态系统和流域经济系统相互交织而成的复合系统，其理论又涉及小流域生态恢复理论与生态补偿理论两个方面（余新晓，2012）。

4）流域环境理论

水土保持生态清洁型小流域理论内容主要包括生态清洁小流域概念和生态清洁小流域"三道防线"。生态清洁小流域是指以小流域为单元，突出统一规划，综合治理，各项措施遵循自然规律和生态法则，与当地景观相协调,基本实现资源的合理利用和优化配置、人与自然的和谐共处、经济社会的可持续发展、生态环境的良性循环（王振华等，2011）。生态清洁小流域"三道防线"是指将小流域划分为生态修复区、生态治理区、生态保护区，综合应用多种治理措施进行生态建设、水土资源保护（杨进怀等，2007）。

5）流域生态学理论

流域生态学是指以流域为研究单元，应用现代生态学的理论和系统科学的方法，研究流域内高地、沿岸带、水体等各子系统间的物质、能量、信息流动规律，为流域陆地和水体的合理开发利用决策提供理论依据，从而为区域的社会经济可持续发展做出贡献的科学（邓红兵等，1998），即研究水路之间关系的一种学科（蔡庆华等，1997）。流域是生态学研究的最佳自然分割单元（赵斌，2014）。流域生态系统是自然-社会-经济复合生态系统，其主要驱动因子是流域水文。从生态学角度解读，山水林田湖草生命共同体即流域生态系统（蔡庆华，2020）。统筹山水林田湖草系统治理，应基于流域层次，开展流域生态系统综合管理，或称为集成管理（蔡庆华和刘建康，1999）。

5.5.2 关键技术

1）土地利用结构调整

在土地总面积不变的情况下，通过调整耕地、林地、草地等利用类型，可有效地减少小流域水土流失（李亚龙等，2012）。王纪杰等（2011）发现川中丘陵区经过调整后，坡耕地由 1662.67km² 下降至 663.34km²，减少 60.1%；川中丘陵区坡改梯 288.35km²，其中 25°以上坡耕地从 165.88km² 减少至 3.30km²，减少 98%；农业人均耕地由 0.120hm² 下降到 0.090hm²，减少 25%；人均基本农田由 0.057hm² 上升至 0.069hm²，增加 21.1%（表 5-17）；农地、林地、草地、荒地和其他用地所占比例由治理前的 45.0%、32.0%、2.0%、11.0% 和 10.0% 变化到治理后的 35.0%、52.0%、3.0%、0 和 10.0%；植被覆盖度由 22.0% 提升至 43.0%。总体来说，农业总产值和人均纯收入分别提高了 37.91% 和 25.92%，拦蓄泥沙能力提高了 5.41 倍，拦蓄径流能力提高了 2.19 倍。

表 5-17　治理前后基本状况

治理前后	土地总面积/km²	农业劳动力/万人	农村人口密度/（人/km²）	农业人均耕地/（hm²/人）	人均基本农田/（hm²/人）	人均经济果林/（hm²/人）
治理前（1999 年）	6971.55	138.31	379	0.12	0.057	0.01
治理后（2003 年）	6971.55	138.38	380	0.09	0.069	0.03

2）生物工程措施

经过生物工程措施的治理，川中丘陵区灌木林面积由 248.62km² 增加到 1166.24km²，增加了 3.69 倍；经济果树林面积由治理前的 172.15km² 上升至 754.25km²，增加 3.38 倍；人均经济果树林由 0.007hm² 上升至 0.029hm²，增加 3.14 倍；草地面积则由 127.25km² 增加到 206.26km²，提高 62.09%；荒山荒坡面积由 812.47km² 减少至 31.10km²，减少 96.2%。生态措施的实施使林草用地面积增加，可有效保持水土，林业总产值增幅达到 138.13%（王纪杰等，2011）。

3）小型水利工程

针对川中丘陵区的治理，共投入 9141.76 万工时，共建塘堰 1257 座、谷坊 370 座、蓄水池 1.88 万口、拦沙坝 219 座、沉沙函 20 万个、灌排水渠 2917.7km、水平沟 988.87km，完成土石方 1.16 亿 m³。所修建的塘堰、谷坊、蓄水池、拦沙坝发挥了重要的拦蓄泥沙、保持水土的功能，提高了农田水分利用效率及保护机制。治理后，该流域拦蓄泥沙的能力提高了近 5 倍，拦蓄径流能力提高了近 3 倍（表 5-18）（王纪杰等，2011）。

表 5-18　治理前后拦蓄泥沙及径流量的变化

措施	治理前（1999 年）		治理后（2003 年）		增减	
	拦蓄泥沙量/万 t	拦蓄径流量/万 m³	拦蓄泥沙量/万 t	拦蓄径流量/万 m³	拦蓄泥沙量/%	拦蓄径流量/%
农耕措施	58.11	5754.67	372.28	18366.09	540.65	219.15
植物生态措施	201.5	19404.58	940.81	59622.94	366.90	207.26
水利水土保持工程	36.55	1151.5	215.68	4385.69	490.10	280.87
合计	296.16	26310.75	1528.77	82374.72	416.20	213.08

5.5.3 几种模式

1) 三峡库区生态清洁小流域综合治理模式

三峡库区是长江上游重要的生态涵养区,特别是库区小流域的水资源保护和水环境治理直接关系整个长江流域水安全和生态安全,对该区经济社会的可持续发展具有重要意义。生态清洁小流域的建设能够改善大流域甚至整个区域的生态环境与水质(杨进怀等,2014)。

周萍等(2010a)以治理长江上游三峡库区生态清洁小流域为例,对生态清洁小流域治理的"三道防线"进行了详细阐述。三峡库区流域的生态修复区,主要指坡度>25°,浅山以上和主沟沟沿以下的区域。该区以林地为主,采取自然修复,部分林草破坏严重、植被状况差的地区实施严格的封山禁牧,设置护栏围网减少人为干扰,可控制坡面土壤侵蚀,减少入库的泥沙,保护水资源,改善生态环境。生态治理区位于坡面中、下部,土地利用类型以耕地和建设用地为主,坡度不大于25°,土壤侵蚀以面蚀和沟蚀为主。该区主要为农业种植区及人类活动较频繁地区,在坡面建设高标准的基本农田,重点做好排灌沟渠、蓄水池窖和沉沙函、田间道路等坡面工程的配套,提高水利化程度,建设集雨节灌和节水增效工程,缓解该区季节性干旱问题,实现水资源的高效利用和有效保护。生态保护区位于三峡库区河(沟)道两侧及湖库周边,对应地貌部位为河(沟)道及滩地,植被盖度不大于30%,坡度不大于8°。土地利用类型有水域、未利用地和草地,对区内被污染和被破坏的水环境进行治理,加强河(沟)道管理和维护,开展封河(沟)育草,禁止河(沟)道采砂,加强河(沟)道管理和维护,清理行洪障碍物和对河(沟)道适当补水,在河(沟)道和水库水位变化的水陆交错地带恢复湿地,种植水生植物,增强水体自净能力,维护河道及湖库周边生态平衡,同时在外围设置植物拦污缓冲带,以延长雨污水停留时间,减少进入水体的面源污染物总量,改善水质,确保河(沟)道清洁与环境优美。

鲍玉海等(2014)通过对三峡库区的陈家湾小流域调查发现,实施复合种植生态农业技术的坡耕地,与传统种植方式的坡耕地相比,玉米平均增产26kg/亩,油荷平均增产10kg/亩,红薯平均增产12kg/亩,蚕豆平均增产21kg/亩。通过 ^{137}Cs 等示踪研究,紫色土坡耕地"大模坡+小顺坡"耕作模式比传统顺坡耕作模式侵蚀模数降低43%。实施"地埂+经济植物篱"模式5年后的坡耕地,侵蚀速率仅为无措施坡耕地的23%,具有显著的保水保土作用。改造后的"坡式梯田+坡面水系"体系经过5年的发展,流域年均土壤侵蚀量平均降低65.6%。流域内农村生产生活废弃物净化与循环利用,可减少生活垃圾排放80%以上。通过上述措施,小流域总氮(TN)、总磷(TP)和化学需氧量(chemical oxygen demand,COD)的负荷削减量分别达到9.22t/a、4.33t/a 和 2.34t/a。

2) 川中丘陵区小流域综合治理模式

川中丘陵区是四川省以及长江中上游重要的农业生产区域,也是水土流失重点治理区。2000年公布的遥感普查数据显示,该区域的土壤侵蚀强度多在中度以上,侵蚀模数>3000t/(km²·a)(张信宝等,2006)。

在小流域综合治理措施上,针对川中丘陵区的自然、社会经济、水土流失的规律和特点,以小流域为单元实行山、水、田、林、路综合治理，其措施主要归纳为"平、厚、壤、固、乔、灌、草、经、封、禁、营、育、沟、渠、凼、窖、池、矿、垄、间、套、盖"22字口诀，具体措施如下：①将坡耕地改成梯田（土），提高单位面积产量，增产增收。②将荒山空坪栽满补齐，增加林木覆盖率，发展地坎保护林，建立水土保持型农田植被林网，开展利用荒山母质侵蚀劣地发展适度经果林，开发坡耕地实行经济林粮间作。③封、禁、营、育幼林地，加快林木生长速度。④建设沟、渠、凼、窖、池、矿，完善坡面水系，增加就地拦蓄设施。⑤普及垄、间、套、盖保土耕作，实行横坡等高沟垄种植，合理间作、套种，增加植物覆盖，以减少水土流失，提高保蓄水功能。对5条小流域的不同类型研究实验数据进行分析，采用定量与定性、计量与评估相结合的方法，建立效益分析评价体系，研究其小流域优化综合治理效益，结果详见表5-19（王治国等，1997）。

表5-19　小流域不同类型试验区优化综合治理效益比较表

流域名称	治理后与治理前效果对比			
	基本农田增加/%	径流量减少/%	土壤肥力增加/%	粮食产量增加/%
会龙河小流域	63.2	82.7	88.3	48.7
蠕龙河小流域	34.1	75.3	89.5	55.3
联盟河小流域	4.5	73.8	80.1	53.6
磨溪河小流域	22.2	76.6	81.8	49.8
麻子滩小流域	69.8	54.6	83.7	47

3）小流域农林水复合生态农业模式

（1）小流域侵蚀泥沙控制技术体系。

首先建立好坡顶林地的乔灌草植被体系，即具备基本的水土保持功能，控制好源头的侵蚀与泥沙；利用沟谷水田、塘库和自然沟渠的湿地功能，控制侵蚀泥沙的输出，同时合理利用水稻田的高产，保障小流域粮食供给。在此基础上，大力推进坡耕地产业结构调整，并采用坡地粮经弹性结构种植技术，既发展农村经济，又建立良好的坡地水土保持耕作体系。同时合理配置台地间的坡坎林地生态系统，并与农地形成农林镶嵌的空间格局，由此建立丘陵上部的农林复合系统和沟谷湿地系统相呼应的农林水系统复合的小流域侵蚀泥沙控制的生态经济体系。

（2）农林水复合结构的水土保持效益。

川中丘陵土地利用自20世纪60年代以来发生了明显变化，1965年盐亭站所在的小流域——盐亭县林山乡截流小流域（面积38hm²）的土地利用以农地为主，其中旱地比重大，达60.12%（表5-20），荒地约占17.92%，林地仅在南北两侧山麓出现，森林覆盖率很低，仅为5%。农林比例失调，水土流失严重，坡面泥沙负荷大，侵蚀模数达到1520t/(km²·a)。自70年代中期开展桤柏混交林模式的植树造林以来，到1985年，植被恢复已初见成效，其中林地占32.24%，旱地下降到45.39%，陡坡耕地和荒地均变成了林地；农林比例较为合理，土壤侵蚀基本得到控制，侵蚀模数约830t/(km²·a)。到1995年，林地占 36.08%，旱地占 40.27%，沟谷均有水田和塘库，且二者占到 10%以上，而森林覆盖率增加 30%，土壤侵蚀模数下降到 680t/(km²·a)。到 2010 年，林地、旱地、水田等变化不大，小流域农林水格局基本形成，土壤侵蚀基本稳定，侵蚀模数为 530t/(km²·a)。可见，农林水结构的形成对水土流失具有很好的控制效果。

表 5-20　截流小流域土地利用变化

年份	项目	水田	旱地	林地	园地	荒地	塘库	水沟	田土坎	公路	房屋	合计
1965	面积/hm²	1.57	22.84	1.75	0.20	6.81	0.08	0.24	3.41	0.25	0.85	38.0
	比例/%	4.13	60.12	4.60	0.53	17.92	0.21	0.63	8.97	0.66	2.23	100
1985	面积/hm²	2.42	17.25	12.25	0.25	0.52	0.36	0.46	3.07	0.30	1.12	38.0
	比例/%	6.36	45.40	32.24	0.65	1.37	0.95	1.20	8.08	0.80	2.95	100
1995	面积/hm²	4.17	15.30	13.71	0.65	0.24	0.43	0.44	0.47	0.61	1.98	38.0
	比例/%	10.96	40.27	36.08	1.71	0.63	1.13	1.17	1.23	1.60	5.22	100
2010	面积/hm²	4.02	14.22	13.95	1.53	0.22	0.42	0.45	0.47	0.61	2.11	38.0
	比例/%	10.58	37.42	36.71	4.03	0.58	1.11	1.18	1.23	1.61	5.55	100

（3）水土保持生态沟渠建设技术。

自然沟渠是降雨径流长期冲刷而成的，调查发现，冲刷更严重，破坏了自然沟渠原有的水土保持功能。经过对自然沟渠的沉沙、抗冲多功能强化并进一步通过植被重建，形成路、沟、凼、植被、小型湿地生态沟渠拦截系统（图 5-5），拦沙效果显著。其中，沉沙池的泥沙减量分别约为 30.37%和 45.99%；而沟渠减沙率分别为 82.18%和 89.37%（表 5-21）。可见，小流域沉沙池、凼坑、沟渠均有明显的水土保持与减沙效应，其中沟渠系统具有最佳水土保持效应。

表 5-21　沉沙池与沟渠湿地的泥沙削减率（%）

断面	日期	洪峰前	洪峰	洪峰后 10min	洪峰后 20min	平均
沉沙池	2006 年 6 月 20 日	14.52	51.69	12.56	42.72	30.37
	2006 年 6 月 29 日	3.91	68.16	49.38	62.52	45.99
沟渠湿地	2006 年 6 月 20 日	77.25	94.27	93.05	64.16	82.18
	2006 年 6 月 29 日	82.26	82.52	92.71	100	89.37

4）小流域水土流失控制模式

依据小流域侵蚀泥沙与面源污染物产生、迁移的特点，提出了"减源、增汇、循环、生态净化、全程控制"的观点，并据此构建了丘坡农林复合、坡地节肥增效、村落污染沟渠净化、沟谷人工湿地等有机衔接的小流域农林水（人工湿地）复合生态农业实体模式（图 5-6），通过试验示范，取得了显著的生态效益、经济效益和社会效益。

(a) 沉沙　　　　　　　(b) 抗冲　　　　　　　(c) 植被重建　　　　　　(d) 凼坑湿地

图 5-5　水土保持生态沟渠构成

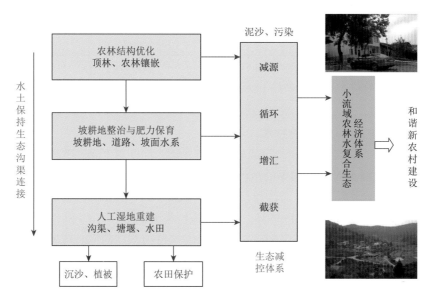

图 5-6　小流域农林水复合生态系统结构与模式

参 考 文 献

鲍玉海, 贺秀斌, 钟荣华, 等. 2014. 基于绿色流域理念的三峡库区小流域综合治理模式探讨. 世界科技研究与发展, 36 (5): 505-510.

鲍玉海, 丛佩娟, 冯伟, 等. 2018. 西南紫色土区水土流失综合治理技术体系. 水土保持通报, 38 (3): 143-150.

蔡庆华. 2020. 长江大保护与流域生态学. 人民长江, 51 (1): 70-74.

蔡庆华, 刘建康. 1999. 流域生态学与流域生态系统管理——灾后重建的生态学思考//许厚泽, 赵其国. 长江流域洪涝灾害与科技对策. 北京: 科学出版社.

蔡庆华, 吴刚, 刘建康. 1997. 流域生态学: 水生态系统多样性研究和保护的一个新途径. 科技导报, (5): 24-26.

曹艳, 刘峰, 包蕊, 等. 2017. 西南丘陵山区坡耕地植物篱水土保持效益研究进展. 水土保持学报, 31 (4): 57-63.

陈国阶. 2001. 长江上游退耕还林与天然林保护的问题与对策. 长江流域资源与环境, 10 (6): 544-549.

陈全龙, 郭兴顺. 2000. 黄土丘陵区退耕还林的几种模式与生态农业建设. 防护林科技, (2): 64-66.

陈伟烈, 张喜群, 梁松筠, 等. 1994. 三峡库区的植物与复合农业生态系统. 北京: 科学出版社.

陈一兵，林超文，朱钟麟，等. 2002. 经济植物篱种植模式及其生态经济效益研究. 水土保持学报，16（2）：80-83.

邓红兵，王庆礼，蔡庆华. 1998. 流域生态学——新学科、新思想、新途径. 应用生态学报，9（4）：108-114.

邓嘉农，徐航，郭甜，等. 2011. 长江流域坡耕地"坡式梯田+坡面水系"治理模式及综合效益探讨. 中国水土保持，（10）：4-6.

邓铭江，黄强，畅建霞，等. 2020. 广义生态水利的内涵及其过程与维度. 水科学进展，31（5）：775-792.

邓廷秀，刘国凡. 1987. 桤柏混交林的初步研究. 植物生态学与地植物学学报，11（1）：59-67.

董萍，严力蛟. 2011. 利用植物篱防治水土流失的技术及其效益研究综述. 土壤通报，42（2）：491-496.

费世民，向成华. 2000. 四川盆地丘陵区坡地农林复合系统内部结构和系统综合效能的研究. 林业科学，36（3）：33-39.

高淑桃，方玉媚. 2008. 四川退耕农户自我发展模式及评价. 农村经济，（11）：55-58.

胡德龙，贺金生. 1998. 三峡库区农业持续发展的重要途径——农林复合系统（Agroforestry）建设. 第三届全国生物多样性保护与持续利用研讨会.

季猛，刘华存，李伟，等. 2013. 成都市退耕还林工程后续产业发展现状及对策. 四川林业科技，34（2）：91-94.

季曦，李刚. 2020. 推动中国生态经济学复兴，助力中国生态文明建设——首届"生态经济学与生态文明"国际会议综述. 生态经济，36（6）：13-18，33.

贾媛媛，郑粉莉，杨勤科. 2005. 黄土高原小流域分布式水蚀预报模型. 水利学报，36（3）：328-332.

靳雪艳，朱首军，周涛，等. 2010. 紫色土区不同农林复合模式的能值对比分析——以梨农复合为例. 西北农林科技大学学报（自然科学版），38（4）：107-114.

黎建强，张洪江，程金花，等. 2010. 不同类型植物篱对长江上游坡耕地土壤养分含量及坡面分布的影响. 生态环境学报，19（11）：2574-2580.

李亚龙，张平仓，程冬兵，等. 2012. 坡改梯对水源区坡面产汇流过程的影响研究综述. 灌溉排水学报，31（4）：111-114.

李秋艳，蔡强国，方海燕，等. 2009. 长江上游紫色土地区不同坡度坡耕地水保措施的适宜性分析. 资源科学，31（12）：2157-2163.

冷疏影，冯仁国，李锐，等. 2004. 土壤侵蚀与水土保持科学重点研究领域与问题. 水土保持学报，18（1）：1-6，26.

廖晓勇，罗承德，陈治谏，等. 2006. 三峡库区植物篱技术对坡耕地土壤肥力的影响. 水土保持通报，26（6）：1-3.

廖晓勇，罗承德，陈义相，等. 2009. 陡坡地饲草玉米生物篱的生态效益研究. 农业环境科学学报，28（3）：633-638.

林超文，涂仕华，黄晶晶，等. 2007. 植物篱对紫色土区坡耕地水土流失及土壤肥力的影响. 生态学报，27（6）：2191-2198.

刘刚才，高美荣，张建辉，等. 2001. 川中丘陵区典型耕作制下紫色土坡耕地的土壤侵蚀特征. 山地学报，19（S1）：65-70.

刘刚才，高美荣，朱波，等. 2001. 紫色丘陵区农林复合生态系统的调洪抗旱作用. 自然灾害学报，10（1）：41-44.

刘国凡，邓廷秀. 1985. 土壤条件与桤木结瘤固氮的关系. 土壤学报，（3）：45-51.

刘卉芳，鲁文，王昭艳，等. 2015. 植物篱在坡耕地水土保持中的作用研究综述. 中国农村水利水电，（10）：31-34.

刘学军，李秀彬. 1997. 等高线植物篱提高坡地持续生产力研究进展. 地理科学进展，16（3）：71-81.

刘祖英，王兵，赵雨森，等. 2018. 长江中上游地区退耕还林成效监测与评价. 应用生态学报，29（8）：2463-2469.

吕志学，邓育江，孙雪文. 2003. 小流域水资源持续高效利用研究探讨. 水土保持研究，10（2）：89-90，111.

罗成荣，韩华柏，慕长龙，等. 2002. 四川盆地低山丘陵区农林复合模式分类与优化选择. 四川林业科技，23（3）：23-27.

蒲玉琳. 2013. 植物篱——农作模式控制坡耕地氮磷流失效应及综合生态效益评价. 重庆：西南大学.

申元村. 1998. 三峡库区植物篱坡地农业技术水土保持效益研究. 土壤侵蚀与水土保持学报，4（2）：61-66.

石培礼，杨修，钟章成. 1997. 桤柏混交林的氮素积累与生物循环. 生态学杂志，16（5）：14-18.

石培礼，钟章成，李旭光. 1996. 桤柏混交林根系的研究. 生态学报，16（6）：623-531.

孙辉，唐亚，陈克明，等. 1999. 固氮植物篱改善退化坡耕地土壤养分状况的效果. 应用与环境生物学报，5（5）：473-477.

唐克丽. 2009. 中国水土保持. 北京：科学出版社.

唐亚，谢嘉穗，陈克明，等. 2001. 等高固氮植物篱技术在坡耕地可持续耕作中的应用. 水土保持研究，8（1）：104-109.

田效琴，贾会娟，熊瑛，等. 2019. 保护性耕作下蚕豆生育期土壤有机碳、氮含量变化与分布特征. 长江流域资源与环境，28（5）：1132-1141.

涂仕华，陈一兵，朱青，等. 2005. 经济植物篱在防治长江上游坡耕地水土流失中的作用及效果. 水土保持学报，19（6）：1-5，85.

王成志. 2008. 现代河道的生态建设与治理. 中国水利，（22）：16-17.

王纪杰，程训强，尹忠东，等.2011. 川中丘陵区小流域综合治理措施及效益分析. 中国水土保持科学，9（6）：38-42.

王礼先，朱金兆.2005. 水土保持学. 第 2 版. 北京：中国林业出版社.

王鹏，李贤伟，赵安玖，等.2013. 植被恢复对洪雅县近 15 年景观格局的影响. 生态学报，33（20）：6721-6729.

王幸，张洪江，程金花，等.2011. 三峡库区坡耕地植物篱模式效益评价研究. 中国生态农业学报，19（3）：692-698.

王振华，李青云，黄茜，等.2011. 生态清洁小流域建设研究现状及展望. 人民长江，42（S2）：115-118.

王震洪，蔡庆，华赵斌，等.2020. 流域生态系统空间结构量化及其指标体系. 地球科学与环境学报，43（1）：135-149.

王治国，王建，肖华仁，等.1997. 川中丘陵区小流域优化综合治理效益研究. 水土保持研究，4（1）：141-144.

吴鹏飞，朱波.2005. 川中丘陵区人工桤柏混交林的研究进展. 水土保持研究，12（6）：4-7，45.

吴鹏飞，朱波.2008a. 桤柏混交林林下植被结构及生物量动态. 水土保持通报，28（3）：44-48.

吴鹏飞，朱波.2008b. 不同林龄段桤柏混交林生态系统的水源涵养功能. 中国水土保持科学，6（3）：94-99.

夏立忠，杨林章，李运东.2007. 生草覆盖与植物篱技术防治紫色土坡地土壤侵蚀与养分流失的初步研究. 水土保持学报，
　　21（2）：28-31.

谢嘉穗，唐亚，孙辉，等.2003. 等高固氮植物篱值得大力推广. 中国水土保持，（3）：23-25.

辛树帜，蒋德麒.1982. 中国水土保持概论. 北京：农业出版社.

许峰，蔡强国，吴淑安，等.2000. 三峡库区坡地生态工程控制土壤养分流失研究——以等高植物篱为例. 地理研究，19（3）：
　　303-310.

许先鹏，周锐.2011. 成都市退耕还林工程的主要成效及后续发展问题浅谈. 林业建设，（5）：14-17.

徐振华，张均营，王学勇，等.2003. 退耕还林可持续发展的系统思考. 水土保持学报，17（1）：41-44，49.

严冬春，龙翼，史忠林.2010. 长江上游陡坡耕地"大横坡+小顺坡"耕作模式. 中国水土保持，（10）：8-9.

杨进怀，吴敬东，祁生林，等.2007. 北京市生态清洁小流域建设技术措施研究. 中国水土保持科学，5（4）：18-21.

杨进怀，吴敬东，叶芝菡，等.2014. 生态清洁小流域在北京生态治理中的地位与作用——以北运河流域为例. 中国水利，（10）：
　　9-12.

杨正礼.2002. 黄土高原退耕还林方略与植被恢复模式研究. 北京：中国林业科学研究院.

杨正礼.2004. 我国退耕还林研究进展与基本途径探讨. 林业科学研究，17（4）：512-518.

杨忠，张信宝，王道杰，等.1999. 金沙江干热河谷植被恢复技术. 山地学报，17（2）：152-156.

杨忠，熊东红，周红艺，等.2003. 干热河谷不同岩土组成坡地的降水入渗与林木生长. 中国科学 E 辑：技术科学，33（增刊）：
　　85-93.

于江龙，支玲，杨建荣.2009. 退耕还林工程的可持续性研究综述. 世界林业研究，22（2）：17-21.

余新晓.2012. 小流域综合治理的几个理论问题探讨. 中国水土保持科学，10（4）：22-29.

余新晓，贾国栋.2019. 统筹山水林田湖草系统治理带动水土保持新发展. 中国水土保持，（1）：5-8.

余新晓，牛健植，徐军亮.2004. 山区小流域生态修复研究. 中国水土保持科学，2（1）：4-10.

曾祥福，黄闰泉，葛正明，等.1998. 三峡库区农村复合生态系统植物物种多样性指数. 湖北林业科技，（2）：1-5.

查世煜，李秋洪.1998. 三峡库区坡耕地的水土流失问题与对策. 农业环境与发展，15（2）：30-33，41.

张光辉.2020. 对土壤侵蚀研究的几点思考. 水土保持学报，34（4）：21-30.

张赛，王龙昌.2013. 保护性耕作对土壤团聚体及其有机碳含量的影响. 水土保持学报，27（4）：263-272.

张信宝，安芷生，陈玉德.1998. 半干旱区植被恢复与岩土性质. 地理学报，53（S1）：134-140.

张信宝，陈玉德.1997.云南元谋干热河谷区不同岩土类型荒山植被恢复研究. 应用与环境生物学报，3（1）：13-18.

张信宝，文安邦，张云奇，等.2006. 川中丘陵区小流域自然侵蚀速率的初步研究. 水土保持学报，20（1）：1-5.

张信宝，杨忠，文安邦，等.2001. 微水造林，建设攀枝花市视野区常绿森林植被. 水土保持学报，15（4）：6-9.

张怡，何丙辉，唐春霞.2013. "大横坡+小顺坡"耕作模式对氮及径流流失的影响. 西南师范大学学报（自然科学版），38（3）：
　　107-112.

张智勇，刘广全，艾宁，等.2021. 吴起县退耕还林后主要植被类型土壤质量评价. 干旱区资源与环境，35（2）：81-87.

赵斌.2014. 流域是生态学研究的最佳自然分割单元. 科技导报，32（1）：12.

郑祖俊.2018 . "大横坡+小顺坡"水土保持耕作技术效益研究与应用探讨. 中国标准化，（24）：239-240.

周萍，文安邦，贺秀斌，等.2010a. 三峡库区生态清洁小流域综合治理模式探讨. 人民长江，41（21）：85-88.

周萍，文安邦，张信宝，等.2010b. 坡耕地植物篱在水土保持中的应用. 中国水土保持科学，8（4）：108-113.

朱波，王道杰，孟兆鑫. 2000. 长江上游陡坡耕地退耕还林的思考. 世界科技研究与发展，22（S1）：29-31.

朱波，彭奎，高美荣，等. 2001. 川中丘陵区土地利用变化的生态环境效应——以中国科学院盐亭紫色土农业生态试验站集水区为例. 山地学报，19（S1）：14-19.

朱波，陈实，游祥，等. 2002. 紫色土退化旱地的肥力恢复与重建. 土壤学报，39（5）：743-749.

朱波，罗怀良，杜海波，等. 2004. 长江上游退耕还林工程合理规模与模式. 山地学报，22（6）：675-678.

Lin C W，Tu S H，Huang J J，et al. 2007. Effects of plant hedgerows on soil erosion and soil fertility on sloping farmland in the purple soil area. Acta Ecologica Sinica，27（6）：2191-2198.

Lin C W，Tu S H，Huang J J，et al. 2009. The effect of plant hedgerows on the spatial distribution of soil erosion and soil fertility on sloping farmland in the purple soil area of China. Soil and Tillage Research，105（2）：307-312.

Zhang X B，Wen A B. 2004. Current changes of sediment yields in the upper Yangtze River and its two biggest tributaries. Global and Planetary Change，41（3-4）：221-227.

第6章　长江上游典型农田养分流失规律

养分是陆地生态系统中生物生长与繁殖的必要条件，农田施肥是满足农作物对营养需求的必要措施，是保障作物优质、高产的基础。肥料养分进入土壤，营养元素将经历从土壤到生物，再从生物回到土壤的一个复杂的生物地球化学循环过程。同时，养分在水分作用下，可能迁移出农田生态系统，特别是坡耕地水土流失可能加剧农田养分流失，造成面源污染。

6.1　川中丘陵坡耕地养分流失过程与通量

6.1.1　坡耕地径流、泥沙过程与特征

1. 坡耕地径流分配特征

紫色土区降水丰富，土层浅薄，雨季土壤水分极易蓄满，坡地蓄满产流特征明显，多年平均径流深为206mm，径流系数为23%（表6-1）。由于土质疏松，导水率高，下渗水很快抵达紫色土母质——母岩层，而透水性较弱的紫色泥页岩阻碍了水分继续下渗，迫使水分侧向移动形成壤中流，因此紫色土坡地壤中流极为发育，年均流量为128mm，占雨季径流的62%，远高于地表径流的38%（表6-1）。地表径流、壤中流与降水量之间有良好的对应关系，相关分析表明，产流量与降水量呈极显著线性相关（$R = 0.883$，$P < 0.01$，$N = 13$）。

表 6-1　紫色土坡耕地径流量及其分配特征（2004～2008 年）

年份	降水量/mm			径流量/mm			径流系数
	总量	夏季	冬季	壤中流	地表径流	总量	
2004 年	860	647（75%[a]）	213（25%[a]）	106（54%[b]）	92（46%[b]）	198	23%
2005 年	835	668（80%）	167（20%）	132（62%）	82（38%）	214	26%
2006 年	806	619（77%）	187（23%）	126（51%）	121（49%）	247	31%
2007 年	892	712（80%）	180（20%）	102（69%）	46（29%）	148	17%
2008 年	1024	833（81%）	191（19%）	172（77%）	51（23%）	223	22%
平均	883	696（79%）	188（21%）	128（62%）	78（38%）	206	23%

注：上标 a 表示分项占降水量总量的百分比，上标 b 表示分项占径流量总量的百分比。

2. 坡耕地产沙特征

图 6-1 是坡度为 7° 的坡耕地 2004～2006 年常规施肥条件（NPK）下坡面产沙的年际动态。相关分析表明，产沙量与降水量呈显著线性相关关系（$R = 0.867$，$P < 0.01$，$N = 15$），

回归方程为 $y = 0.7628x + 19.109$（x 为降水量，y 为产沙量）。可见，紫色土坡耕地产沙量随着降水量的增加而增加。紫色土坡地产沙过程随降水过程变化，平均侵蚀强度为 $5.6t/hm^2$。

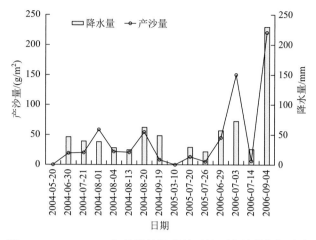

图 6-1　2004～2006 年常规施肥条件下坡面产沙的年际动态

6.1.2　紫色土坡耕地氮素随径流、泥沙迁移过程与通量

1. 地表径流、壤中流中氮素形态与含量特征

1）地表径流氮素形态与含量

分析历次降水产流事件中氮素的形态分配，结果见图 6-2。历次降水产流事件中地表径流硝态氮（NN）含量占总氮（TN）的比例在 8.28%～55.5%，平均为 24.83%；铵态氮（AN）含量占总氮的比例为 3.04%～26.01%，平均为 13.03%；颗粒态氮（PN）占总氮的比例较大，范围为 26.45%～94.23%，平均为 55.16%。可见，PN 为紫色土坡耕地地表径流中氮素含量的主要形态，其次为 NN，AN 含量最低。

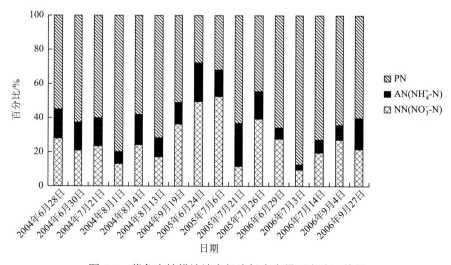

图 6-2　紫色土坡耕地地表径流氮素含量形态分配特征

　　2004～2006 年坡耕地地表径流总氮的平均含量分别为 3.20mg/L、2.33mg/L、3.97mg/L（表 6-2）。其中，NN 平均含量分别为 0.64mg/L、0.81mg/L、0.74mg/L，AN 平均含量分别为 0.16mg/L、0.26mg/L、0.18mg/L。PN 含量较高，3 年平均含量分别为 1.88mg/L、1.28mg/L、2.83mg/L。

表 6-2　2004～2006 年坡耕地地表径流氮素形态及其平均含量　（单位：mg/L）

项目	2004 年		2005 年		2006 年	
	平均浓度	标准差	平均浓度	标准差	平均浓度	标准差
NN	0.64	0.42	0.81	0.36	0.74	0.39
AN	0.16	0.12	0.26	0.16	0.18	0.13
PN	1.88	1.10	1.28	0.56	2.83	1.56
TN	3.20	1.23	2.33	0.56	3.97	1.65

　　注：NN—硝态氮；AN—铵态氮；PN—颗粒态氮；TN—总氮。以下表中英文缩写含义与此表相同。

　　2）壤中流氮素形态与含量特征

　　壤中流中氮素形态主要为 NN、有机态氮（ON）、AN，无 PN，NN 约占 TN 的 80% 以上（表 6-3），ON 占有一定比例，平均约 8%，AN 占 TN 比例不足 1%。而 NN 含量很高，最低 13.69mg/L，最高 31.07mg/L，远高于饮用水安全标准。

表 6-3　紫色土壤中流氮素形态及平均含量　　　　　（单位：mg/L）

项目	2004 年	2005 年	2006 年
NN	19.79±3.42	13.69±2.36	31.07±3.28
AN	0.05±0.02	0.07±0.02	0.05±0.01
ON	1.68±0.33	1.32±0.26	2.13±0.16
TN	21.92±5.31	15.53±3.59	33.37±4.53

　　2. 紫色土地表径流与壤中流氮素迁移过程

　　1）地表径流氮素迁移过程

　　以 2006 年 7 月 3 日地表径流过程为例，分析 TN、PN 随径流的变化（图 6-3）。前期随径流量增大，TN、PN 迅速升高，表明表层土壤累积的氮素迅速流失，到产流后 40min，TN、PN 均达到最高，随后，径流量升高，TN、PN 含量下降，但变化幅度较小。

　　2）壤中流硝态氮迁移过程

　　壤中流中氮素迁移过程实际上是 NN 的迁移过程，NN 随着径流过程的变化先快速上升，然后基本稳定，并能持续较长时间（图 6-4）。典型降水事件中 NN 含量较高，均高于 10mg/L 的饮用水安全标准。

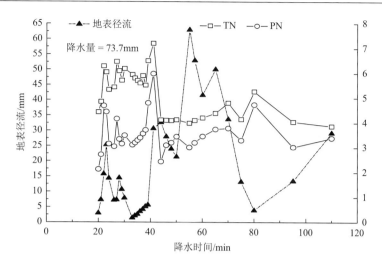

图 6-3　典型暴雨事件地表径流过程中 TN、PN 变化

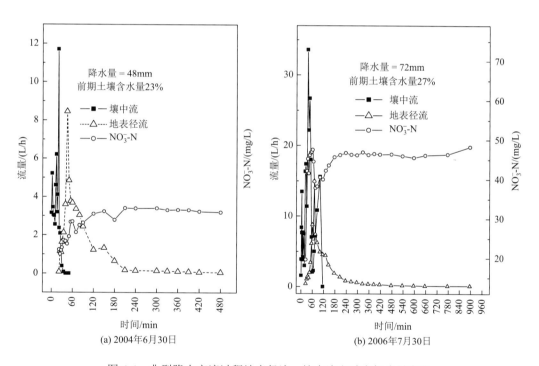

图 6-4　典型降水产流过程地表径流、壤中流和硝态氮含量变化

3. 地表径流与壤中流氮素迁移通量

1）地表径流氮素迁移通量

2004～2006 年监测表明，次降水产流导致的 TN 流失通量为 0.05～0.32g/m²。2004 年、2005 年、2006 年 TN、PN、NN、AN 平均流失量分别为 3.59kg/hm²、2.31kg/hm²、0.82kg/hm²、0.25kg/hm²（表 6-4），氮素流失负荷的年际差异明显，主要是地表流量与浓度差异所致。

表 6-4　地表径流氮素迁移通量　　　　　　　　　（单位：kg/hm²）

项目	2004 年		2005 年		2006 年		平均负荷
	负荷	标准差	负荷	标准差	负荷	标准差	
NN	0.59	0.06	0.68	0.07	1.20	0.32	0.82
AN	0.18	0.02	0.19	0.03	0.39	0.09	0.25
PN	2.63	0.16	1.05	0.05	3.24	0.51	2.31
TN	3.46	0.18	1.92	0.07	5.38	0.92	3.59

2）壤中流 NN 迁移通量

历次降水产流事件的 NN 含量与迁移通量因径流量不同有很大差异，NN 含量呈明显的季节变化特点（图 6-5），每年降水前期，NN 含量较高，因前期旱季降水少，土壤硝酸盐趋于累积，一旦降水产流，积累在土壤剖面的硝酸盐便以很高的浓度涌出。次径流事件的 NN 淋失通量为 0.1～0.3g/m²（图 6-5），计算获得 2004～2006 年壤中流氮素迁移通量（表 6-5），发现壤中流迁移的 TN 分别为 23.2kg/hm²、28.4kg/hm²、42.6kg/hm²，平均为 31.4kg/hm²，而 NN 迁移量为 20.2～39.3kg/hm²，平均为 28.7kg/hm²。

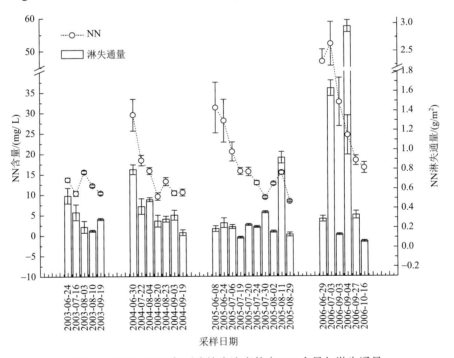

图 6-5　2003～2006 年历次壤中流事件中 NN 含量与淋失通量

表 6-5　壤中流氮素迁移通量　　　　　　　　　（单位：kg/hm²）

项目	2004 年		2005 年		2006 年		平均负荷
	负荷	标准差	负荷	标准差	负荷	标准差	
NN	20.2	2.36	26.6	2.88	39.3	2.96	28.7
AN	0.1	0.02	0.1	0.01	0.1	0.01	0.1

项目	2004 年		2005 年		2006 年		平均负荷
	负荷	标准差	负荷	标准差	负荷	标准差	
ON	1.8	0.16	1.7	0.08	2.7	0.35	2.1
TN	23.2	2.08	28.4	3.92	42.6	5.64	31.4

3）水文路径对紫色土氮素迁移通量的贡献

按照水文路径与养分迁移的关系来划分，可将其分为地表径流、壤中流和泥沙等路径，它们对土壤氮素迁移的贡献有较大差异（表 6-6）。壤中流对坡地氮素迁移通量的贡献为87%～93%，平均 89%，而泥沙的平均贡献为 7%，地表径流的贡献为 3%。可见，壤中流淋失氮是紫色土氮素流失的主体。然而，在常规的面源污染评估之中，仅测定地表径流的氮素损失，而忽略壤中流的测定或仅用固定系数估算，将导致巨大的误差。

表 6-6　水文路径对坡地氮素迁移通量的贡献

项目	2004 年		2005 年		2006 年		平均负荷	
	通量/(kg/hm²)	贡献/%	通量/(kg/hm²)	贡献/%	通量/(kg/hm²)	贡献/%	通量/(kg/hm²)	贡献/%
地表径流	0.8	3	0.9	3	1.7	4	1.1	3
壤中流	23.2	87	28.4	93	42.6	88	31.4	89
泥沙	2.7	10	1.2	4	3.9	8	2.6	7
总量	26.7	100	30.5	100	48.2	100	35.1	100

4. 紫色土氮素迁移的主要影响因素

1）耕作措施对坡地氮素流失的影响

顺坡耕作 TN 平均浓度为 3.09mg/L，横坡耕作 TN 平均浓度为 2.63mg/L，垄沟耕作 TN 平均浓度为 2.56mg/L，聚土免耕 TN 平均浓度为 2.48mg/L。顺坡耕作的 TN 显著高于横坡耕作、垄沟耕作和聚土免耕，而后三种耕作方式之间无显著差异，但总体趋势为聚土免耕＜垄沟耕作＜横坡耕作＜顺坡耕作（图 6-6）。而颗粒态氮（PN）之间的差异更为明显，顺坡耕作的 PN 显著高于横坡耕作、垄沟耕作和聚土免耕，而横坡耕作的 PN 又显著高于垄沟耕作和聚土免耕，可见各耕作方式下 TN 含量的差异主要原因归结于 PN 的变化（图 6-6）。因此，聚土免耕和垄沟耕作或横坡耕作均较常规顺坡耕作能控制坡地氮素流失。

2）施肥方式对坡地氮素流失的影响

表 6-7 列出了 2004～2006 年各施肥处理下地表径流氮素流失量。各处理 TN 年平均流失量在（1.82±0.21）～（7.54±0.85）kg/hm²，占当季施氮量的 1.2%～5.1%。其中，单施氮肥（N）处理 TN 流失量最高，为（7.54±0.85）kg/hm²，单施有机肥处理（OM）TN 流失量次之，为（6.88±0.52）kg/hm²。

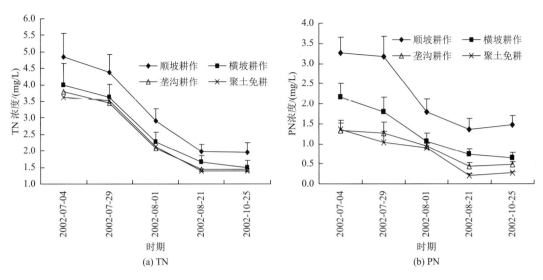

图 6-6　耕作方式对坡地径流中 TN、PN 含量的影响

单施秸秆（RSD）还田处理总氮流失量最低，仅为（1.82±0.21）kg/hm²。但 OM 的总氮流失量仅低于 N 处理，这可能与该施肥方式下的颗粒态氮流失量较高有关（表 6-7）。与 N 相比，氮磷钾配施（NPK）、猪粪配施氮磷钾（OMNPK）处理的总氮流失量分别降低 21.9%、21.5%，说明氮磷钾合理配施、猪粪与氮磷钾混合使用有助于减少土壤氮素地表流失。

表 6-7　各施肥处理下地表径流氮素流失量　　　　　　（单位：kg/hm²）

处理	硝态氮（NN）	铵态氮（AN）	颗粒态氮（PN）	总氮（TN）
N	1.22±0.07	0.37±0.05	6.05±0.52	7.64±0.85（5.1%[a]）
OM	0.61±0.07	0.25±0.04	5.90±0.71	6.88±0.52（4.6%）
RSD	0.43±0.02	0.16±0.01	1.14±0.14	1.82±0.21（1.2%）
NPK	0.69±0.08	0.23±0.02	4.37±0.89	5.89±0.43（4.0%）
OMNPK	0.54±0.02	0.22±0.02	5.14±0.51	5.92±0.65（4.0%）
RSDNPK	0.40±0.01	0.18±0.01	2.84±0.35	3.65±0.41（2.4%）

注：a 表示氮素流失总量占当季施肥量的百分比。N：单施氮肥；OM：单施猪粪；RSD：单施秸秆；NPK：氮磷钾配施；OMNPK：猪粪配施氮磷钾；RSDNPK：秸秆还田配施氮磷钾。

表 6-8 列出了 2004～2006 年各施肥处理的氮素淋失量及其占施肥量的比例。总氮淋失量在（4.05±0.37）～（37.82±0.86）kg/hm²，占当季施氮量的 2.7%～25.2%。其中，单施氮肥（N）方式下总氮淋失量最高，达到（37.82±0.86）kg/hm²，占当季施肥量的 25.2%；氮磷钾配施（NPK）方式下总氮淋失量次之，为（31.43±4.76）kg/hm²；其次为 RSDNPK、OMNPK 处理，分别为（18.92±1.94）kg/hm²、（14.37±0.96）kg/hm²；OM 和 RSD 处理总氮淋失量最低，分别为（4.05±0.37）kg/hm² 与（5.28±0.97）kg/hm²。与 NPK 相比，OMNPK、RSDNPK 处理的总氮淋失量分别降低 54.3%、39.8%。可见，OMNPK 与 RSDNPK 的施肥制度有助于减少坡耕地氮素淋失量。

表 6-8　各施肥处理的氮素淋失总量及其占施肥量的比例

处理	硝态氮（NN）		铵态氮（AN）		总氮（TN）	
	淋失量/(kg/hm²)	比例 [a]/%	淋失量/(kg/hm²)	比例/%	淋失量/(kg/hm²)	比例/%
N	32.17±3.35	21.5	0.21±0.03	0.1	37.82±0.86	25.2
OM	3.45±0.40	2.3	0.25±0.03	0.2	4.05±0.37	2.7
RSD	3.66±0.05	2.4	0.26±0.06	0.2	5.28±0.97	3.5
NPK	28.73±3.54	16.3	0.12±0.01	0.1	31.43±4.76	16.5
OMNPK	12.47±0.29	8.3	0.21±0.02	0.1	14.37±0.96	9.6
RSDNPK	14.97±3.61	10.0	0.26±0.03	0.2	18.92±1.94	12.6

注：a 表示氮素淋失总量占当季施肥量的百分比。

3）坡度对紫色土氮素流失的影响

（1）坡度对径流特征的影响。

通过人工降雨模拟研究不同坡度下紫色土坡耕地径流、泥沙氮素流失特征，表 6-9 列出了模拟降雨中不同坡度坡耕地径流特征。5 种降雨强度条件下，坡度为 5°的壤中流径流深均最高，而随着坡度的增加，壤中流径流深减小。以强度为 19.62mm/h 的模拟降雨为例，5°时地表径流深小于 10°、15°，但壤中流径流深最大，为 7.33mm；坡度为 10°的条件下次之，为 4.83mm；15°时最低，仅为 2.57mm。坡度为 10°、15°条件下的降雨量大于坡度为 5°条件下的降雨量，但壤中流径流深反而变小。由此可见，在降雨条件相同的情况下，紫色土坡地壤中流径流深随坡度的增加而降低。坡向势能是土壤水顺坡向下运动的主要动力。一般情况下，坡度越大，坡向势能也越大。但是，在坡度较大的情况下，降雨还来不及入渗便顺坡流下，坡面地表径流量更大（表 6-9）。

表 6-9　模拟降雨中不同坡度坡耕地径流特征

降雨强度 /(mm/h)	5°		10°		15°	
	地表径流/mm	壤中流/mm	地表径流/mm	壤中流/mm	地表径流/mm	壤中流/mm
19.62	7.79	7.33	9.91	4.83	12.06	2.57
37.42	10.55	16.09	27.42	5.15	35.25	2.97
53.95	27.63	14.51	54.09	4.87	54.47	2.41
74.02	30.86	8.92	84.99	3.13	55.01	2.61
111.69	81.97	8.05	118.48	3.41	108.45	2.42

（2）坡度对地表径流氮素流失过程的影响。

图 6-7 显示不同坡度下坡耕地地表径流氮素流失过程。两种坡度下地表径流产流起始时间差异不大，分别为 45s、50s，但地表径流氮素流失过程差异明显（图 6-7）。5°坡度下，TN 和 PN 浓度变化均呈现先降后升，继而逐渐降低趋于稳定的状态，而 10°坡度下，地表径流中 TN 和 PN 浓度变化均表现为前期变化剧烈，而后出现明显峰值，最后趋于稳定的趋势。两种坡度下，后期地表径流 TN 和 PN 浓度均表现出趋于稳定的趋势。

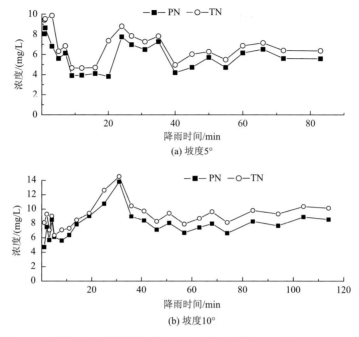

(a) 坡度5°

(b) 坡度10°

图 6-7　不同坡度下坡耕地地表径流氮素流失过程（雨强 53.95mm/h）

（3）坡度对壤中流氮素流失过程的影响。

图 6-8 为不同坡度（5°和 10°）下壤中流 NN 浓度随降雨时间的变化情况，降雨强度恒定为 19.62mm/h。两种坡度下壤中流 NN 浓度变化的趋势基本一致，随降雨历时增加而逐渐增加，一定程度后趋于稳定。但是在坡度为 5°条件下壤中流 NN 浓度的上升趋势非常迅速，而坡度为 10°条件下壤中流 NN 浓度上升趋势较为缓慢。降雨强度相同时，坡度为 5°条件下入渗水量大，基质流产生的时间较坡度为 10°的快，坡度为 5°条件下基质流产生的时间大约为产流后 20min，而坡度为 10°条件下大约为产流后 60min。基质流产生的快慢决定了壤中流 NN 浓度变化的快慢。

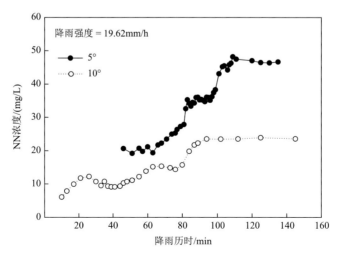

图 6-8　不同坡度下壤中流 NN 浓度变化

（4）坡度对紫色土氮素流失途径的影响。

表 6-10 列出了不同坡度下随地表径流、壤中流迁移的 TN 流失量占总径流流失量的比例。在相同降雨强度条件下，随坡度增加，地表径流 TN 流失量所占的比例越来越大，而壤中流 TN 流失量占总流失量的比例越来越小。大降雨强度（53.95mm/h）条件下，这种趋势表现得更为明显。可见，紫色土坡地壤中流 TN 流失量随坡度的增加而减少。产生这种情况的原因也可能是随着坡度的增加，坡地径流分配发生变化，地表径流增大，壤中流减少，从而导致地表径流 TN 流失量增多，而壤中流 TN 流失量变小。

表 6-10　地表径流、壤中流迁移的 TN 流失量占总径流流失量的比例

降雨强度 /(mm/h)	5°		10°		15°	
	地表径流/%	壤中流/%	地表径流/%	壤中流/%	地表径流/%	壤中流/%
19.62	11.90	88.10	26.00	74.00	57.39	42.61
34.72	16.61	83.39	40.15	59.85	75.91	24.09
53.95	19.06	80.94	58.53	41.47	88.41	11.59

4）降水对紫色土氮素流失的影响

（1）降水量的影响。

利用回归分析方法，对常规处理 2004～2006 年地表径流流失量、壤中流流失量与降水量进行统计分析（图 6-9）。结果表明，地表径流 TN 流失量与降水量呈显著线性相关，其回归方程为 $y = 0.0116x - 0.0955$（$R^2 = 0.9518^{**}$，$N = 23$；y 为总氮流失量，x 为降水量）。壤中流总氮流失量与降水量也呈显著线性相关，其回归方程为 $y = 0.1537x - 2.365$（$R^2 = 0.818^{**}$，$N = 17$；y 为总氮流失量，x 为降水量）（图 6-9）。可见，紫色土坡耕地 TN 迁移受降水量影响较大，地表径流、壤中流流失量均随降水量的增加而增加。

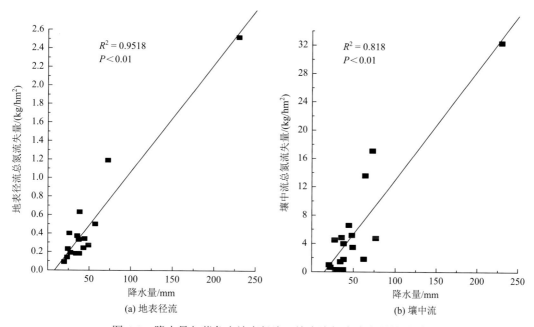

图 6-9　降水量与紫色土地表径流、壤中流氮素流失量的关系

（2）降雨强度对地表径流氮素迁移的影响。

图 6-10 为暴雨（降雨强度为 74.02mm/h）和小雨（降雨强度为 19.62mm/h）条件下坡耕地地表径流氮素流失过程。两场降雨坡度均为 10°，试验前期土壤含水量基本相近。由图可见，暴雨条件下地表径流产流起始时间明显快于小雨。两种降雨强度下坡耕地 TN 和 PN 含量的变化过程表现出不同的趋势，暴雨中 TN 和 PN 含量前期变化剧烈，而后逐渐下降至降雨结束（图 6-10）。相对于暴雨过程，小降雨强度条件下地表径流 TN 和 PN 含量峰值变化明显，基本呈前期逐渐升高，后期逐渐下降，最后趋于稳定的趋势。

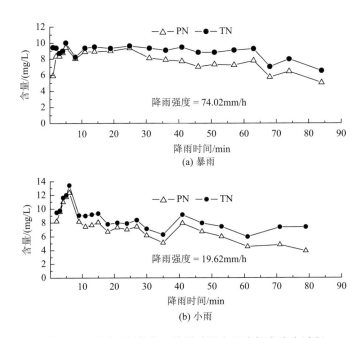

图 6-10　不同雨强条件下坡耕地地表径流氮素流失过程

（3）降雨强度对壤中流氮素淋失的影响。

图 6-11 为 19.62mm/h、34.72mm/h、53.95mm/h 3 种降雨强度条件下坡地（5°）壤中流 NN 浓度随降雨时间的变化过程。小降雨强度（19.62mm/h）条件下，产流初期（前 20min）壤中流 NN 的浓度变化较小，基本稳定在 20mg/L 上下，而后逐渐上升，直至降雨结束。降雨结束后壤中流 NN 浓度略有降低，但基本保持稳定。中等降雨强度（34.72mm/h）条件下，产流初期 NN 浓度较低，而后逐渐上升，至 66min 时达到 40.43mg/L，之后 NN 浓度出现回落，至 88min 时浓度为 35.44mg/L，随后再次出现上升的趋势，至采样结束时达到 45.83mg/L。大降雨强度（53.95mm/h）条件下，壤中流 NN 浓度随降雨时间呈明显的线性上升趋势，第 54min 后，NN 浓度基本达到稳定。

图 6-12 为坡度 5°坡地在 5 种降雨强度下壤中流 NN 的淋失特征。5 种降雨强度条件下坡地 NN 淋失量的大小顺序为 34.72mm/h＞53.95mm/h＞19.62mm/h＞74.02mm/h＞111.19mm/h。其中，34.72mm/h 的降雨中壤中流 NN 淋失量最高，为 3.80g；53.95mm/h 的降雨次之，淋失量为 3.17g；111.19mm/h 的降雨 NN 淋失量最低，仅有 1.19g。与 19.62mm/h

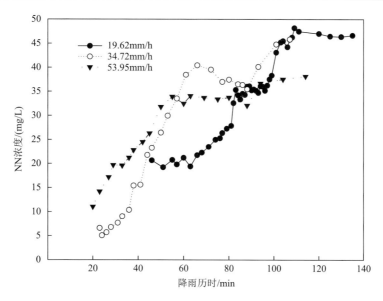

图 6-11　不同雨强下坡地（5°）壤中流 NN 浓度随降雨时间的变化过程

的降雨相比，34.72mm/h 和 53.95mm/h 时壤中流 NN 浓度明显偏低，但 NN 淋失量明显高于 19.62mm/h。可见，这三场降雨中壤中流径流量的大小是决定 NN 淋失量的主要因素，降雨强度通过影响壤中流径流量来影响 NN 淋失量。相反，在降雨强度为 111.19mm/h、壤中流径流量高于 19.62mm/h 时，NN 淋失量低于后者，此时 NN 的浓度对 NN 淋失量的贡献大于壤中流径流量。

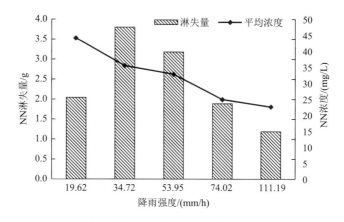

图 6-12　坡度 5°坡地在 5 种雨强下壤中流 NN 的淋失特征

5）土层厚度对坡耕地氮素流失的影响

5 种土层厚度 TN 年淋失量大小顺序为 20cm＞40cm＞60cm＞80cm＞100cm（图 6-13）。土层越薄，淋失量越高，20cm、40cm 土层坡地 TN 淋失均超过 40kg/hm²。80cm、100cm 以上土层厚度的坡地氮素淋失量差异不显著。从土层厚度而言，紫色土 80cm 土层可能是控制氮素淋失的关键。

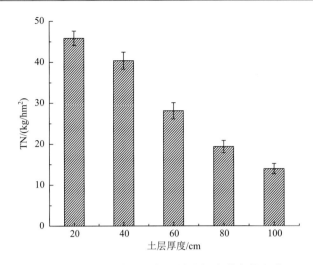

图 6-13　土层厚度对紫色土坡地氮素淋失的影响

5. 小结

壤中流对紫色土坡地氮素流失量的贡献在 87%～93%，平均为 89%，而泥沙的平均贡献为 7%，地表径流的贡献为 4%。可见，壤中流淋失氮是紫色土氮素流失的主体。然而，常规的面源污染评估仅测定地表径流的氮素损失，而忽略壤中流的测定或仅用固定系数估算，这将导致巨大的误差。

聚土免耕和横坡种植具有较好的养分保持功能。而不同施肥方式的田间对比试验结果发现，有机肥或秸秆还田与化肥配施（OMNPK、RSDNPK）方式下的紫色土坡耕地 TN 的流失量最低，有机肥或秸秆还田与化肥氮磷钾混合施用可有效控制紫色土坡地氮的流失，控制紫色土氮素流失的机制在于对壤中流氮素流失的减控。模拟降雨实验还表明，降雨、坡度、植被、土层均对紫色土坡地氮素流失造成显著影响，其影响也分别体现在对地表流失和壤中流流失氮的影响上。

6.1.3　紫色土磷随径流、泥沙的迁移过程与通量

1. 土壤磷随地表径流的迁移过程与通量

1）土壤磷随地表径流迁移过程

选取 2004 年 6 月 30 日的一次典型暴雨过程，分析紫色土坡耕地的磷素径流迁移过程。该次降雨的 30min 最大降雨强度为 19.8mm/h，累计降雨量为 46.5mm。图 6-14 反映了常规施肥（NPK）小区的地表径流过程中的磷素含量变化。产流过程中总磷（TP）与颗粒态磷（PP）的时间-浓度曲线一直比较接近，分析表明此次产流过程中 TP 与 PP 呈极显著的正相关（$R = 0.961^{**}$，$N = 12$），说明泥沙结合态是暴雨下紫色土坡耕地磷随地表径流迁移的最主要形式。在产流的最后阶段，径流溶解态总磷（DTP）的时间-浓度曲线与 TP 的几乎重合，说明后期降雨减少，径流已没有足够的挟沙能力，径流中磷以溶解态为主。

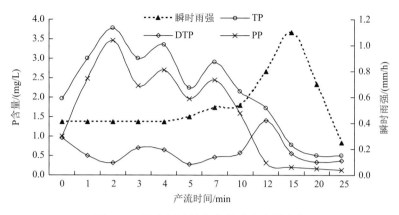

图 6-14　地表径流过程中的磷素含量变化

2）紫色土磷随地表径流迁移的形态与负荷

常规施肥（NPK）小区在 2004～2006 年随地表径流迁移的磷含量动态见图 6-15。紫色土坡耕地磷素流失主要发生在每年的 6～9 月，其中 7 月、8 月最多，也是该区降水最充沛的时期。历次降水产流事件中，次降水都在 20mm 以上，所以 20mm 降水量对该区的产流及养分流失有一定指示作用。但是降水量与地表径流磷含量并没有显著的相关关系，原因在于径流磷输出浓度主要取决于土壤侵蚀过程及水、土界面的物理化学过程，其主要影响因子是地表径流流量、流速以及当时的土壤理化条件，而不只是降水量。另外，玉米的生育期横跨雨季，在这期间作物的生物性状与土壤理化性质一直处于动态变化之中，所以在作物不同生育阶段，降水量对磷素流失的贡献不同。

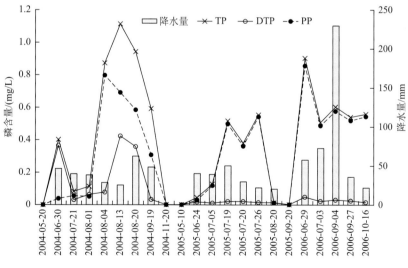

图 6-15　NPK 小区在 2004～2006 年随地表径流迁移的磷含量动态

三年的试验结果表明，地表径流 PP 的三年平均浓度达到了 0.45mg/L，三年平均负荷为 0.45kg/hm²，DTP 的三年平均浓度达到了 0.09mg/L，三年平均负荷为 0.09kg/hm²（表 6-11）。磷负荷是化学因素（磷含量）与水文因素（径流量）共同作用的结果。地表径流中 PP 负荷主要取决于土壤侵蚀过程,而 DTP 负荷不但受土壤养分与水流的物理化学过程影响,而且很大程度取决于径流量的大小。

表 6-11　NPK 处理的地表径流磷浓度及负荷

项目	2004 年平均		2005 年平均		2006 年平均		单次最高浓度/(mg/L)	单次最大负荷/(kg/hm²)	三年平均浓度/(mg/L)	三年平均负荷/(kg/hm²)
	浓度/(mg/L)	负荷/(kg/hm²)	浓度/(mg/L)	负荷/(kg/hm²)	浓度/(mg/L)	负荷/(kg/hm²)				
TP	0.58	0.54	0.40	0.15	0.61	0.92	1.11	0.25	0.53	0.54
PP	0.37	0.34	0.38	0.14	0.59	0.87	0.80	0.15	0.45	0.45
DTP	0.21	0.20	0.02	0.01	0.03	0.05	0.42	0.09	0.09	0.09
DPP	0.18	0.17	0.01	0.00	0.01	0.04	0.39	0.09	0.07	0.07

注:磷各形态平均负荷皆为当年历次产流降雨的累加值,单次指次降雨。

2. 紫色土磷随壤中流迁移过程与通量

1)迁移过程

仍然以 2004 年 6 月 30 日的典型暴雨过程为例,分析紫色土坡耕地磷随壤中流径流的迁移过程。图 6-16 为 NPK 小区 2004 年 6 月 30 日壤中流磷素含量变化过程。现场采集的壤中流水样较为清澈,泥沙极少,初步认定随壤中流迁移的磷仅为溶解态,即 DTP,其具体化学形态是磷酸盐(PO_4^{3-}-P)与溶解性有机磷(DOP)。原因可能是土体内水流动力较小,而土壤内部阻力较大,泥沙磷难以随壤中流迁移。

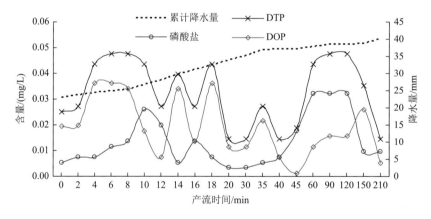

图 6-16　NPK 小区 2004 年 6 月 30 日壤中流磷素含量变化过程

2)含量与负荷

NPK 小区 2004~2006 年随壤中流迁移的磷含量动态见图 6-17。农田磷素随壤中流迁移的主要时段仍然是该区降水最充沛的 6~9 月。以 NPK 为例,三年的试验结果表明,壤中流 DTP 的平均浓度达到了 0.03mg/L,三年平均负荷为 0.04kg/hm²(表 6-12)。壤中流中磷含量与壤中流流量共同控制了随壤中流迁移的磷负荷,其实质是土体内径流与土壤磷的相互作用。此外,土壤磷的形态组成也影响磷的解吸与溶出。2004 年的壤中流磷流失发

生次数少，但是单次流失负荷较大。相反，2005 年壤中流发生频繁，但单次流失负荷较
小，这可能也是年际降水差异造成的。

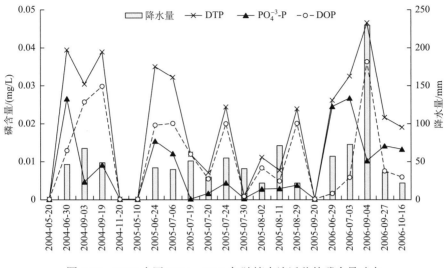

图 6-17　NPK 小区 2004～2006 年随壤中流迁移的磷含量动态

表 6-12　NPK 处理的壤中流磷浓度及负荷

项目	2004 年平均		2005 年平均		2006 年平均		单次最高浓度/(mg/L)	单次最大负荷/(kg/hm²)	三年平均浓度/(mg/L)	三年平均负荷/(kg/hm²)
	浓度/(mg/L)	负荷/(kg/hm²)	浓度/(mg/L)	负荷/(kg/hm²)	浓度/(mg/L)	负荷/(kg/hm²)				
DTP	0.046	0.042	0.012	0.015	0.03	0.07	0.039	0.019	0.03	0.04
DPP	0.011	0.01	0.002	0.004	0.02	0.03	0.026	0.004	0.01	0.01
DOP	0.029	0.027	0.007	0.009	0.01	0.04	0.03	0.016	0.02	0.03

注：磷各形态平均负荷皆为当年历次产流降水的累加值，单次指次降雨。

3）紫色土磷流失途径比较

表 6-13 反映了紫色土坡耕地土壤磷素在地表径流、壤中流和泥沙三种途径下的流失
分配。磷流失负荷的顺序为泥沙迁移＞地表径流迁移＞壤中流迁移，其中泥沙磷所占比例
为 66.7%。地表径流中可溶性磷以 PO_4^{3-}-P 为主，而壤中流磷以可溶性有机磷为主。

表 6-13　不同迁移途径下的磷素流失

迁移途径	年径流量/mm	径流比例/%	年平均含量/(mg/L)	年平均负荷/(kg/hm²)	负荷比例/%	PO_4^{3-}/DTP
泥沙	—	—	0.45	0.24	66.7	—
地表径流	98.3	44.3	0.09	0.08	22.2	0.85
壤中流	121.3	55.7	0.03	0.04	11.1	0.25
合计	219.6	100	0.57	0.36	100	1.1

注：表中径流量、含量、负荷皆为三年的平均值。

3. 紫色土坡地磷素迁移的主要影响因素

1）耕作措施对紫色土磷素流失的影响

顺坡耕作、横坡耕作、垄沟耕作和聚土免耕的 TP 平均浓度分别为 0.43mg/L、0.33mg/L、0.26mg/L、0.22mg/L。顺坡耕作的 TP 显著高于横坡耕作、垄沟耕作和聚土免耕，耕作对 TP 流失的影响总体呈现出聚土免耕＜垄沟耕作＜横坡耕作＜顺坡耕作。而颗粒态磷（PP）之间的差异更为明显，顺坡耕作的 PP 显著高于横坡耕作、垄沟耕作和聚土免耕，而横坡耕作的 PP 又显著高于垄沟耕作和聚土免耕，因此，聚土免耕和垄沟耕作或横坡耕作均较常规顺坡耕作能较好控制坡地磷流失。

2）施肥方式对紫色土磷素流失的影响

（1）施肥方式对地表径流磷素流失的影响。

表 6-14 列出了 2004～2006 年各处理地表径流磷素年平均流失量。各处理 TP 年平均流失量在 0.369～0.878kg/hm^2。其中，单施氮肥处理 TP 流失量最高，为 0.878kg/hm^2，氮磷配施处理 TP 流失量次之，为 0.675kg/hm^2，其次为氮磷钾配施（NPK）、农家肥配施氮磷钾处理，秸秆还田配施氮磷钾处理 TP 流失量最低，仅为 0.396kg/hm^2。与单施氮肥相比，NP 处理、NPK 处理、OMNPK 处理、RSDNPK 处理 TN 流失量分别降低 23.1%、39.4%、38.5%、54.9%，这说明氮磷钾合理配施、增施有机肥均有助于减少坡耕地地表径流磷素流失量，而 RSDNPK 的效果最佳。

表 6-14　2004～2006 年各处理地表径流磷素年平均流失量　　（单位：kg/hm^2）

处理	DP		PP		PO_4^{3-}-P		TP	
	通量	标准差	通量	标准差	通量	标准差	通量	标准差
N	0.072	0.007	0.724	0.250	0.055	0.011	0.878	0.116
NP	0.064	0.006	0.532	0.110	0.054	0.012	0.675	0.023
NPK	0.058	0.003	0.474	0.150	0.056	0.004	0.532	0.021
OMNPK	0.062	0.020	0.477	0.150	0.039	0.005	0.540	0.016
RSDNPK	0.027	0.002	0.369	0.120	0.024	0.005	0.396	0.008

（2）施肥方式对壤中流磷素形态与含量的影响。

表 6-15 列出了 2004～2006 年各处理壤中流磷素年平均含量及其流失通量。各处理总磷含量为（0.028±0.006）～（0.032±0.008）mg/L，差异并不明显。各处理 TP 年平均流失量为（0.035±0.007）～（0.058±0.015）kg/hm^2，差异也不显著。表明施肥方式不能控制紫色土坡耕地壤中流磷素的淋失。这主要是由于磷素主要被土壤颗粒吸附固定，难以溶解在水中随壤中流迁移。

表 6-15　2004～2006 年各处理壤中流磷素年平均含量及其流失通量

处理	TP		PO$_4^{3-}$-P	
	平均含量/(mg/L)	通量/(kg/hm²)	平均含量/(mg/L)	通量/(kg/hm²)
N	0.028±0.006	0.039±0.006	0.005±0.002	0.009±0.003
NP	0.032±0.008	0.035±0.007	0.009±0.003	0.009±0.002
NPK	0.028±0.008	0.047±0.014	0.010±0.004	0.013±0.004
OMNPK	0.031±0.009	0.054±0.017	0.012±0.004	0.015±0.008
RSDNPK	0.028±0.007	0.058±0.015	0.009±0.004	0.015±0.006

3）坡度对紫色土磷素流失的影响

模拟物种坡度 5°、10°、15°、20°、25°对磷素养分流失的影响，以中雨（19.62mm/h）强度为例分析（图 6-18）。结果表明，地表径流泥沙磷、地表径流 DTP 的历时随坡度增加有增大的趋势，但是陡坡（25°）的流失率有所下降，说明在 20°～25°存在一个临界坡度，当坡面坡度小于该临界坡度时，磷素流失随坡度增大而增大，而当大于此坡度时，磷素流失则随坡度的增大而减小。胡世雄和靳长兴（1999）认为 22°是坡面泥沙侵蚀的临界坡度，本试验将该临界坡度用于磷素流失，结论较为吻合。

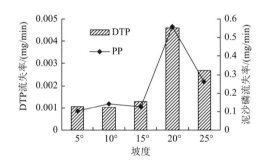

图 6-18　坡度对农地地表磷流失影响
（降雨强度 = 19.62mm/h）

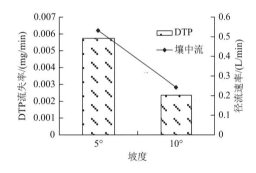

图 6-19　坡度对壤中磷流失影响
（降雨强度 = 111.7mm/h）

坡度对壤中流磷的流失同样具有很大影响，主要是坡度越陡，越有利于地表径流的产生与流失，而雨水下渗越少，壤中流的产流量也必然减少。试验结果表明，10°以上的陡坡，无论是中雨还是特大暴雨（降雨时间一般在 1h 内），都没有壤中流产生。缓坡延缓了径流的移动速度，更利于雨水入渗，所以坡度 5°小区的壤中流产流量比坡度 10°大，其壤中流磷的流失量也更大（图 6-19）。壤中流径流速率大小与壤中流 DTP 流失率大小有很好的对应关系，再次印证了磷素随壤中流流失主要取决于径流量的结论。

4）降水对紫色土磷素流失的影响

（1）降雨强度的影响。

PP 迁移量取决于产沙量，而产沙量又取决于径流量，因此，泥沙磷累积流失量曲线与地表径流量累积曲线趋势相近（图 6-20 和图 6-21），相关分析表明，相同时段泥沙磷流失量与时段径流量呈显著正相关（$R = 0.741^*$，$N = 26$），说明径流量控制泥沙量，进而决定了泥沙磷流失量，而径流量由降雨强度及降雨时间共同决定。

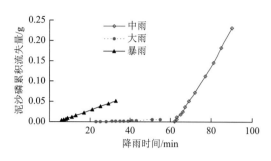

图 6-20　不同雨强下的泥沙磷累积流失量线

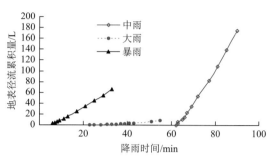

图 6-21　不同雨强下的地表径流累积量线

（2）降水量的影响。

2004 年 8 月及 2005 年 7 月的地表径流磷流失负荷均明显高出其余月份，这两个月的降水量也为当年最大。相反，2004 年 7 月及 2005 年 6 月的降水量皆为当年最小，其地表径流磷素负荷也是最小。2005 年的壤中流磷月流失负荷大小与当月降水量多少也有很好的对应关系，但是 2004 年 8 月虽然降水量大，降雨强度也较大，大部分降水以地表径流形式损失，所以壤中流磷损失反而不多（表 6-16）。

表 6-16　雨季各月的磷流失负荷

日期	降水量 /mm	地表径流磷素负荷/(kg/hm²)			壤中流磷素负荷 /(kg/hm²)
		TP	DTP	PP	DTP
2004 年 6 月	114.5	0.044	0.039	0.013	0.006
2004 年 7 月	60.9	0.008	0.003	0.005	—
2004 年 8 月	250.8	0.450	0.151	0.298	—
2004 年 9 月	140.9	0.035	0.003	0.032	0.031
2005 年 6 月	117.4	0.003	0.001	0.002	—
2005 年 7 月	256.4	0.147	0.006	0.142	0.007
2005 年 8 月	150.8	—	—	—	0.006

（3）降水侵蚀力的影响。

单一雨强、雨量或降水动能指标都不能完全反映次降水的所有特性。Wischmeier 提出的降水侵蚀力指标（R）能表达出次降雨的总量与强度特点，较好刻画出自然暴雨的降水特性。降水侵蚀力可以表征土壤侵蚀的潜能，同时，由于土壤颗粒表面吸附了大量可溶性磷，土壤颗粒又随降水径流迁移，所以坡地农田土壤磷素流失与降水侵蚀力也有密切的关系。降水侵蚀力由公式 $R = EI_{30}$ 计算得出，其中，E 是降水动能；I_{30} 是最大 30min 雨强。由于 EI_{30} 和 PI_{30} 高度相关，降水动能用产流基本结束前的累计降水量（P）代替。

以坡度为 10° 的农地小区为例，分析降水侵蚀力对地表径流磷流失的影响（图 6-22）。结果表明，地表径流泥沙磷的流失率大致上随降水侵蚀力的增大而增大，而地表 DTP 的流失也有增大趋势。

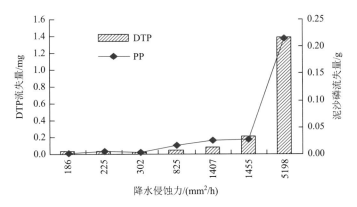

图 6-22　降水侵蚀力对坡耕地（花生）地表磷流失影响

5）地表植被覆盖的影响

模拟降水试验中设置了两种地表覆盖方式：裸地及农地花生（覆盖度约为 80%）。结果表明，裸地的地表径流 DTP 流失率大大高出农地花生，尤其是在陡坡上（图 6-23）。实际上，裸地未施肥，而农地的施磷量为 $90kgP_2O_5/hm^2$，形成这种反差的原因是裸地产流汇流快，径流量大，径流与表土的作用充分，因此单位降水时间内的 DTP 流失率显著高于农地。同样，裸地泥沙磷的流失也比农地花生严重得多（图 6-24），高达数十倍，而这种差异在陡坡上更为明显。因泥沙结合态是坡地磷素主要的迁移形式，地表覆盖显著影响土壤侵蚀强度，进而影响泥沙磷的迁移。

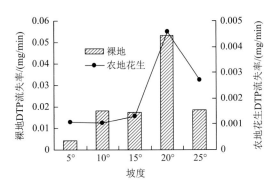 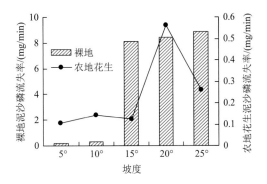

图 6-23　地表覆盖对 DTP 流失影响　　　　　图 6-24　地表状况对泥沙磷流失影响
（降雨强度 = 19.6mm/h）　　　　　　　　　（降雨强度 = 19.6mm/h）

暴雨下，降雨强度为绝对的优势因子，地表覆盖的影响被弱化，裸地、有覆盖下的产流时间与径流量趋于接近，因此，裸地与农地间的地表径流 DTP 差异减小（图 6-25 和图 6-26），该趋势在陡坡地上表现得更为明显，甚至出现了农地 DTP 流失率比裸地还高的现象。

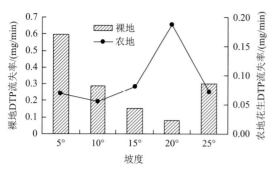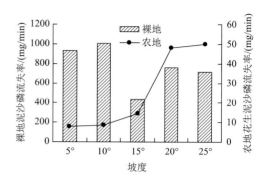

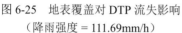

图 6-25　地表覆盖对 DTP 流失影响　　　　　图 6-26　地表状况对泥沙磷流失影响
（降雨强度 = 111.69mm/h）　　　　　　　　（降雨强度 = 111.69mm/h）

　　植被覆盖对壤中流磷的流失影响显著。自然降雨试验中，壤中流 DTP 流失量与平均株高也有极显著的负相关关系（$R = -0.723$，$N = 12$，$P < 0.01$）。在玉米试验中，壤中流出现频率较高的降雨情形是小降雨强度下的连续降雨，此时作物枝叶对雨滴的截获越强，到达地表的雨水就越少，入渗的雨水自然也就越少，而壤中流磷的流失主要取决于土体内水流的大小，所以地上生物量对壤中流磷流失就有明显的负影响。

6.2　金沙江干热河谷稻菜轮作农田养分流失特征

　　金沙江干热河谷地处四川盆地周边低山峡谷区，其中，安宁河流域因自身丰富的自然资源和特殊的地理优势，成为长江上游农业资源最独特、最有优势的地区，是四川省、云南省的重要粮仓（邵秋芳，2016）。同时，金沙江流域是长江上游重要的生态屏障，也是四川省农田面源污染防治的重点区域。金沙江流域地质构造复杂，生态环境脆弱，加之矿产、水电、农牧业资源的不合理开发利用，流域内生态环境问题突出。已有研究表明，金沙江特别是下游的安宁河水体 NO_3^- 主要来源于农业活动（廖程等，2020）。稻菜轮作是金沙江下游特别是安宁河流域最主要的轮作制度，安宁河地区施肥方式与其他地区存在显著差异，蔬菜季大量施肥、水稻季不施肥，且蔬菜季单季施氮量高达 $500kg/hm^2$。过量施肥可能造成农田土壤中的氮素大量累积，当降水、持续灌溉等发生时，极易随地表径流或淋溶过程迁移进入受纳水体而造成水体富营养化及地下水硝酸盐污染。

6.2.1　稻菜轮作农田养分地表径流流失特征

1. 田面水氮素浓度动态变化

　　田面水氮素浓度动态变化见图 6-27。田面水 TN 浓度在稻田灌水后达到峰值，为10.59mg/L，前 4d 总氮浓度急速下降，5 月 22 日 TN 浓度降低为 5.59mg/L，与峰值相比降低了 47.21%，5 月 26 日田面水 TN 浓度为 5.65mg/L，降至峰值的 53.35%。可以看出，前 10d 是田面水 TN 浓度变化的关键时期。田面水 TN 浓度在 6 月 30 日（稻田灌水后第 43d）下降减缓，TN 浓度为 2.87mg/L，降至峰值的 27.1%并趋于稳定，在第 64d（7 月 21 日）达到最低值，为 2.01mg/L，此后至稻田放水前 TN 浓度有一个小幅度的增加。

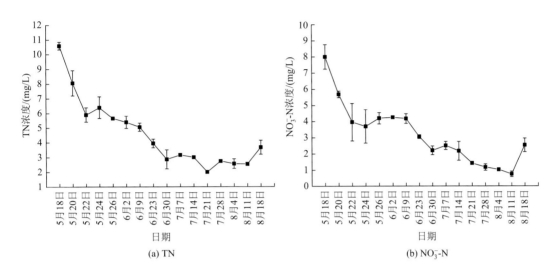

(a) TN　　　　　　　　　　　　　(b) NO_3^--N

图 6-27　田面水氮素浓度动态变化

与总氮浓度变化趋势一致，田面水 NO_3^--N 浓度在灌水后出现极大值，为 8.00mg/L，前 10d NO_3^--N 浓度急速下降，至 5 月 26 日田面水 NO_3^--N 浓度下降为 4.26mg/L，与 5 月 18 日相比下降了 46.75%。此后，田面水 NO_3^--N 浓度继续下降，8 月 11 日 NO_3^--N 浓度出现最小值，为 0.75mg/L，在 8 月 18 日田面水 NO_3^--N 浓度有一个小增幅，这是因为 8 月 12～18 日持续降水，其中 18 日降水量为 37.60mm，对稻田土壤造成一定的扰动，导致田面水中 NO_3^--N 浓度增加。

2. 地表径流氮素浓度动态变化

径流中 TN、NO_3^--N 浓度均呈现先下降再升高的趋势（图 6-28）。第一次采集径流在 5 月 23 日，TN 浓度较高，为 5.46mg/L。径流 TN 浓度最大值出现在 6 月 14 日，为 8.50mg/L，此后 TN 浓度开始下降，6 月 30 日～7 月 18 日采集的 4 次径流水样 TN 浓度差异不显著，7 月 18 日径流水样 TN 浓度出现最小值，为 2.30mg/L，此后采集的径流水样 TN 浓度有升高的趋势。径流中 5 月 23 日 NO_3^--N 浓度较高，为 3.66mg/L，与总氮浓度变化趋势一致，NO_3^--N 浓度在 6 月 14 日最高，为 6.49mg/L，此后 NO_3^--N 浓度开始下降，在 6 月 30 日～8 月 9 日采集的水样中 NO_3^--N 浓度变化不大，最小值出现在 7 月 27 日，为 1.31mg/L，在 8 月 17 日 NO_3^--N 浓度再次上升。6 月 14 日径流中氮浓度突然增加，这是因为 6 月 9 日晚上米易刮风加下雨，样地上方田块的田面水冲到样地里，所以 6 月 14 日采集的径流中 TN、NO_3^--N 浓度突增，其中，TN、NO_3^--N 变化趋势最明显，说明硝态氮是该地区径流中无机氮的主要形态。田面水中的氮素是稻田径流的主要来源，径流氮素变化趋势与田面水基本一致。

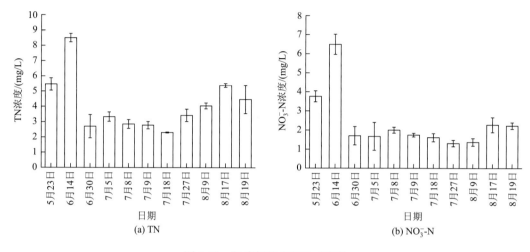

图 6-28　径流氮浓度的动态变化

3. 地表径流氮素流失量变化

水稻季降水较多，水稻 5 月 17 日种植，8 月 22 日放水晒田，共采集了 11 次径流，平均每次径流量为 36.37L/m²。5 月 23 日 TN 流失量较高，为 3.41kg/hm，占 TN 累积流失量的 17.59%，6 月 14 日 TN 流失量最大，为 3.51kg/hm²，占 TN 累积流失量的 18.09%。此后 TN 流失量显著降低，采集的几次水样的 TN 流失量变化不明显，7 月 27 日 TN 流失量开始上升，这与径流中 TN 浓度变化趋势一致（图 6-29）。与总氮一致，NO₃⁻-N 流失量在 5 月 23 日出现较大值，为 1.64kg/hm²，占 NO₃⁻-N 累积流失量的 12.14%，NO₃⁻-N 流失量在 6 月 14 日出现最大值，为 2.25kg/hm²，占 NO₃⁻-N 累积流失量的 16.66%。此后 NO₃⁻-N

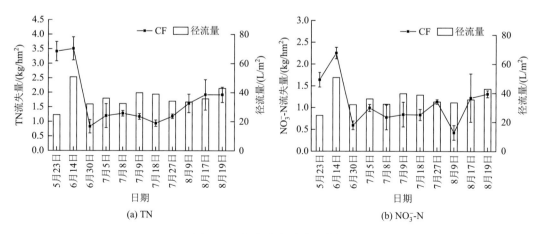

图 6-29　氮素流失量动态变化

流失量开始下降，8 月 9 日 NO_3^--N 流失量出现最小值，为 0.43kg/hm²，NO_3^--N 流失量在 8 月 17 日开始有上升趋势。5 月 23 日氮素流失量大主要是因为施肥积累在蔬菜季，水稻季不施肥，在水稻季灌水后径流中氮素浓度最高。

6.2.2 稻菜轮作农田氮素淋失特征

1. 淋溶液中氮素浓度变化

土壤淋溶液中氮素浓度变化见图 6-30。淋溶水样中 TN 浓度呈现先急速下降后趋于平稳的趋势，淋溶水样中 TN 浓度在稻田灌水后达到峰值，为 35.12mg/L，前 10d TN 浓度持续下降，10d 后淋溶水样中 TN 浓度为 3.19mg/L，各处理降至峰值的 9.08%以下。淋溶水样 TN 浓度在关水后第 10d 后趋于稳定，并维持在 0.30~2.14mg/L。与 TN 趋势一致，淋溶液 NO_3^--N 浓度在稻田灌水后达到峰值，为 24.19mg/L，前 10d NO_3^--N 浓度持续下降，10d 后淋溶水样中 NO_3^--N 浓度为 1.86mg/L，各处理降至峰值的 7.69%以下。不同施肥淋溶水样 NO_3^--N 浓度在关水后第 10d 后趋于稳定，并维持在 0.02~1.05mg/L。

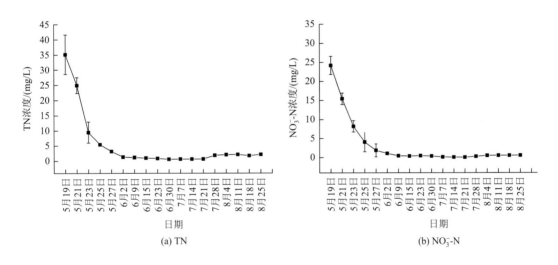

(a) TN

(b) NO_3^--N

图 6-30 淋溶液中氮素浓度变化

2. 氮素淋失量

土壤淋溶液氮素淋失量变化见图 6-31。从图中可以看出，前 10d TN 累积淋失量变化较大，中间时段的 TN 累积淋失量增加趋势不明显，从 8 月 4 日开始 TN 累积淋失量增加趋势较明显。NO_3^--N 累积淋失量变化与 TN 一致，前期增加趋势明显，这与前期浓度较高有关。

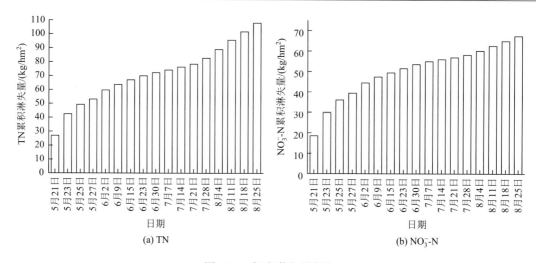

图 6-31　氮素淋失量变化

6.2.3　施肥方式对农田氮素累积和流失的影响

1. 不同施肥方式下土壤氮素累积特征

蔬菜季种植前各施肥方式下的土壤硝态氮、铵态氮累积量不存在显著差异，分别在 77.39～89.97kg/hm² 、99.15～108.04kg/hm²（表 6-17）。蔬菜季收获后（水稻种植前）不施肥处理硝态氮和铵态氮累积量显著低于其他三种处理方式，优化施肥处理硝态氮和铵态氮累积量显著低于常规施肥处理。其中，有机肥替代和减量施肥处理较常规施肥处理硝态氮累积量降低 46.95% 和 48.53%，铵态氮累积量降低 29.65% 和 31.77%，表明优化施肥能显著降低土壤氮素累积量。水稻收获时各施肥处理硝态氮、铵态氮累积量在 6.42～17.75kg/hm² 、93.77～124.29kg/hm² 。

表 6-17　不同施肥处理氮素累积量　　　　　　（单位：kg/hm²）

日期	累积量	不同处理			
		常规施肥（CF）	有机肥替代（KF）	减量施肥（BMP）	不施肥（CK）
蔬菜季种植前	硝态氮	89.25±10.98a	89.97±6.31a	84.36±5.12a	77.39±4.94a
水稻种植前	硝态氮	344.78±45.26a	182.92±12.53b	177.46±10.46b	79.34±16.41c
水稻收获时	硝态氮	15.03±0.84a	17.75±0.63a	16.38±0.96a	6.42±2.45b
蔬菜季种植前	铵态氮	108.04±6.82a	103.51±15.31a	99.15±7.50a	104.11±10.99a
水稻种植前	铵态氮	184.95±17.74a	130.12±5.03b	126.19±11.37b	99.57±7.11b
水稻收获时	铵态氮	118.12±7.36a	124.29±8.31a	120.46±10.66a	93.77±17.35a

注：不同字母表示同一时间不同处理间差异显著（$P<0.05$）。

有机-无机肥配施能有效减少旱地土壤氮素累积（党廷辉等，2003）。汪涛等（2010）研究发现，增施农家肥和秸秆后紫色土坡耕地土壤中硝酸盐含量未见明显的累积过程，且渗滤液总氮含量、淋失量均有下降。本书中，有机-无机配施处理也能显著降低稻菜轮作制度下土壤氮素累积量。这可能与有机-无机肥配施可以促进土壤有机质矿化过程、改善土壤碳氮比、提高土壤中微生物量和总氮固持等有关（Jin et al.，2014；Ruibo et al.，2015）。有机肥可以增加土壤中易矿化的有机氮库，通过有机氮缓慢释放矿质氮，提高持续的供氮能力（Manna et al.，2005）。但过量施用有机肥可能存在地下水硝酸盐污染的风险。在安宁河谷区，为提高作物品质，当地农民蔬菜季施用了大量有机肥。虽然蔬菜季氮素主要在表层累积，但水稻季淋失量大，可能造成大量氮素淋失。

2. 不同施肥方式下地表径流养分流失特征

径流中总氮（TN）、总可溶性氮（TDN）、颗粒态氮（PN）的流失量在 $10.38\sim19.41\text{kg/hm}^2$、$7.65\sim14.97\text{kg/hm}^2$、$2.26\sim5.48\text{kg/hm}^2$（表 6-18）。可溶态氮中硝态氮（$NO_3^-$-N）、铵态氮（$NH_4^+$-N）、可溶性有机氮（DON）的流失量在 $6.95\sim12.84\text{kg/hm}^2$、$0.26\sim0.54\text{kg/hm}^2$、$1.40\sim2.38\text{kg/hm}^2$。施肥显著增加了氮素流失量，有机肥替代（KF）和减量施肥（BMP）施肥方式颗粒态氮、NO_3^--N 累积流失量显著低于常规施肥处理（CF）（$P<0.05$）。其中，KF 和 BMP 处理的 TN 累积流失量与 CF 处理相比降低 17.1%和 22.0%，TDN 流失量降低 15.3%和 19.2%，PN 流失量降低 13.9%和 22.1%，NO_3^--N 流失量降低 17.6%和 23.9%。KF 处理的 DON 流失量较 CF 处理增加了 3.0%，BMP 处理的 DON 流失量较 CF 处理降低了 5.2%。有机肥替代与减量施肥方式较常规施肥显著降低了氮素流失量，其中减量施肥的效果更明显。常规施肥的总磷（TP）流失量为 2.30kg/hm^2。与常规施肥处理相比，有机肥替代和减量施肥方式均减少了磷素流失，但各处理之间差异不显著（表 6-18）。

表 6-18　不同施肥方式下氮、磷流失量　　　　　　（单位：kg/hm^2）

处理	氮素流失量						磷素流失量	
	TN	TDN	PN	NO_3^--N	NH_4^+-N	DON	TP	TDP
不施肥处理（CK）	10.38±1.96b	7.65±0.08b	2.26±0.49c	6.95±1.69a	0.26±0.01b	1.40±0.16b	1.35±0.12b	0.10±0.02a
常规施肥处理（CF）	19.41±0.59a	14.97±0.69a	5.48±0.22a	12.84±1.09c	0.54±0.04a	2.31±0.06a	2.30±0.15a	0.16±0.03a
有机肥替代（KF）	16.09±0.72a	12.68±0.98a	4.72±0.47b	10.58±1.42b	0.51±0.18a	2.38±0.67a	1.88±0.21a	0.12±0.02a
减量施肥（BMP）	15.14±2.82a	12.09±0.95a	4.27±0.12b	9.77±0.44ab	0.49±0.05a	2.19±0.48a	1.88±0.15a	0.11±0.03a

注：用字母标记法标注（$P<0.05$），不同字母表示差异显著。

3. 不同施肥方式下的养分淋失量

不同施肥方式下累积 TN 淋失量为 $62.73\sim107.80\text{kg/hm}^2$，TDN 累积量为 $60.13\sim102.89\text{kg/hm}^2$，$NO_3^-$-N 累积量为 $41.91\sim68.78\text{kg/hm}^2$，$NH_4^+$-N 累积量为 $2.01\sim3.98\text{kg/hm}^2$，DON 累积量为 $13.16\sim23.98\text{kg/hm}^2$（表 6-19）。KF 和 BMP 处理的 TN、TDN、NO_3^--N 淋溶流失量显著低于 CF 处理（$P<0.05$）。KF 和 BMP 处理的 TN 累积流失量与 CF 处理相比低 11.6%和 20.6%，TDN 累积流失量降低 11.1%和 19.8%，NO_3^--N 累积流失量降低 14.3%

和 18.3%。有机肥替代与减量施肥方式较常规施肥减少了氮素淋失量。常规施肥稻田的 TP 淋失量为 4.60kg/hm²，与之相比，有机肥替代和减量施肥分别减少了 14.6% 和 18.3% 的磷素淋失量，但各处理之间差异不显著。值得注意的是，总磷淋失量大于地表径流流失量，这可能与持续灌溉造成的淋溶水量较大有关。

表 6-19　不同施肥方式下稻田氮、磷淋失量　　　　（单位：kg/hm²）

施肥方式	氮素淋失量					磷素淋失量	
	TN	TDN	NO_3^--N	NH_4^+-N	DON	TP	TDP
不施肥处理（CK）	62.73±3.72c	60.13±5.44c	41.91±0.40c	2.01±0.63b	13.16±2.60b	3.39±1.01b	0.65±0.05c
常规施肥处理（CF）	107.80±5.50a	102.89±4.95a	68.78±3.17a	3.98±0.17a	22.38±1.44a	4.60±0.98a	1.50±0.23a
有机肥替代（KF）	95.31±4.88b	91.51±3.12b	58.97±4.61b	3.68±0.36a	23.98±1.60a	3.93±0.87a	1.06±0.14b
减量施肥（BMP）	85.56±5.45b	82.50±4.26b	56.17±0.92b	3.47±0.11a	18.29±2.52a	3.76±1.12a	0.86±0.12b

注：用字母标记法标注（$P<0.05$），不同字母表示差异显著。

6.3　三峡库区坡耕地养分流失及其对水环境的影响

6.3.1　三峡库区坡耕地养分迁移过程与通量

1. 坡耕地产流、产沙特征

三峡库区坡耕地径流主要由地表径流和壤中流组成（表 6-20），农户常规施肥处理的地表径流量为 71.2mm，占总径流量的 30%；壤中流径流量为 167.3mm，占总径流量的 70%，坡耕地径流以壤中流为主。坡耕地产沙量见表 6-20，不施肥处理的泥沙流失量平均值最高，为 1861kg/hm²，优化施肥与常规施肥处理的泥沙流失量平均值分别为 1491kg/hm² 与 1443kg/hm²。方差分析表明优化施肥和常规施肥处理的泥沙流失量与对照相比差异显著，但优化施肥与常规施肥间的差异不显著（表 6-20）。

表 6-20　2011～2013 年不同施肥处理的径流量、泥沙流失量及作物产量

处理	作物产量 /(t/hm²)	径流量/mm			径流系数	泥沙流失量 /(kg/hm²)
		壤中流	地表径流	总量		
不施肥	1.12±0.07b	173.0±20.1（69%*）a	76.2±6.2（31%）a	249.2±26.3a	0.63	1861±151a
优化施肥	3.05±0.28a	161.5±21.1（69%）a	73.5±6.5（31%）a	235.0±27.6a	0.60	1491±133b
常规施肥	3.22±0.31a	167.3±15.7（70%）a	71.8±4.3（30%）a	239.0±23.0a	0.61	1443±125b

注：*占总径流量的比例。同一列中不同字母表示处理在 $P=0.05$ 水平上差异显著。

2. 坡耕地地表径流的氮素流失特征

1）形态与含量

三峡库区坡耕地常规施肥处理的地表径流 TN 浓度最高（表 6-21），平均为（4.85±

0.85）mg/L；其次为优化施肥处理，为（3.92±1.13）mg/L；不施肥处理的 TN 含量最低，仅为（2.40±0.41）mg/L。PN 与 TN 具有相同的变化趋势，PN 含量常规施肥处理最高，为（2.55±0.50）mg/L，优化施肥处理 PN 含量为（2.12±0.82）mg/L，对照处理最低，为（1.29±0.50）mg/L，三种处理的 PN 含量占 TN 的比例均超过 50%。可见，PN 是坡地地表氮素流失的主要形态。优化施肥和常规施肥处理的各形态氮流失量与对照处理相比差异均显著，两种施肥处理之间 TN 和 PN 流失浓度差异显著。

表 6-21 2011～2013 年不同施肥处理地表径流氮素流失形态及其平均浓度

处理	TN/(mg/L)	PN		NN		AN	
		含量/(mg/L)	比例/%	含量/(mg/L)	比例/%	含量/(mg/L)	比例/%
不施肥	2.40±0.41c	1.29±0.50b*	54**	0.95±0.176b	40	0.11±0.06b	5
优化施肥	3.92±1.13b	2.12±0.82a	53	1.61±0.75a	42	0.19±0.05a	5
常规施肥	4.85±0.85a	2.55±0.50a	53	1.95±0.45a	40	0.23±0.08a	5

注：*平均值±标准差；**占 TN 的比例。同一列中不同字母表示处理之间在 $P = 0.05$ 水平上差异显著。

2）地表径流氮素迁移通量

2011～2013 年监测表明，三峡库区坡耕地常规施肥处理的各形态氮流失量均最高，TN、PN、NN 和 AN 平均值分别为（4.26±1.19）kg/hm²、（2.18±0.34）kg/hm²、（1.73±0.60）kg/hm² 和（0.22±0.07）kg/hm²，优化施肥处理次之，不施肥处理最低（表 6-22）。氮素流失通量存在年际差异，主要是地表径流流量与浓度差异所致。2011 年降水量较均匀，且次降水量未超过 50mm。2012 年和 2013 年，有大雨和暴雨事件，降水集中，最高降水量分别达 101.2mm 和 123.0mm。地表径流量显著增加，导致 2012 年、2013 年地表径流氮流失量增大。

表 6-22 2011～2013 年不同施肥处理的地表径流氮素迁移通量

处理	TN/(kg/hm²)	PN		NN		AN	
		流失量/(kg/hm²)	比例/%	流失量/(kg/hm²)	比例/%	流失量/(kg/hm²)	比例/%
不施肥	1.87±0.67c	1.01±0.42c*	54**	0.74±0.29c	40	0.09±0.02b	5
优化施肥	2.92±1.48b	1.50±0.87b	51	1.18±0.46b	40	0.17±0.08a	6
常规施肥	4.26±1.19a	2.18±0.34a	51	1.73±0.60a	41	0.22±0.07a	5

注：*平均值±标准差；**占 TN 的比例。同一列中不同字母表示处理之间在 $P = 0.05$ 水平上差异显著。

3. 坡耕地壤中流氮素流失特征

1）形态与浓度

壤中流中氮素形态主要为硝态氮（NN）、有机态氮（ON）、铵态氮（AN）（表 6-23）。常规施肥处理的壤中流 TN 浓度最高，平均为（20.73±2.05）mg/L；优化施肥处理为（11.83±1.74）mg/L。常规施肥和优化施肥两种处理的 NN 含量占 TN 的比例分别为 81% 和 75%。可见，NN 是三峡库区坡地壤中流氮素流失的主要形态。优化施肥和常规施肥处理的壤中流流失各形态氮之间存在显著差异（表 6-23）。

表 6-23　2011～2013 年不同施肥处理的壤中流氮素流失形态与平均浓度

处理	TN/(mg/L)	ON		NN		AN	
		含量/(mg/L)	比例/%	含量/(mg/L)	比例/%	含量/(mg/L)	比例/%
不施肥	4.27±0.38c	0.41±0.14c*	10**	3.28±0.40c	77	0.29±0.07c	7
优化施肥	11.83±1.74b	1.12±0.35b	9	8.93±1.88b	75	0.64±0.10b	5
常规施肥	20.73±2.05a	1.53±0.61a	7	16.81±1.90a	81	0.78±0.12a	4

注：*平均值±标准差；**占 TN 的比例。同一列中不同字母表示处理之间在 $P = 0.05$ 水平上差异显著。

2）壤中流氮素迁移通量

常规施肥处理的壤中流年均总氮（TN）流失量为（35.22±3.38）kg/hm²，硝态氮（NN）为（28.50±2.86）kg/hm²，有机氮（ON）为（2.62±0.67）kg/hm² 和铵态氮（AN）为（1.38±0.22）kg/hm²（表 6-24）；优化施肥处理壤中流中 TN、NN、ON 和 AN 的年均流失量分别为（18.45±2.04）kg/hm²、（13.97±0.55）kg/hm²、（1.72±0.61）kg/hm² 和（0.92±0.20）kg/hm²；不施肥处理的壤中流中各形态氮素的年均流失量较小。多重比较表明，优化施肥和常规施肥处理的壤中流氮素迁移通量与不施肥处理之间差异显著，同时优化施肥和常规施肥处理之间也存在显著差异（表 6-24）。

表 6-24　2011～2013 年不同施肥处理的壤中流氮素迁移通量　　（单位：kg/hm²）

处理	TN/(kg/hm²)	ON		NN		AN	
		流失量/(kg/hm²)	比例/%	流失量/(kg/hm²)	比例/%	流失量/(kg/hm²)	比例/%
不施肥	7.28±0.99c	0.72±0.27c*	10**	5.59±0.91c	77	0.50±0.14c	7
优化施肥	18.45±2.04b	1.72±0.61b	9	13.97±0.55b	76	0.92±0.20b	5
常规施肥	35.22±3.38a	2.62±0.67a	7	28.50±2.86a	81	1.38±0.22a	4

注：*平均值±标准差；**占 TN 的比例。同一列中不同字母表示处理之间在 $P = 0.05$ 水平上差异显著。

4. 水文路径对坡耕地氮素迁移通量的贡献

按照水文路径与养分迁移的关系来划分，可将其分为地表径流、壤中流和泥沙，不同途径对土壤氮素迁移的贡献有较大差异（表 6-25）。优化施肥处理和常规施肥处理的壤中流对坡地氮素迁移通量的贡献在 80%以上，平均分别为 80%和 84%，而泥沙的平均贡献在 6%～8%，地表径流的贡献分别为 12%和 10%。不施肥处理的壤中流氮素流失量也在 70%以上，达到 72%。可见，壤中流流失氮是三峡坡地氮素流失的主体。

表 6-25　水文路径对坡地氮素流失通量的贡献

流失途径	不施肥		优化施肥		常规施肥	
	通量/(kg/hm²)	贡献/%	通量/(kg/hm²)	贡献/%	通量/(kg/hm²)	贡献/%
地表径流	1.81	18	2.92	12	4.26	10
壤中流	7.28	72	18.45	80	35.22	84
泥沙	1.05	10	2.04	8	2.37	6

5. 坡耕地地表径流的磷素流失特征

1）形态与浓度

2011~2013 年不同施肥处理地表径流中各形态磷素流失平均浓度及占比见表 6-26。常规施肥下的总磷（TP）平均浓度为（0.848±0.153）mg/L，颗粒态磷（PP）平均浓度为（0.561±0.074）mg/L，颗粒态磷是坡地地表径流磷素的主要形态，生物可利用磷（BAP）平均浓度为（0.204±0.064）mg/L。与常规处理相比，优化施肥的 TP、PP、BAP 平均浓度分别降低了 9.79%、7.31%、26.96%。

表 6-26 2011~2013 年不同施肥处理地表径流中各形态磷素流失平均浓度及占比

施肥处理	TP/(mg/L)	PP		BAP	
		浓度/(mg/L)	占 TP 比例/%	浓度/(mg/L)	占 TP 比例/%
不施肥	0.619±0.092c	0.442±0.036c	71.4	0.110±0.005c	17.8
优化施肥	0.765±0.106b	0.520±0.019b	68.0	0.149±0.023b	19.5
常规施肥	0.848±0.153a	0.561±0.074a	66.2	0.204±0.064a	24.1

注：字母相同表示差异不显著，字母不同表示差异显著（$P<0.05$）。

2）地表径流磷素流失通量

2011~2013 年不同施肥处理地表径流各形态磷素年均流失通量及占比见表 6-27。常规施肥 TP 年均流失通量为（0.236±0.004）kg/hm²。与常规处理相比，优化施肥地表径流磷素年均流失通量降低了 45.3%。可见，优化施肥能显著降低三峡库区坡耕地地表径流磷素流失通量。

表 6-27 2011~2013 年不同施肥处理地表径流各形态磷素年均流失通量及占比

施肥处理	TP 年均流失通量/(kg/hm²)	PP		BAP	
		年均流失通量/(kg/hm²)	占 TP 比例/%	年均流失通量/(kg/hm²)	占 TP 比例/%
不施肥	0.291±0.003a	0.216±0.003a	74.2	0.047±0.001b	16.2
优化施肥	0.129±0.003b	0.108±0.003c	83.7	0.029±0.001c	22.5
常规施肥	0.236±0.004a	0.155±0.007b	65.7	0.080±0.004a	33.9

注：字母相同表示差异不显著，字母不同表示差异显著（$P<0.05$）。

6. 坡耕地壤中流磷素流失特征

1）壤中流磷素流失形态与浓度

通过对壤中流中各形态磷素浓度的观测发现，三种施肥处理的壤中流 TP 浓度大小顺序呈常规施肥>不施肥>优化施肥（表 6-28）。尽管优化施肥的壤中流 TP 平均浓度低于常规施肥和不施肥处理，但三种处理之间差异并不显著（表 6-28）。这说明施肥并不能控制坡地壤中流的磷素浓度。这可能与磷素易被土壤固定而不易移动有关。壤中流 PP 平均浓度占 TP 的比例在 7.5%~13.5%，而 BAP 占到了 TP 比例的 44.4%~66.7%，说明 BAP 是坡地壤中流中磷浓度的主要形态。

表 6-28 2011~2013 年不同施肥处理的壤中流各形态磷素平均浓度及占比

施肥处理	TP /(mg/L)	PP		BAP	
		浓度/(mg/L)	占 TP 比例/%	浓度/(mg/L)	占 TP 比例/%
不施肥	0.133±0.008a	0.010±0.003b	7.5	0.059±0.012b	44.4
优化施肥	0.126⊥0.003a	0.017⊥0.006a	13.5	0.084±0.031a	66.7
常规施肥	0.140±0.006a	0.013±0.002a	9.3	0.082±0.052a	58.6

注：字母相同表示差异不显著，字母不同表示差异显著（$P<0.05$）。

2）壤中流的磷素流失通量

2011~2013 年不同施肥处理壤中流各形态磷素年均流失通量及占比见表 6-29，常规施肥 TP 年均流失通量为（0.100±0.003）kg/hm²。与常规施肥相比，优化施肥显著降低了（40.0%）壤中流 TP。可见，优化施肥能有效减少坡地壤中流磷素流失。

表 6-29 2011~2013 年不同施肥处理的壤中流各形态磷素年均流失通量及占比

施肥处理	TP 年均流失通量 /(kg/hm²)	PP		BAP	
		年均流失通量 /(kg/hm²)	占 TP 比例/%	年均流失通量 /(kg/hm²)	占 TP 比例/%
不施肥	0.073±0.006b	0.025±0.002a	34.3	0.027±0.004c	37.0
优化施肥	0.060±0.008b	0.013±0.001b	21.7	0.035±0.001b	58.3
常规施肥	0.100±0.003a	0.023±0.001a	23.0	0.047±0.005a	47.0

注：字母相同表示差异不显著，字母不同表示差异显著（$P<0.05$）。

7. 水文路径对磷素流失的贡献

三峡库区坡地磷素流失主要通过地表径流、壤中流两种途径。优化施肥和常规施肥处理的地表径流磷素流失通量占总流失量的比例均在 68.0%以上，而壤中流磷素流失通量占总流失量的比例在 20.0%~31.7%（表 6-30）。同时，不施肥处理的地表径流磷素流失量也占总流失量的 80.0%。可见，地表径流磷素流失是三峡库区坡地磷素流失的主要途径。但值得注意的是，尽管壤中流磷素流失量极低，但是壤中流中磷素以生物可利用磷为主，而生物可利用磷易溶于水，可随径流长程迁移，进而对水环境造成威胁，所以壤中流磷素流失也不可忽视（Zhu et al.，2012）。

表 6-30 不同施肥方式下磷素流失途径的比较

施肥处理	产量/(t/hm²)	径流量/mm		TP 流失通量/(kg/hm²)	
		地表径流	壤中流	地表径流	壤中流
不施肥	1.12±0.07b[*]	76.2±6.2a	173.0±20.1a	0.291±0.04a（80.0%[**]）	0.073±0.01b（20.1%）
优化施肥	3.05±0.28a	73.5±6.5a	161.5±21.1a	0.129±0.02b（68.3%）	0.060±0.01b（31.8%）
常规施肥	3.22±0.31a	71.8±4.3a	167.3±15.7a	0.236±0.02a（70.2%）	0.100±0.01a（29.8%）

注：*同列中字母不同表示差异显著（$P<0.05$）。**地表径流或壤中流流失通量占总径流流失通量的比例。

6.3.2　柑橘园养分流失特征

三峡库区柑橘园养分地表径流总氮流失量在 881.3～1488.9g/km²，平均为 1244.03g/km²（栾好安等，2016）；总磷流失量在 98.2～233.6g/km²，平均为 180.6g/km²（表 6-31）。与对照相比，橘园连续 3 年种植光叶苕子、白三叶和鼠茅草，其总氮流失量分别减少 8.3%、16.7% 和 40.8%；总磷流失量分别减少 7.4%、25.3% 和 58.0%；颗粒态氮流失量分别减少 5.7%、12.6% 和 36.7%；颗粒态磷流失量分别减少 6.9%、25.2% 和 58.1%。说明橘园种植绿肥，尤其是种植鼠茅草，可有效减少地表径流量以及径流中的养分浓度。

表 6-31　三峡库区柑橘园养分地表径流流失量（栾好安等，2016）（单位：g/km²）

处理	总磷	颗粒态磷	总氮	颗粒态氮	铵态氮	硝态氮
光叶苕子	216.2	210.17	1365.7	1025.5	259.2	46.6
白三叶	174.4	168.87	1240.2	951.4	219.8	38.3
鼠茅草	98.2	94.52	881.3	689.1	141.5	26.8
对照	233.6	225.63	1488.9	1088	288.2	59.7

王甜等（2018）利用原状土柱模拟淋溶试验对三峡库区秭归县柑橘园土壤氮磷淋溶流失形态特征进行研究。结果表明，常规施肥下，三峡库区柑橘园养分总氮淋失量、总磷淋失量分别为 20.27kg/hm²、0.23kg/hm²（表 6-32）。与常规施肥相比，减量施肥处理总氮、硝态氮和铵态氮淋失量分别减少 13.8%、23.4% 和 26.2%。4 种处理总磷淋失量极低，而且各处理之间差异不显著。增量施肥显著提高氮素淋失量，但对总磷淋失量影响不大。

表 6-32　三峡库区秭归县柑橘园土壤氮磷淋失形态特征

施肥处理	总氮淋失量/(kg/hm²)	硝态氮		铵态氮		总磷淋失量/(kg/hm²)
		淋失量/(kg/hm²)	占总氮/%	淋失量/(kg/hm²)	占总氮/%	
不施肥	11.64a	4.41a	37.89	0.13a	1.12	0.22a
减量施肥	17.48b	7.17b	41.02	0.31b	1.77	0.22a
常规施肥	20.27c	9.36c	46.18	0.42c	2.07	0.23a
增量施肥	28.13d	11.21d	39.86	0.53d	1.88	0.22a

注：字母相同表示差异不显著，字母不同表示差异显著（$P<0.05$）。

6.3.3　三峡库区小流域养分流失特征及其对水环境的影响

1. 不同土地利用坡地氮磷流失特征

三峡库区不同土地利用坡地氮磷流失形态与含量列于表 6-33。集镇径流的 TN 浓度最高，达到 47.59mg/L，其中 AN 含量 34.17mg/L，占 TN 含量的 72.0%，为氮素的主要形态；

村落径流的 TN 含量仅次于集镇，为 15.21mg/L，其中 AN、NN、PN 分别占 TN 含量的 35.2%、47.9%、15.5%；各类农地径流中果园 TN 含量最高，与果园施肥量大有关；各类农地径流中 AN 含量均较低，NN 和 PN 为其径流中氮素的主要形态。5 种土地利用坡地的径流中磷素含量差异很大；集镇、村落径流中各种形态磷素含量明显高于其他类型，并以 DP 为主要形态；各类农地中果园坡地径流的 TP 含量较高，并以 DP 为主要形态，这可能与果园施用大量磷酸二铵有关。

表 6-33　三峡库区不同土地利用坡地氮磷流失形态与含量　　（单位：mg/L）

土地利用类型	氮素形态				磷素形态		
	TN	AN	NN	PN	TP	PP	DP
村落	15.21	5.35	7.28	2.35	2.31	1.23	1.08
集镇	47.59	34.17	2.38	5.57	4.34	1.35	2.99
果园	5.95	0.24	2.16	3.07	1.87	0.86	1.01
坡耕地	3.57	0.19	1.37	1.59	0.99	0.61	0.38
林地	1.19	0.09	0.51	0.42	0.32	0.19	0.13

2. 库区坡地氮磷迁移通量

1）不同土地利用坡地氮磷迁移通量

库区不同土地利用坡地氮磷迁移通量列于表 6-34 中，集镇的氮磷流失通量最大，分别达到 64.20kg/hm²、9.32kg/hm²，村落的氮磷流失量次之，为 18.96kg/hm²、3.20kg/hm²，林地的氮磷流失通量最低，为 1.35kg/hm²、0.62kg/hm²。值得注意的是，柑橘果园的氮磷流失通量高于坡耕地，这与果园大量施用化肥，同时柑橘林多为幼林，覆盖度不高且有雨季耕作的习惯等有关。三峡库区各种地类的面源污染负荷呈现集镇＞村落＞柑橘果园＞坡耕地＞林地的特点。

表 6-34　库区不同土地利用坡地氮磷迁移通量　　（单位：kg/hm²）

土地利用类型	氮素形态				磷素形态		
	TN	AN	NN	PN	TP	PP	DP
村落	18.96	6.80	9.52	2.52	3.20	2.02	1.18
集镇	64.20	48.1	6.63	8.27	9.32	2.58	6.84
柑橘果园	6.79	1.02	3.06	2.20	2.38	1.09	1.29
坡耕地	5.59	0.23	2.15	3.00	1.65	0.95	0.70
林地	1.35	0.12	0.72	0.35	0.62	0.39	0.23

2）水稻田晒田的氮磷流失通量

库区农业有排水晒田的习惯，经过对小流域 130 块水田的长期采样分析（表 6-35），稻田秋季田面水 TN、NN、AN 的平均含量分别为 2.07mg/L、1.52mg/L、0.21mg/L，TP、

DP、PP 平均含量分别为 0.31mg/L、0.05mg/L、0.26mg/L。调查发现，库区水稻田在秋冬季节排水晒田有利于来年春播，但晒田排水造成的氮、磷排放通量分别为 2.05kg/hm²、0.46kg/hm²，尽管排水晒田造成一定的氮磷流失，但其流失通量远低于坡耕地。

表 6-35　稻田田面水氮、磷含量及排放通量

项目	养分形态					
	TN	NN	AN	TP	DP	PP
含量/(mg/L)	0.82~5.17	0.59~4.28	0.06~1.69	0.21~2.91	0.09~1.08	0.18~2.62
平均含量/(mg/L)	2.07	1.52	0.21	0.31	0.05	0.26
排放通量/(kg/hm²)	2.05	1.52	0.34	0.46	0.14	0.32

3. 小流域氮磷流失负荷

小流域氮、磷流失负荷分别为 155.2kg/a、38.7kg/a，小流域氮、磷年均单位面积流失负荷分别为 4.7kg/hm²、1.2kg/hm²。氮流失以居民点最高，占 38%，其次为柑橘果园，为 23%，坡耕地仅占 15%（图 6-32）；磷流失中以柑橘果园最高，为 33%，其次为居民点，为 25%，坡耕地占 18%。

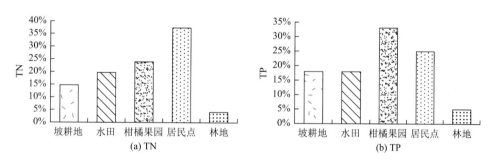

图 6-32　三峡库区小流域氮磷流失负荷的来源与贡献

4. 小流域氮磷迁移的源汇特点

分析小流域不同利用类型坡地的氮磷流失特点，发现小流域氮磷面源污染的含量与单位面积负荷均呈现集镇＞村落＞柑橘果园＞坡耕地＞水稻田＞林地的状况，据此可初步判定三峡库区面源污染的主要来源为居民点、柑橘果园和坡耕地。进一步分析各种类型土地及其对小流域氮磷面源负荷的贡献发现，居民点以仅 5.6% 的土地面积贡献了 38% 和 25% 的氮磷负荷，柑橘果园以 16.7% 的土地面积贡献了 23% 和 33% 的氮磷负荷，毋庸置疑，居民点（集镇、村落）和柑橘果园是面源污染的主要源；坡耕地以 12.7% 的土地面积贡献了 15% 的氮和 18% 的磷，贡献负荷高于其面积比，可见坡耕地也是一个重要源；水稻田的土地面积占比为 46.2%，但仅贡献了 20% 的氮磷，远低于小流域单位面积的氮磷流失负荷，水稻田可能是流域内重要的养分汇。三峡库区坡耕地、柑橘果园通常位于小流域的坡顶、

山岭,而水稻田大多位于地势低洼的沟谷、坡脚,在居民点下方也有水稻田分布,特别是三峡库区移民就地后靠后,居民点也逐渐设在地势较高处。通过对污染负荷最高的居民点下方的水稻田进行监测,发现居民点排出的氮磷污染物经过水稻田后含量明显降低(表 6-36),水稻田对各种污染物的去除率达到56%～98%,流失氮磷的各种形态基本达到稻田流失本底值,可见水稻田是三峡库区面源污染的汇,对面源污染具有重要的净化作用。但库区秋冬季晒田的习惯,会导致一定量的氮磷排放。加强水稻田的施肥管理,并在水稻收割后,田面水经一段时间存留后再排放,可能会有助于稻田氮磷截留净化功能的进一步发挥。

表 6-36　水稻田对居民点暴雨径流中氮磷的去除效率

含量与去除效率	养分形态						
	TN	NN	AN	PN	TP	DP	PP
居民点排入稻田/(mg/L)	15.62	6.31	5.60	3.61	2.19	1.57	0.62
稻田出口/(mg/L)	2.81	2.05	0.12	0.39	0.36	0.09	0.27
平均去除效率/%	82	68	98	89	84	94	56

5. 坡耕地氮磷流失的环境效应

坡耕地是山区重要的农业生产资源,三峡库区人口密集,农业生产水平较低,生态环境敏感,不合理的开发利用和频繁耕作,造成三峡库区坡耕地水土流失严重。一般认为,NO_3^--N 浓度 0.5mg/L 是湖泊发生富营养化的临界浓度,超过此浓度就可能引起水体富营养化。三峡库区坡耕地地表径流 NO_3^--N 平均含量为 1.58mg/L,78%的地表径流 NO_3^--N 含量在 0.5mg/L 以上。壤中流硝态氮浓度最低 1.52mg/L,最高 26.16mg/L,平均含量为13.03mg/L,67%的壤中流硝态氮浓度超过饮用水安全标准(10mg/L),已对当地的地下饮用水安全构成巨大威胁。水体总磷浓度超过 0.02mg/L(Lund,1974),可能发生水体富营养化,加之三峡水库蓄水后次级河流(支流)或库湾受江水顶托,养分特别是磷出现富集现象(罗专溪等,2007)。同时,三峡蓄水后消落带水域(支流、库湾)磷素含量呈上升趋势,并出现明显的富营养化特征(Xu et al.,2011),蓄水后支流断面监测结果表明,80%以上的支流、库湾达到中度-重度富营养状况(王海云等,2007),水华几乎年年春季暴发(李崇明等,2007)。而三峡库区各种利用类型的坡地总磷流失平均浓度均远大于水体富营养化临界值,并且存在磷素营养不断累积和反复释放的可能(Zhu et al.,2012)。尤其值得注意的是,三峡库区地表起伏,地形破碎,自然环境脆弱,同时人口密度高,平均362 人/km²,人均耕地资源仅 0.082hm²。而三峡水库消落带是由水库"蓄清排浑"的人为运行调度形成的,到正常蓄水位175m时,将形成长约5578m、落差约 30m、面积约 349km²的特大型狭长消落带。自然消落带水位涨落受气候条件控制,消落带夏季淹没,且淹没时间短,范围小,冬季降水少、气温低,消落带出露。而三峡水库基于防洪排沙的运行调度,呈现"秋季蓄水—冬季淹水—春季泄水落干—夏季出露—秋季再蓄水"的水位涨落特点，受人为调控，呈现"冬涨夏落"的反自然季节水位变化，导致三峡消落带呈"秋冬淹水→春季落干→夏季出露→秋冬再淹水"的反自然干湿交替特点。而消落带出露期降水集中，日照强、气温高，频繁的降水与暴晒，造成严重的水土流失，消落带土壤（沉积物）干裂缝随处可见，非常发育，有的裂缝深至母岩。此外，由于三峡库区人地矛盾突出，消落带出露期正值农作物生长期，消落带农作（耕作、施肥）实际上无法禁止，而新生消落带表层泥沙淤积浅，耕作使淹水前农业土壤和淤积泥沙混合，土壤与泥沙界面无法区分。可见，三峡消落带不仅是一个生态脆弱带、水位缓冲带，而且也是库区侵蚀泥沙与磷素养分堆积、汇集与再侵蚀的水陆交错带，它不仅具有水陆交错带侵蚀泥沙与磷素养分汇的功能，严重的水土流失使消落带又成为侵蚀泥沙与磷素养分的源，消落带淤积泥沙与农耕土壤重新蓄水淹没也可能释放磷。三峡水库特有的水位运行和部分消落带的农业利用可能导致氮磷面源污染加剧，对三峡水环境造成巨大压力。

<h1 style="text-align:center">参 考 文 献</h1>

党廷辉，郭胜利，樊军，等. 2003. 长期施肥条件下黄土旱塬土壤 NO₃-N 的淋溶分布规律. 应用生态学报，(8)：1265-1268.

胡世雄，靳长兴. 1999. 坡面土壤侵蚀临界坡度问题的理论与实验研究. 地理学报，54（4）：347-356.

姜世伟，何太蓉，汪涛，等. 2017. 三峡库区消落带农用坡地氮素流失特征及其环境效应. 长江流域资源与环境，26（8）：1159-1168.

廖程，施泽明，王德伟，等. 2020. 四川安宁河流域水化学特征及物源探讨. 地球与环境，48（6）：680-688.

刘莲，刘红兵，汪涛，等. 2018. 三峡库区消落带农用坡地磷素径流流失特征. 长江流域资源与环境，27（11）：2609-2618.

李崇明，黄真理，张晟，等. 2007. 三峡水库藻类"水华"预测. 长江流域资源与环境，16（1）：1-6.

栾好安，王晓雨，韩上，等. 2016. 三峡库区橘园种植绿肥对土壤养分流失的影响. 水土保持学报，30（2）：69-72.

罗专溪，朱波，郑丙辉，等. 2007. 三峡水库支流回水河段氮磷负荷与干流逆向影响. 中国环境科学，27（2）：208-212.

邵秋芳. 2016. 安宁河流域生态环境脆弱性评价. 成都：成都理工大学.

汪涛，朱波，罗专溪，等. 2010. 紫色土坡耕地硝酸盐流失过程与特征研究. 土壤学报，47（5）：962-970.

王海云，程胜高，黄磊. 2007. 三峡水库"藻类水华"成因条件研究. 人民长江，38（2）：16-18.

王甜，黄志霖，曾立雄，等. 2018. 不同施肥处理对三峡库区柑橘园土壤氮磷淋失影响. 水土保持学报，32（5）：53-57.

Jin Z J, Li L Q, Liu X Y, et al. 2014. Impact of long-term fertilization on community structure of ammonia oxidizing and denitrifying bacteria based on amoA and nirK genes in a rice paddy from Tai Lake Region, China. Journal of Integrative Agriculture, 13（10）：2286-2298.

Lund J W G. 1974. Phosphorus and the eutrophication problem. Nature, 249：797.

Manan M C, Swarup A, Wanjart R H, et al. 2005. Long-term effect of fertilizer and manure application on soil organic carbon storage, soil quality and yield sustainability under sub-humid and semi-arid tropical India. Field Crops Research, 93（2）：264-280.

Ruibo S, Zhang X X, Guo X S, et al. 2015. Bacterial diversity in soils subjected to long-term chemical fertilization can be more stably maintained with the addition of livestock manure than wheat straw. Soil Biology and Biochemistry, 88：9-18.

Xu Y, Zhang M, Wang L, et al. 2011. Changes in water types under the regulated mode of water level in Three Gorges Reservoir, China. Quaternary International, 244：272-279.

Zhu B, Wang T, Kuang FH, et al. 2009. Measurements of nitrate leaching from a hillslope cropland in the Central Sichuan Basin, China. Soil Science Society of America Journal, 73：1419-1426.

Zhu B, Wang ZH, Wang T, et al. 2012. Non-point-source nitrogen and phosphorus loadings from a small watershed in the Three Gorges Reservoir Area. Journal of Mountain Science, 9：10-15.

第 7 章　长江上游流域侵蚀泥沙来源与输移

长江上游地形起伏大，地质结构复杂，坡耕地量大面广，侵蚀强烈。严重的水土流失对该区土地资源的可持续利用和环境、社会经济的可持续发展造成了严重影响（张信宝和柴宗新，1996）。随着三峡工程的兴建运行，长江上游的河流泥沙问题更加受到社会关注。1988 年 4 月国务院批准，将长江上游的金沙江下游及毕节地区、陇南及陕南地区、嘉陵江中下游、川东鄂西三峡库区等水土流失严重的四片，列为全国水土保持重点防治区。1989 年，长江上游水土保持重点防治工程（"长治"工程）开始实施。

可靠的侵蚀产沙信息是制定流域水土保持方略及土地利用政策的重要基础。20 世纪 60 年代以来，放射性核素示踪技术在侵蚀泥沙研究中得到了越来越广泛的应用，常用的核素主要包括 ^{137}Cs、^{210}Pb$_{ex}$ 和 ^{7}Be，其中以 ^{137}Cs 的应用较多（Ritchie J C and Ritchie C A，2008）。本章回顾和总结了核示踪技术在长江上游坡面侵蚀速率测定、塘库（洼地）沉积物断代和泥沙来源研究中的一些应用实例。

7.1　土壤中核素的来源及深度分布

地表环境中不同核素（^{137}Cs、^{210}Pb$_{ex}$、^{7}Be）的来源不同（图 7-1）。^{137}Cs 主要来源于

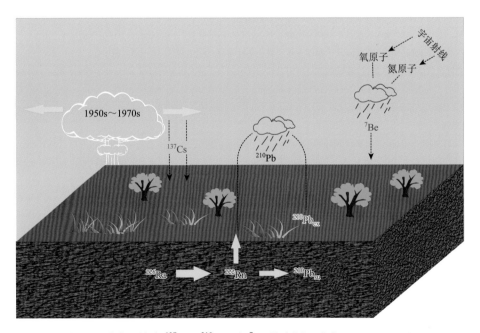

图 7-1　地表环境中 ^{137}Cs、^{210}Pb$_{ex}$ 和 ^{7}Be 的来源（改自 IAEA，2014）

20 世纪 50～70 年代的大气层核试验，半衰期为 30.2 年。1954～1970 年是 ^{137}Cs 尘埃的主要沉降期，其中北半球以 1963 年沉降量最大，1970 年后的沉降量极微。1986 年苏联切尔诺贝利核电站和 2011 年福岛电站核泄漏事故只对局部地区 ^{137}Cs 沉降影响较大，对全球范围来讲影响较小。大气中的 ^{137}Cs 尘埃主要以湿沉降方式到达地表，随即被土壤颗粒吸附，基本不淋溶流失和被植物摄取。^{137}Cs 在地表环境中的迁移主要伴随土壤或泥沙颗粒的物理运动。

不同于 ^{137}Cs，^{210}Pb$_{ex}$ 是 ^{238}U 衰变系列的一种自然产物，源于气体 ^{222}Rn，半衰期为 22.3 年。^{222}Rn 是 ^{226}Ra 的衰变产物，后者自然存在于土壤和岩石中。土壤中的 ^{210}Pb 有两种来源：一种源于土壤中 ^{226}Ra 的衰变，这部分 ^{210}Pb 与土壤中的 ^{226}Ra 相平衡。地壳表层土壤和岩石中的 ^{226}Ra 衰变产生的 ^{222}Rn 一部分进入大气，在大气中衰变为 ^{210}Pb，又沉降到地表，被土壤吸附。为了与土壤中 ^{226}Ra 衰变产生的本源性 ^{210}Pb（^{210}Pb$_{su}$）相区别，大气沉降的 ^{210}Pb 称为非本源性 ^{210}Pb（^{210}Pb$_{ex}$），这是第二种来源。同 ^{137}Cs 相似，^{210}Pb$_{ex}$ 沉降到地表后迅速被表土中的黏土矿物和有机物质吸附，此后伴随被吸附的土壤和泥沙的迁移而迁移（张信宝等，2004）。

^{7}Be 是宇宙射线撞击地球大气中氮原子核、氧原子核而形成的放射性核素，半衰期为 53.3d。^{7}Be 主要产生于同温层和对流层顶部，随后在扩散过程中被气溶胶颗粒吸附并通过干、湿沉降进入地表（万国江等，2010）。与 ^{137}Cs 和 ^{210}Pb$_{ex}$ 不同，^{7}Be 主要以 Be^{2+} 离子形态到达地表，当它与植物叶片组织中大量的阳离子交换位点接触时，会被其紧密吸附（Bettoli et al.，1995）。由于 ^{7}Be 半衰期较短，被植被冠层截留的 ^{7}Be 很快通过衰变损失，从而减少了进入土壤中的 ^{7}Be。Shi 等（2013）研究表明，在植被盖度大于 80% 的坡面上，植被吸收的 ^{7}Be 面积活度可占 ^{7}Be 本底值的 14%～74%，平均为 39%。因此，在利用 ^{7}Be 法估算有植被覆盖坡面的侵蚀速率时，需考虑植被对 ^{7}Be 的截留作用，否则将高估侵蚀速率。

不同核素的来源及衰变周期不同，使其在土壤中的深度分布具有明显差异。^{137}Cs 和 ^{210}Pb$_{ex}$ 在非农耕地土壤中表层数厘米含量最高，向下呈指数递减；而在农耕地土壤剖面中，由于耕作混合作用，^{137}Cs 和 ^{210}Pb$_{ex}$ 基本均匀分布在耕层深度内。^{7}Be 由于半衰期很短，在土壤中的赋存深度一般均不超过 2～3cm，且含量随土壤深度增加也呈指数减小（Mabit et al.，2008）。

7.2　长江上游坡地土壤侵蚀 ^{137}Cs 法研究

长江上游山高坡陡、土层浅薄，降水集中且多暴雨，侵蚀作用强烈。据水利部 2000 年水土流失遥感调查资料，长江上游水土流失面积为 43.83 万 km^2，占流域土地总面积的 43.61%。其中，水力侵蚀为 32.16 万 km^2，风力侵蚀为 1.00 万 km^2，冻融侵蚀为 10.67 万 km^2（崔鹏等，2008）。

长江上游坡耕地面积约 765.77 万 hm^2，占全国坡耕地总面积的 36.16%；其中，>25° 的坡耕地面积为 176.16 万 hm^2，占全流域 >25° 的坡耕地面积的 95.1%，占全国的 52.48%。

坡耕地量大面广，水土流失严重，是该区水土流失的主要形式，也被认为是流域侵蚀泥沙的主要来源（崔鹏等，2008）。

可靠的土壤侵蚀速率是进行水土保持措施配置和实现土地可持续发展的重要基础。长江上游地区土壤侵蚀径流观测试验场较少，实测资料不多，定量评估不同区域不同类型土地侵蚀量难度较大。^{137}Cs 示踪技术以其快速、便捷、投资小等特点，从 20 世纪 90 年代起被用于长江上游土壤侵蚀速率研究。

7.2.1　坡面侵蚀速率估算的 ^{137}Cs 模型

利用 ^{137}Cs 法估算土壤侵蚀速率的基本原理是，大气中的 ^{137}Cs 尘埃随降水到达地表后，随即被土壤颗粒紧密吸附，基本不淋溶流失和被植物摄取，其后的运移主要伴随土壤或泥沙颗粒的物理运动。无侵蚀或堆积地块的核素面积活度（Bq/m^2）表征了其大气沉降输入量，称为本底值或背景值。侵蚀土壤剖面的核素面积活度往往低于其本底值，而发生了堆积的土壤剖面核素面积活度则高于其本底值，利用相关模型即可求得采样点的侵蚀或堆积速率（图 7-2）。

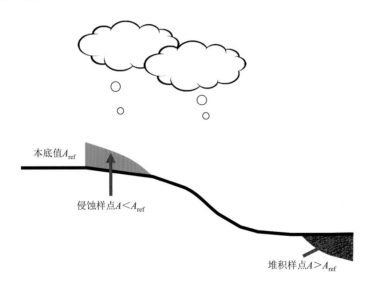

图 7-2　^{137}Cs 示踪原理示意图

^{137}Cs 示踪技术发展至今，取得了大量研究成果并建立了一系列定量模型（IAEA，2014）。本节主要介绍较为常用的农耕地侵蚀速率 ^{137}Cs 质量平衡简化模型和非农耕地 ^{137}Cs 剖面分布模型。

1. 农耕地侵蚀速率计算的 ^{137}Cs 质量平衡简化模型

Zhang 等（1990）在分析 ^{137}Cs 年沉降量资料的基础上，假定全部 ^{137}Cs 集中沉降于 1963 年，提出了用于计算 1963 年以来农耕地年均土壤侵蚀速率的 ^{137}Cs 质量平衡简化模型（mass balance model I）：

$$A = A_{\text{ref}}(1 - h/H)^{n-1963} \tag{7-1}$$

式中，A 为侵蚀土壤现存 ^{137}Cs 面积活度，Bq/m^2；A_{ref} 为 ^{137}Cs 本底值，Bq/m^2；h 为年土壤流失厚度，cm；H 为犁耕层深度，cm；n 为取样年份。

2. 非农耕地侵蚀速率计算的 ^{137}Cs 剖面分布模型

非农耕地土壤剖面中 ^{137}Cs 的分布特征与农耕地存在明显差异。非农耕地无人为扰动，土壤剖面中 ^{137}Cs 浓度随土层深度的增加呈指数降低，可由下式表达（Zhang et al., 1990）：

$$A(x) = A_{\text{ref}}(1 - e^{-x/h_0}) \tag{7-2}$$

式中，x 为土壤质量深度，kg/m^2；$A(x)$ 为质量深度 x 以上的 ^{137}Cs 面积活度，Bq/m^2；A_{ref} 为 ^{137}Cs 本底值，Bq/m^2；h_0 为 ^{137}Cs 剖面分布形态系数，kg/m^2。

7.2.2　长江上游农耕地土壤侵蚀 ^{137}Cs 定量评估

表 7-1 总结了 20 世纪 90 年代以来利用 ^{137}Cs 法测定的长江上游坡耕地土壤侵蚀速率。结果表明，区域内坡耕地土壤侵蚀模数介于 758～9854t/(km^2·a)，平均为 4879t/(km^2·a)。27 个调查坡面中，77%的坡面平均侵蚀模数大于 2500t/(km^2·a)，属中度以上侵蚀；44%的坡面侵蚀模数超过 5000t/(km^2·a)，为强烈侵蚀。

影响土壤侵蚀的因素众多，如降水侵蚀力、坡度、坡长、土壤质地、植被盖度等。其中，坡度是一个重要因素，一般坡度越陡，侵蚀越强烈。^{137}Cs 调查坡面中，除陕西镇巴砾石土坡面和湖北秭归黄壤坡面外，其余坡面侵蚀量与坡度的关系基本符合这一规律（图 7-3）。以天水坡面为例，坡长大致相等，坡度 31°和 18°的两块相邻的黄绵土坡耕地，侵蚀速率分别为 8216t/(km^2·a)和 5310t/(km^2·a)，前者约为后者的 1.5 倍（表 7-1）。梯田具有良好的水土保持效果，基本无侵蚀发生（Zhang et al., 2003）。

除坡度外，土壤质地对侵蚀速率也有重要影响。陕西镇巴坡度 34°的砾质土坡耕地，侵蚀速率为 985t/(km^2·a)，仅为坡度 10°黄绵土坡面的 13.2%，也显著低于南充、开县的紫色土坡面（表 7-1 和表 7-2）。对比不同坡面土壤颗粒组成发现，砾石（＞2mm）含量高的砾质土，细颗粒少，砾石覆盖地面又保护了下伏土壤，因此抗蚀性较好。黄绵土、黄壤等粉砂（0.005～0.1mm）含量高，抗蚀性差。秭归黄壤高岭石黏土（＜0.005mm）含量较高，侵蚀量相对较低[2059t/(km^2·a)]。

7.2.3　长江上游非农耕地土壤侵蚀 ^{137}Cs 法研究

相比于农耕地强烈的土壤流失，非农耕地人为扰动小，侵蚀较少，侵蚀量主要与植被盖度有关。调查坡面中，除个别植被盖度较低（～30%）的坡面为中度侵蚀外，其余坡面平均侵蚀模数均低于 1000t/(km^2·a)，属微度侵蚀；覆盖度 70%以上的林草坡面基本无侵蚀（表 7-3）。

表7-1　长江上游农耕地 ^{137}Cs 法侵蚀速率估算结果

区域	地名	纬度(N)	年降水量/mm	土壤	坡长/m	坡度/(°)	取样年份	^{137}Cs 本底值/(Bq/m²)	坡面 ^{137}Cs 面积活度/(Bq/m²) 范围	均值	样点数量/个	侵蚀模数/[t/(km²·a)]	数据来源
嘉陵江上游	天水	34°30'	605.7	黄绢土	20	19.3	1997	2573.2	111.0~2606.5	885.9	6	4598	Zhang et al., 2003
					19	18			137.9~1681.2	761.6	6	5310	Zhang et al., 2003
					34	12.8			245.6~3479.6	1318.9	9	2864	Zhang et al., 2003
					15	31			207.9~690.5	408.7	4	8216	Zhang et al., 2003
嘉陵江中游	镇巴	32°10'	1250	黄壤	27	10	1997	2375	86.8~1119.8	513.9	16	7467	Zhang et al., 2003
				黄壤	8	7			541.5~1827.0	850.4	8	4200	Zhang et al., 2003
				砾石土	54	34			863.5~2784.6	1847.7	17	985	Zhang et al., 2003
川中丘陵区	南充	30°48'	1010	紫色土	17	11	1997	2035.8	28.5~2378.6	709.5	5	4663	Zhang et al., 2003
					9	5			312.0~2286.4	1443.4	4	758	Zhang et al., 2003
	简阳	30°22'	874	紫色土	24.7	14	2002	1820.4	439.5~693.4	528.2	5	6780	Zhang et al., 2006
					7	20			274.7~1916.4	993.0	4	4870	Zhang et al., 2006
	内江	29°35'	1064	紫色土	10	10	2004	2065.6	897.7~1840.2	1298.6	5	1691	Zhang et al., 2006
					64	12			407.9~2526.7	1124.2	21	3190	Zheng et al., 2007
	秭归	30°37'	1048	黄壤	29	31	1997	2377.2	160.1~2906.5	1340.7	9	2059	Zhang et al., 2003
					10	25			125.0~927.6	382.5	4	9452	Zhang et al., 2003
	开县	31°13'	1090	紫色土	5	25	1997	1924.6	13.0~1202.3	499.3	3	7481	Zhang et al., 2003
					8	25			161.0~692.6	362.2	4	9854	Zhang et al., 2003
三峡库区	开县	31°13'	1090	紫色土	88.5	14	2004	1709.7	129.6~898.7	539.5	13	3464	文安邦等, 2005
					30.5	29			165.6~333.6	228.5	7	7126	文安邦等, 2005
	忠县	30°24'	1150	紫色土	69.5	11.4	2008	1420.9	398.5~1649.6	816	21	1294.6	李豪等, 2009
金沙江下游	牟定	25°20'	851	紫色土	13	20	1997	919.8	88.0~488.0	204.9	14	6271	文安邦等, 2002
	彝良	27°20'	917	紫色土	21	25	1997	1510.4	84.8~632	326.1	8	8543	文安邦等, 2002
	元谋	25°40'	614	燥红土	25	15	1997	620.9	229.3~773.1	367.6	13	2740	文安邦等, 2002
					70	5			338.0~567.0	425.3	8	1405	文安邦等, 2002
赤水河流域	遵义	27°36'	—	黄壤	28	11	2011	1061.2	—	—	12	3630	张一澜等, 2014
	习水	28°08'	—	紫色土	23	18	2011	1061.2	—	—	7	6776	张一澜等, 2014
	叙永	27°51'	—	黄壤	27	19	2011	1061.2	—	—	6	6050	张一澜等, 2014

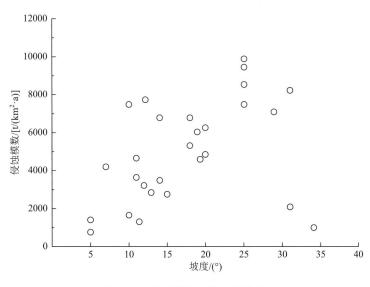

图 7-3　侵蚀模数与坡度的关系

表 7-2　农耕地侵蚀速率与土壤颗粒组成（Zhang et al.，2003）

地点	土壤	坡度/(°)	侵蚀模数/[t/(km²·a)]	颗粒组成/mm			
				>2	0.01~2	0.005~0.1	<0.005
秭归	黄壤	31	2059	9	44	24	23
开县	紫色土	25	8929	17	43	27	12
南充	紫色土	14	6780	17	12	37	34
镇巴	砾质土	34	985	58	42（<2mm）		
镇巴	黄绵土	10	7467	11	23	33	43

表 7-3　长江上游非农耕地侵蚀速率 137Cs 法研究

区域	地名	纬度(N)	年降水量/mm	土壤	坡长/m	坡度/(°)	植被盖度/%	取样年份	137Cs 本底值/(Bq/m²)	坡面 137Cs 面积活度/(Bq/m²)		样点数量/个	侵蚀模数/[t/(km²·a)]	数据来源
										范围	均值			
嘉陵江上游	天水	34°30′	605.7	黄绵土	30	20.4	40	1997	2573.2	1308.4~3038.3	2071.5	6	588	文安邦等，2002
					32	22.6	70			2212.3~3106.5	2560.3	6	无侵蚀	文安邦等，2002
嘉陵江中游	镇巴	32°10′	1250	黄壤	82	10	90	1997	2375	1065.1~3993.8	2301.4	12	无侵蚀	文安邦等，2002
川中丘陵区	南充	30°48′	1010	紫色土	5	5	30	1997	2035.8	107.7~124.6	119.0	3	4435	文安邦等，2002
三峡库区	秭归	30°37′	1048	黄壤	53	25	90	1997	2377.2	65.7~1495.4	960.8	6	310	文安邦等，2002
					25	25	80			531.8~1473.8	962.6	5	306	文安邦等，2002

区域	地名	纬度(N)	年降水量/mm	土壤	坡长/m	坡度/(°)	植被盖度/%	取样年份	^{137}Cs本底值/(Bq/m²)	坡面^{137}Cs面积活度/(Bq/m²)		样点数量/个	侵蚀模数/[t/(km²·a)]	数据来源
										范围	均值			
三峡库区	开县	31°13′	1090	紫色土	3.5	25	60	1997	1924.6	798.1~942.0	869.7	3	688	文安邦等，2002
金沙江下游	牟定	25°20′	851	紫色土	63.5	14	90	1997	919.8	782.7~1227.1	967.1	6	无侵蚀	文安邦等，2002
	彝良	27°20′	917	紫色土	25	5	80	1997	1510.4	1460.9~1542.6	1516.5	3	无侵蚀	文安邦等，2002
	元谋	25°40′	614	燥红土	20	21	60	1997	620.9	38.8~663.3	329.7	5	876	文安邦等，2002
					30	30	90			576.0~1159.9	821.5	6	无侵蚀	文安邦等，2002
赤水河流域	古蔺	27°50′	—	黄壤	9.5	12	70	2011	1061.2	—	—	5	无侵蚀	张一澜等，2014
	毕节	27°27′	—	黄壤	10	5	30	2011	1061.2	—	—	5	4235	张一澜等，2014

7.3　长江上游 ^{137}Cs 沉积断代

长江上游塘库众多，利用淤积泥沙剖面的 ^{137}Cs 深度分布资料，可以求算塘库淤沙量和淤沙模数，也可以进一步反演流域侵蚀和环境变化历史。对于西南喀斯特地区，利用洼地沉积 ^{137}Cs 断代还可以估算小流域土壤侵蚀模数。

7.3.1　^{137}Cs 沉积断代基本原理

沉积物断代是利用沉积物赋存的信息解译湖泊水体环境和流域环境变化的时序基础。^{137}Cs 是湖库沉积物断代的常用同位素，多利用易于识别的 1963 年蓄积峰进行断代。

根据日本东京核尘埃沉降监测资料，1954~1970 年是 ^{137}Cs 的主沉降期，其中 1963 年的沉降量最大，约占总沉降量的 20%，1974 年左右并无沉降异常。1986 年苏联切尔诺贝利核事故有沉降异常显示，但该年的 ^{137}Cs 沉降量在 100Bq/m² 左右，远低于核爆期间的年均沉降量，约为 1963 年沉降量的 1/15。因此中国湖泊沉积应存在明显的 1963 年 ^{137}Cs 蓄积峰，不应存在 1974 年和 1986 年 ^{137}Cs 次蓄积峰（张信宝等，2012）。

湖泊沉积物 ^{137}Cs 深度分布理想曲线见图 7-4。^{137}Cs 开始出现于 1954 年左右的层位，^{137}Cs 浓度急剧增加至 1963 年层位后，再迅速降低，剖面中 1963 年 ^{137}Cs 蓄积峰明显，是国内外公认的湖泊沉积断代标志（张信宝，2005）。^{137}Cs 深度分布理想曲线有两个假设：① ^{137}Cs 尘埃的沉降始于 20 世纪 50 年代，沉降量急剧增加至 1963 年峰值；之后，沉降量逐渐减少，20 世纪 70 年代后的沉降量极微。②流域环境稳定，湖泊沉积速率不变，入湖泥沙的 ^{137}Cs 浓度不变或稳定降低。1963 年以来的平均沉积速率可用下式计算：

$$r = H/(n - 1963) \qquad (7\text{-}3)$$

式中，r 为沉积速率，$kg/(m^2 \cdot a)$；H 为 ^{137}Cs 蓄积峰对应的质量深度，kg/m^2；n 为取样年份。

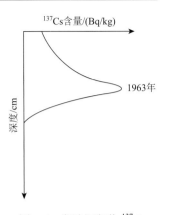

图 7-4 湖泊沉积物 ^{137}Cs 深度分布理想曲线

7.3.2 金沙江下游小流域塘库沉积对侵蚀环境变化的响应

九龙甸水库位于金沙江流域的龙川江支流紫甸河上游，1959 年建成蓄水，有效库容为 5912 万 m^3，坝址以上流域面积为 257.6km^2，入库泥沙几乎全部沉积于库内。流域内出露岩层为中生代红色砂页岩系，土壤以紫色土为主，谷地内分布有冲积土和水稻土，海拔 2300m 以上山地多为山地黄棕壤。流域气候为亚热带高原气候，年均温 15.6℃，年降水量 864mm，其中 5～10 月雨季降水占全年的 86%。

1958 年前流域内植被覆盖很好，除谷地水田和村寨周围的少量旱坡地外，坡地全为森林覆盖，大部分为原生的亚热带常绿阔叶林，少部分为云南松次生林。1958～1960 年，流域内的植被遭到严重破坏，80% 的森林被砍伐，用以烧制木炭，炼铁炼铜。之后，由于气候适宜植被自然恢复较快，被砍伐的林地多恢复为云南松次生林，少量未能恢复的砍伐林地也是灌草茂密。1960 年春，当地粮食紧张问题已经显现，流域内烧荒种地现象较普遍，一些烧荒地面积过大，并未全部垦种。20 世纪 60 年代以来，随着人口的增加，旱坡地有所增多。1998 年以来，随着国家退耕还林政策的实施，开荒现象禁绝，部分坡耕地退耕。流域内土壤侵蚀不严重，主要侵蚀方式为旱坡地和林草地的面蚀、细沟侵蚀和沟道、沟岸侵蚀。2004 年春水库排干时，库底高程平死水位 1881m，最大淤深 9.5m，388 万 m^3 死库容全部淤满。取泥沙干容重 $\gamma = 1.4t/m^3$，1958～2003 年淤沙总量 543.2 万 t，年均淤沙量 11.81 万 t（文安邦等，2008）。

九龙甸水库沉积剖面 ^{137}Cs、^{210}Pb$_{ex}$ 的深度分布曲线不同于典型曲线（图 7-5），剖面中的 ^{137}Cs 和 ^{210}Pb$_{ex}$ 均存在两个蓄积峰。深度 15～21cm 的上蓄积峰层位含有炭屑，与 1998 年春库区左岸新庄沟的森林火灾有关。林地表层土壤 ^{137}Cs 和 ^{210}Pb$_{ex}$ 含量高，火灾后土壤失去植被保护，暴雨时侵蚀强烈，表层土壤大量流失到水库中，因此该层位泥沙富集 ^{137}Cs 和 ^{210}Pb$_{ex}$。两种核素下蓄积峰的赋存深度不一致，1963 年的 ^{137}Cs 蓄积峰 [(4.26±0.35) Bq/kg] 出现在深度 231～237cm 层位，而 ^{210}Pb$_{ex}$ 的下蓄积峰 [(43.40±6.4) Bq/kg] 出现在 331～337cm 层位。该流域在 1958～1960 年，大量森林被砍伐，^{210}Pb$_{ex}$ 下蓄积峰应与此期间森林砍伐有关。由于 1960 年前 ^{137}Cs 沉降量有限，土壤 ^{137}Cs 含量低，因此 1960 年的 ^{210}Pb$_{ex}$ 下蓄积峰层位未出现 ^{137}Cs 蓄积峰。

根据 ^{137}Cs 和 ^{210}Pb$_{ex}$ 深度分布和水库历史，进行剖面沉积物定年。根据水库库容曲线，利用剖面深度求算出不同时段的淤沙量、淤沙速率和淤沙模数（表 7-4）。1958～

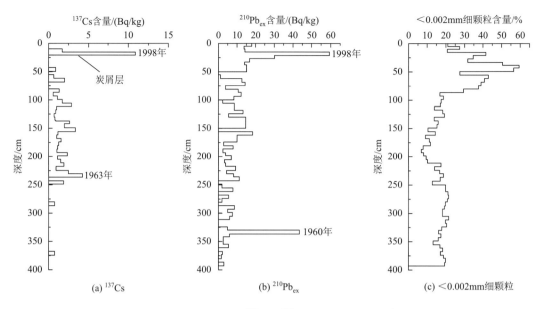

图 7-5　九龙甸水库沉积剖面 ^{137}Cs、$^{210}Pb_{ex}$ 和细粒泥沙含量深度变化

1959 年森林破坏引起侵蚀产沙加剧，水库淤沙速率高达 83.86 万 t/a，相应的淤沙模数为 3255.4t/(km²·a)；随着森林砍伐的停止和采伐地植被的恢复，流域产沙减少，1960～1962 年水库淤沙速率降至 27.25 万 t/a，相应的淤沙模数为 1058.0t/(km²·a)；1963 年后水库淤沙速率降至 5.16 万～7.51 万 t/a，相应的淤沙模数为 200.2～291.5t/(km²·a)。沉积泥沙的粒度变化对流域植被的破坏和恢复也有较好的响应，森林砍伐引起的强烈侵蚀产沙导致剖面下部泥沙粒度较粗；1960 年后流域植被逐渐恢复，侵蚀减弱，剖面上部泥沙粒度变细。

表 7-4　九龙甸水库不同时段的淤沙量、淤沙速率和淤沙模数

年份	厚度/cm	淤沙量/万 t	淤沙速率/(万 t/a)	淤沙模数*/[t/(km²·a)]
1998～2003 年	0～21	30.94	5.16	200.2
1963～1997 年	21～237	262.78	7.51	291.5
1960～1962 年	237～337	81.76	27.25	1058.0
1958～1959 年	337～950	167.72	83.86	3255.4

注：*泥沙容重 $\gamma = 1.4t/m^3$。

7.3.3　川中丘陵区小流域塘库沉积 ^{137}Cs 断代

川中丘陵区是长江上游重要的农业区之一，面积为 10.5 万 km²，人口密度大，垦殖指数高。该区中生代红层广泛分布，风化发育的紫色土抗蚀性较差，陡坡耕地侵蚀强烈，但实测资料有限。区内塘库众多，主要用于蓄水灌溉，流域来沙全部或大部分沉积于塘库

内。利用塘库沉积 ^{137}Cs 资料,可以确定 1963 年以来的淤沙速率,结合其他资料进一步推算流域侵蚀模数。

以川中丘陵区盐亭武家沟、集流沟和南充天马湾 3 个小流域为例(齐永青等,2006)。武家沟和集流沟下伏岩层为侏罗系蓬莱镇组砂岩、粉砂岩与泥岩互层,产状水平。流域内砂岩陡坡(25°~30°)和泥岩、粉砂岩缓坡台地(<10°)相间。缓坡台地和陡坡地面积各占流域面积的 1/3 和 2/3。缓坡台地为耕作多年的旱田,陡坡地原多为荒草坡,20 世纪 70 年代后人工种植的柏树已成林。天马湾流域下伏岩层为侏罗系遂宁组,粉砂岩、泥岩互层,产状水平。流域内丘坡地往往由几十个相间的陡坎和短坡地组成,陡坎高约数米,短坡地坡长多<10~30m,坡度<10°,短坡地多为旱地,其间的陡坎多为草坡,少量柏树零星分布于陡坎。3 个小流域沟口均建有塘库,基本情况见表 7-5。

表 7-5　小流域及塘库基本情况

流域	面积/km²	高差/m	沟道纵比降 /%	年降水量 /mm	垦殖率	坝高/m	修建年份	库容/m³
盐亭武家沟	0.22	140	11.8	826	0.25	4.75	1956	25000
盐亭集流沟	0.09	110	19.8	826	0.25	5.0	1955	15000
南充天马湾	0.19	110	12.7	1010	0.45	4.0	1949	21000

三个塘库沉积剖面的 1963 年 ^{137}Cs 蓄积峰均很明显(图 7-6),其中盐亭武家沟和集

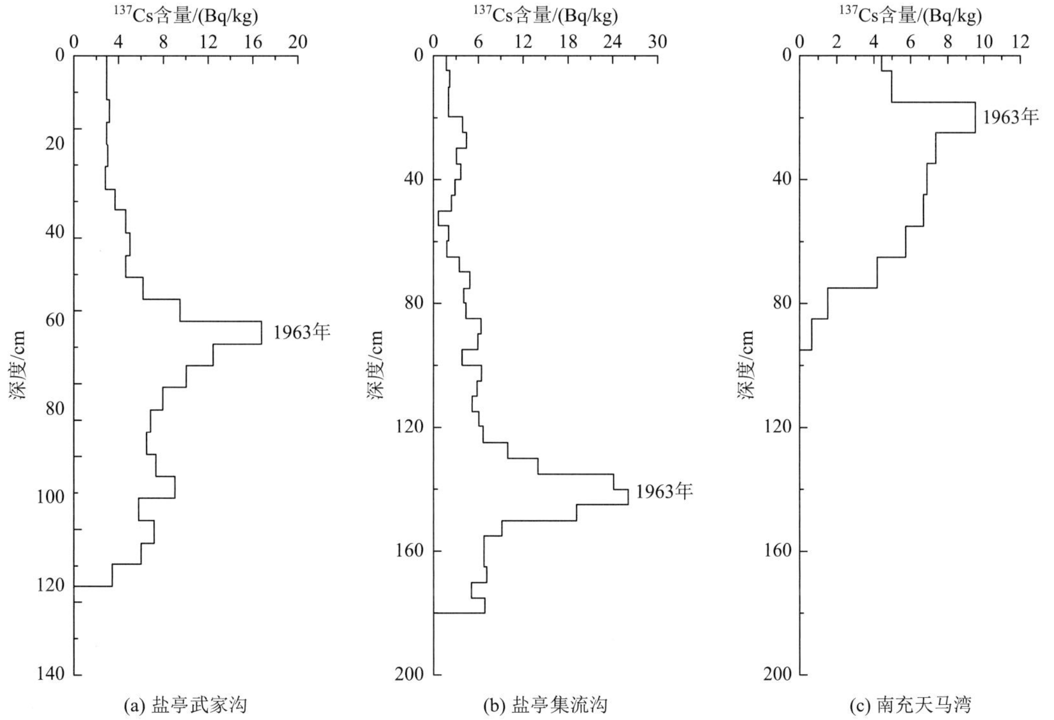

(a) 盐亭武家沟　　　　　　　(b) 盐亭集流沟　　　　　　　(c) 南充天马湾

图 7-6　塘库沉积剖面 ^{137}Cs 浓度分布

流沟的 ^{137}Cs 剖面为典型沉积形态，^{137}Cs 蓄积峰处于剖面中下部位，集流沟 ^{137}Cs 蓄积峰深度最大，为 145cm；南充天马湾 ^{137}Cs 蓄积峰处于剖面中上部，深度仅 25cm，这是由于1981 年后流域洪水不再入库，^{137}Cs 蓄积峰以上沉积层位反映的是 1963～1981 年的塘库沉积泥沙情况。

根据 ^{137}Cs 峰值深度和实测的淤沙区面积或水面面积，求算 1963 年以来塘库泥沙淤积量；然后根据流域面积和淤沙年限，计算小流域淤沙模数（表 7-6），并进一步推算产沙模数。可以看出，研究小流域淤沙模数较低，平均为 659t/(km²·a)，由于塘库以上流域基本无泥沙沉积，因此淤沙模数基本可以表征流域侵蚀模数。

表 7-6　塘库沉积剖面 ^{137}Cs 含量分布特征值及流域淤沙模数

流域	取样年份	淤沙区面积/m²	^{137}Cs 峰值深度/cm	1963 年以来淤沙体积/m³	淤沙模数*/[t/(km²·a)]
盐亭武家沟	2003 年	7439	60	4409	701
盐亭集流沟	2003 年	1259	145	1826	710
南充天马湾	2004 年	5534（水面面积）	25	1384	566

注：*泥沙容重 $\gamma = 1.4$t/m³。

7.3.4　三峡库区小流域塘库沉积 ^{137}Cs 断代

三峡库区位于长江上游，土地总面积为 5.8 万 km²，水土流失面积为 2.74 万 km²，占土地总面积的 47.24%［长江流域水土保持公报（2006～2015 年）］，是三峡水库入库泥沙的主要源区之一。可靠的流域产沙资料，对入库泥沙变化趋势预测、水土保持政策制定和不同治理措施效益评价都具有重要价值。与川中丘陵区相似，三峡库区径流小区和水文站实测资料短缺，但小塘库分布广泛，为流域侵蚀泥沙研究提供了可能。

以开县春秋沟和忠县菱角塘、黄冲子、工农沟小流域为例，流域及塘库基本情况见表 7-7。各流域下伏岩层均为侏罗系沙溪庙组紫色砂页岩，地貌为川东平行岭谷区典型的单面山山地，流域朝向与岩层倾向一致，顺层坡地面积比例大。

表 7-7　典型小流域及塘库基本情况

流域	面积/km²	高差/m	沟道纵比降/%	年降水量/mm	垦殖率	坝高/m	修建年份	库容/m³
开县春秋沟	0.58	210	9.7	1100	0.25	4.0	1955 年	51000
忠县菱角塘	0.105	83	17.2	1150	—	3.0	1958 年	6980
忠县黄冲子	0.064	55	—	1172	—	5.0	1955 年	12190
忠县工农沟	0.085	110	—	1172	—	3.0	1955 年	4311

四个塘库沉积泥沙剖面 ^{137}Cs 深度分布基本符合典型曲线（图 7-7），^{137}Cs 蓄积峰明显，均出现在剖面中下层位，是可靠的 1963 年时标。

塘库淤沙模数列于表 7-8,开县春秋沟小流域淤沙模数显著高于忠县 3 个小流域,后者平均为 337t/(km²·a)。^{137}Cs 法研究表明,春秋沟小流域 1963 年以来侵蚀模数为 2242.6t/(km²·a)(齐永青,2006),远高于忠县菱角塘小流域的 1379t/(km²·a)(张一澜等,2014)和黄冲子小流域的 908.4t/(km²·a)(俱战省等,2018)。

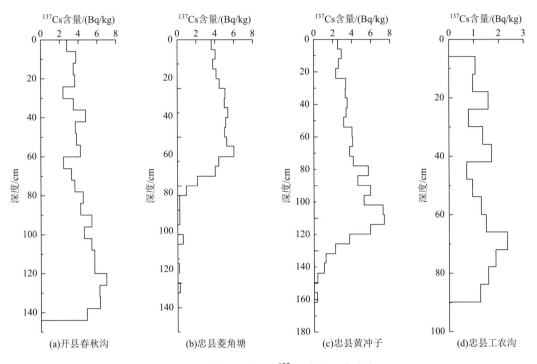

图 7-7　塘库沉积剖面 ^{137}Cs 含量深度分布

表 7-8　塘库沉积剖面 ^{137}Cs 含量分布特征值及流域淤沙模数

流域	取样年份	淤沙区面积/m²	^{137}Cs 峰值深度/cm	1963 年以来淤沙体积/m³	淤沙模数/[t/(km²·a)]
开县春秋沟	2004	25400	125	31750	1869*
忠县菱角塘	2013	2734(水面面积)	60	1311.25	350*
忠县黄冲子	2014	2443	114	2148	427.8#
忠县工农沟	2014	1437	72	704.4	233.3#

注:*泥沙容重 γ = 1.4t/m³;# 取实测泥沙干容重。

流域侵蚀模数与塘库淤沙模数一般符合如下关系:

$$塘库淤沙模数 = 流域侵蚀模数 \times 泥沙输移比 \times 塘库拦沙效率 \qquad (7\text{-}4)$$

当塘库拦沙效率接近 90%时,塘库淤沙模数主要取决于流域侵蚀模数和泥沙输移比。春秋小流域陡坡耕地面积占比大,侵蚀模数高,且水田谷地淤沙有限,泥沙输移比高(~0.88),因此淤沙模数高;菱角塘和黄冲子小流域林地占比大,侵蚀模数低,且水田淤沙量大,泥沙输移比较低,导致塘库淤沙模数低。

7.3.5　喀斯特小流域洼地沉积 ^{137}Cs 断代

不同于非喀斯特流域，喀斯特流域的侵蚀产沙和泥沙输移除地表过程外，还存在地下过程。喀斯特坡地的表层岩溶带可视为一个布满"筛孔"的石头"筛子"，溶沟、溶槽和洼地可视为被土壤塞住的形状不一、大小不等的"筛孔"。"筛孔"内的土壤，以土壤蠕滑或被径流侵蚀携带的方式，充填土下岩石中的孔、隙、洞（张信宝等，2017）。

喀斯特坡地土壤异质性强，粒度粗，土层薄，对 ^{137}Cs 的吸附能力低，同时岩溶坡地裸石面积比例大，^{137}Cs 沉降期间流失比例高，因此传统的 ^{137}Cs 法不适用于岩溶坡地土壤侵蚀速率的测定（张信宝，2017）。峰丛洼地是西南喀斯特地区广泛分布的一种地貌类型，洼地为丘峰包围，组成独立封闭的小流域。洼地中间或边部发育有落水洞，洼地小流域的暴雨径流全部汇入洼地，经落水洞或通过洼地底部土壤的入渗进入地下暗河，坡地侵蚀产沙随径流进入洼地，部分沉积于洼地内，部分经落水洞进入地下暗河。由于排水不畅，一些洼地雨季暴雨后往往积水成涝，积水期间大部分泥沙沉积在洼地内。此类洼地小流域可视为天然的大型沉沙池或塘库，可以用 ^{137}Cs 断代的方法，确定洼地内 1963 年以来的泥沙沉积厚度，求算泥沙沉积量，进而推算小流域侵蚀模数（李豪等，2016；张信宝，2017）。

利用 ^{137}Cs 法测定洼地沉积速率的原理与塘库沉积不同。塘库沉积剖面一般无扰动，其 ^{137}Cs 峰值浓度可对应表征 1963 年时标；喀斯特峰丛洼地多为农耕地，由于连年的耕作混合、搅拌，^{137}Cs 基本均匀分布于犁耕层内。假设犁耕层厚度不变，洼地内逐年堆积增加的土壤将不断抬高犁耕层高度。同时堆积洼地剖面不断受耕作混合的影响，导致高浓度 ^{137}Cs 均匀分布深度大于犁耕层厚度，因此可根据剖面 ^{137}Cs 分布深度与犁耕层厚度之差，确定 1963 年以来的泥沙堆积厚度，从而估算堆积速率。

$$m = \gamma \cdot h_e \cdot S_d / S_e (n-1963) \qquad (7\text{-}5)$$

式中，m 为泥沙堆积模数，$t/(km^2 \cdot a)$；γ 为土壤容重，t/m^3；h_e 为泥沙堆积厚度，m，S_d 为洼地底部堆积区域面积，m^2；S_e 为小流域面积，km^2；n 为取样年份。

利用洼地沉积物 ^{137}Cs 断代反演小流域土壤流失量，结果列于表 7-9。由于"文化大革命"后当地村社疏于管理，1979 年左右石人寨洼地小流域毁林开荒严重，导致强烈的坡地土壤侵蚀和洼地泥沙沉积。1979 年以来洼地泥沙沉积厚度为 74.1cm，流域平均侵蚀速率为 2315t/(km²·a)（张信宝等，2011）。除普定石人寨小流域外，其余 6 个洼地 1963 年以来的泥沙沉积厚度介于 2~18cm，流域侵蚀速率介于 1.0~55.8t/(km²·a)。据此推断，峰丛洼地区森林植被完好的坡地土壤侵蚀速率很低，多小于 10t/(km²·a)；森林植被一旦遭到严重破坏，土壤大量流失，侵蚀速率可升高至数千 t/(km²·a)；土壤流失殆尽的石漠化坡地，侵蚀速率也不高，多低于 50t/(km²·a)（张信宝等，2017）。

表 7-9　1963 年以来洼地沉积泥沙的 ^{137}Cs 含量、厚度和流域侵蚀速率

洼地名称	位置	取样年份	洼地面积/流域面积/hm²	土地利用	孔数/个	平均面积活度/本底值/(Bq/m²)	表土层(10cm)^{137}Cs 比活度/(Bq/kg)	1963 年以来洼地沉积厚度/cm	1963 年以来流域侵蚀速率/[t/(km²·a)]	数据来源
石人寨	贵州普定	2007~2008 年	0.22/5.4	次生林和草地占 75%，其余为耕地	5	7692.9	3.58	74.1*	2315	张信宝等，2011
中坝	贵州普定	2007~2008 年	0.40/36	较茂密的次生林	8	1246.76	5.18	6	19.3	Yan et al.，2012
马官	贵州普定	2007~2008 年	0.44/45	较茂密的次生林，少量耕地	6	1350	4.78	8	22.6	白晓永等，2009
坡场	贵州荔波	2007~2008 年	0.07/42.6	较茂密的原始森林	8	952.1	5.11	2	1.0	何永彬等，2009b
工程碑	贵州荔波	2007~2008 年	0.06/15.4	较茂密的次生林和草地	4	3916.1	6.0	18	20.7	何永彬等，2009a
古周	广西环江	2007~2009 年	0.44/41.8	下部陡坡（20°~35°）的 1/3 为坡耕地，其余和上部极陡坡（>45°）为茂密的森林	7	2001.5	3.79	16.4	55.8	李豪等，2010
丫吉	广西桂林	2009	0.45/43.1	茂密的林草地	5	1497.8/1038.4	7.42	4.69	17.1	李豪等，2016

注：*值可能偏高。

7.4　长江上游小流域泥沙来源研究

查明泥沙来源是进行流域泥沙平衡计算、河流泥沙减控、土壤侵蚀预报模型验证和水土保持效益评价的基础内容之一。本节主要介绍 ^{137}Cs、^{210}Pb$_{ex}$ 核示踪法判别泥沙来源的基本原理及其在长江上游小流域泥沙来源调查中的应用。

7.4.1　核示踪法确定泥沙来源的基本原理

^{137}Cs 主要分布于土壤表层，深度 20cm 以下基本不含 ^{137}Cs，可以利用以下混合模型计算不同源地对流域产沙的贡献率：

$$C_d = C_a \cdot f_a + C_b \cdot f_b \tag{7-6}$$
$$f_a + f_b = 1 \tag{7-7}$$

式中，C_d 为泥沙或沉积物的 ^{137}Cs 浓度，Bq/kg；C_a、C_b 分别为源地 a、b 表土 ^{137}Cs 浓度，Bq/kg；f_a、f_b 分别为源地 a、b 的产沙贡献率，%。

利用单一示踪核素只能区分两种源地土壤的相对产沙量。当流域内存在 3 种侵蚀源地时，需要两种示踪元素（^{137}Cs 和 ^{210}Pb$_{ex}$），混合模型为

$$C_d = C_a \cdot f_a + C_b \cdot f_b + C_c \cdot f_c \tag{7-8}$$
$$P_d = P_a \cdot f_a + P_b \cdot f_b + P_c \cdot f_c \tag{7-9}$$
$$f_a + f_b + f_c = 1 \tag{7-10}$$

式中，C_d 为泥沙或沉积物中 ^{137}Cs 浓度，Bq/kg；C_a、C_b、C_c 分别为源地 a、b、c 表土 ^{137}Cs 浓度，Bq/kg；P_d 为泥沙或沉积物中 ^{210}Pb$_{ex}$ 浓度，Bq/kg；P_a、P_b、P_c 分别为源地 a、b、c 表土 ^{210}Pb$_{ex}$ 浓度，Bq/kg；f_a、f_b、f_c 分别为源地 a、b、c 的产沙贡献率，%。

7.4.2　金沙江下游小流域泥沙来源

1. 云南东川小江流域泥沙来源 ^{137}Cs 法研究

小江为金沙江一级支流，发源于滇东北高原的鱼味后山，自南而北流经寻甸县、东川区和会泽县境，注入金沙江，全长 138.2km，流域面积为 3043.45km^2。小江河谷发育在著名的小江大断裂带上，地质构造错综复杂，新构造运动强烈，地震强烈。小江流域泥石流沟主要分布于流域中游，流域上游支沟多为非泥石流沟。泥石流沟内，冲沟侵蚀和崩塌、滑坡等重力侵蚀强烈，非泥石流沟内沟谷两岸坡地基本稳定，但冲沟侵蚀仍较强烈。

小江流域坡耕地、草地、冲沟沟壁、滑坡堆积物等源地土壤和沟床堆积泥沙样品 ^{137}Cs 分析表明，坡耕地表土 ^{137}Cs 含量介于 0.58~1.35Bq/kg，平均为 0.90Bq/kg；草地表层样 ^{137}Cs 含量介于 0.78~3.24Bq/kg，平均为 1.98Bq/kg；滑坡堆积物不含 ^{137}Cs。泥石流沟、非泥石流沟和小江主河河床淤积泥沙（<0.01mm）^{137}Cs 含量分别为 0~0.46Bq/kg、0.78~1.19Bq/kg 和 0.87Bq/kg。^{137}Cs 法泥沙来源分析结果表明，泥石流沟床堆积物几乎全部来源于冲沟侵蚀和重力侵蚀，研究结果与利用磁性参数法诊断的云南蒋家沟泥石流沟道沉

积物来源结果相符（贾松伟和韦方强，2009）。对于非泥石流沟沟床淤泥，冲沟侵蚀和重力侵蚀产沙占 78.8%，坡耕地产沙占 21.2%（文安邦等，2003）。

2. 云南元谋凉山乡小流域泥沙来源复合指纹法研究

史忠林等（2021）利用复合指纹技术开展了金沙江下游一个"长治"工程治理小流域（元谋县凉山乡小流域）泥沙来源研究。凉山乡小流域（101.9°E，25.7°N）位于云南省楚雄彝族自治州元谋县东山西侧，地处金沙江一级支流龙川江下游地段，面积 4.34km²，海拔 1350～2835m。地形呈椅状，中部为缓坡台地。气候属南亚热带季风气候，年均温 10.5℃，流域年均降水 914.9mm，高于全县年均降水量（600mm 左右）。流域内中生代红层出露，土壤为黄棕壤和紫色土，容重约 1.3g/cm³。土地利用以林地为主，面积占流域面积的 80.2%，主要树种为栎树，林下灌草丛生，植被覆盖度高。流域内耕地面积占比 18.4%，集中分布在中部缓坡台地，且多为"长治"工程实施期间建设的梯田，只有少量陡坡耕地斑块状分布于沟谷两侧。沟床纵比降大，沟谷横断面呈 V 形，岩体破碎，谷坡滑塌点多。沟谷内因历史侵蚀遗留和沟壁崩塌形成的堆积物平均厚度约 2m，下切侵蚀明显。

流域内坡耕地表土、林地表土和沟谷堆积物三种物源的 χ_{lf} 和 $^{210}Pb_{ex}$ 平均含量分别为 $(21.81\pm9.43)\times10^{-8}m^3/kg$ 和 $(40.53\pm9.49)Bq/kg$；$(24.06\pm9.61)\times10^{-8}m^3/kg$ 和 $(119.35\pm22.81)Bq/kg$；$(16.60\pm5.27)\times10^{-8}m^3/kg$ 和 $(30.62\pm12.69)Bq/kg$。流域出口泥沙的 χ_{lf} 和 $^{210}Pb_{ex}$ 平均含量分别为 $(17.69\pm2.87)\times10^{-8}m^3/kg$ 和 $(33.63\pm6.17)Bq/kg$。χ_{lf} 和 $^{210}Pb_{ex}$ 含量统计数据见图 7-8。不同源地物质磁化率均较低，这主要与土壤的形成有关。流域内

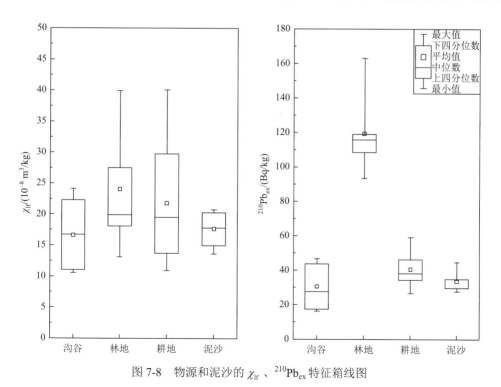

图 7-8　物源和泥沙的 χ_{lf}、$^{210}Pb_{ex}$ 特征箱线图

土壤发育于中生代"滇中红层"，其成土母岩为弱磁性岩石，原生磁性矿物含量极低，土壤中的磁性矿物主要是岩石风化成土过程中的新生矿物。尽管 χ_{lf} 在三种源地间未表现出统计上的显著性差异（$P>0.05$），但林地和耕地表土磁化率总体上高于沟谷堆积物，这可能是由于表土黏粒中次生磁性矿物含量较高导致表土磁性有所增强。林地土壤磁化率最高是因为林地受保护侵蚀少，次生亚铁磁性矿物在表层土壤含量高。

不同类型源地土壤中 $^{210}Pb_{ex}$ 含量林地最高，坡耕地次之，沟谷堆积物最小（图7-8）。林地无人为扰动，大气沉降的 $^{210}Pb_{ex}$ 在表层土壤中含量高，而坡耕地由于长期耕作混合使 $^{210}Pb_{ex}$ 浓度降低；沟谷堆积物部分来自沟壁崩塌侵蚀形成的次表层物质，$^{210}Pb_{ex}$ 含量最低。Kruskal-Wallis H 非参数检验表明 $^{210}Pb_{ex}$ 在三种源地间表现出显著性差异（$P<0.05$）。小流域出口泥沙的 χ_{lf} 和 $^{210}Pb_{ex}$ 值落在源地物质对应因子浓度范围内，可视为保守性因子用于指示流域泥沙来源。

混合模型求解结果表明，沟谷堆积物、林地和坡耕地对流域出口泥沙的相对贡献分别为79.6%、1.3%和19.1%，这一结果与地球化学指纹组合的判别结果基本一致（Shi et al., 2021）。凉山乡小流域泥沙主要来源于沟谷堆积物，其次为坡耕地；林地虽面积占比大（80.2%），但因植被覆盖度高，侵蚀微弱，对流域泥沙贡献极微。研究结果证实了"长治"工程以坡改梯、林草恢复为主的小流域治理措施对控制坡面产沙作用显著。流域内绝大部分泥沙来源于沟谷内因历史侵蚀遗留和沟壁重力侵蚀形成的堆积物，而该区现行水土保持措施由于投资较少等对沟道治理的重视不够。可以预期，随着社会经济发展和城镇化进程加快，人口外迁、劳动力减少带来的大量坡地撂荒将导致区域内坡耕地尤其陡坡耕地面积进一步减少，坡耕地的产沙贡献可能继续下降，而沟壁崩塌、滑坡等重力侵蚀的贡献会相应地更加突出。因此，该区未来水土保持工作应从减沙、减灾的角度加强沟底林和沟道拦蓄工程建设，稳定谷坡，固定沟床。

7.4.3 川中丘陵区小流域泥沙来源

武家沟流域位于川中丘陵区盐亭县，面积为 $0.22km^2$，缓坡农台地（<10°）和陡坡林草地（25°~30°）分别约占流域面积的1/3和2/3。陡坡林地、缓坡农台地、裸坡地表层土壤的 ^{137}Cs 和 ^{210}Pb 平均含量分别为（7.15±0.40）Bq/kg 和（162.01±3.86）Bq/kg；（4.01±0.31）Bq/kg 和（70.96±2.65）Bq/kg；0Bq/kg 和（15.12±1.22）Bq/kg。近期水库淤积泥沙的 ^{137}Cs 和 ^{210}Pb 含量分别为（3.06±0.23）Bq/kg 和（72.66±1.61）Bq/kg（表7-10）。运用混合模型求得陡坡林地、缓坡农台地和裸坡地（含沟岸）的相对来沙量分别为18%、46%和36%。缓坡农台地和裸坡地（含沟岸）是流域内最重要和次重要的泥沙来源（张信宝等，2004）。

表 7-10　塘库沉积物和源地土壤的 ^{137}Cs、^{210}Pb 平均浓度

示踪元素	缓坡农台地/(Bq/kg)	陡坡林地/(Bq/kg)	裸坡地/(Bq/kg)	沉积物/(Bq/kg)
^{137}Cs	4.01±0.31	7.15±0.40	0	3.06±0.23
^{210}Pb	70.96±2.65	162.01±3.86	15.12±1.22	72.66±1.61

7.4.4　三峡库区小流域泥沙来源

齐永青（2006）利用 ^{137}Cs 法开展了三峡库区开县春秋沟小流域泥沙来源研究。流域内坡耕地表层土壤 ^{137}Cs 含量介于 0.87~3.20Bq/kg，平均为 1.90Bq/kg（$n=10$）；林草地表层土壤 ^{137}Cs 含量介于 2.59~5.24Bq/kg，平均为 3.55Bq/kg（$n=7$）；塘库沉积表层样 ^{137}Cs 含量为 2.78Bq/kg。由此求得的小流域泥沙源地贡献为坡耕地 46.7% 和林草地 53.3%。

郭进等（2014）利用复合指纹法开展了三峡库区忠县菱角塘小流域塘库沉积泥沙来源研究。小流域呈漏斗状，6 个丘峰环绕四周构成流域边界，西南边界处为一平台地，地块外侧筑有一土质田埂（高约 1m、顶宽约 80cm）作为流域边界。丘顶高程 351~397m，谷地塘库高程 328m。流域面积 0.11km^2，年均降水量 1150mm，土壤为侏罗系沙溪庙组紫色土。利用土壤全碳、放射性核素（^{137}Cs、^{226}Ra）、碱金属 K 及重金属 Zn 组成的复合指纹因子，定量判别了塘库表层沉积泥沙的来源分别为旱地 84%、水田 14%、林草地 2%。坡耕地作为小流域内主要的土地利用类型，人为扰动强烈，是侵蚀泥沙的主要来源。

7.4.5　喀斯特洼地小流域泥沙来源

地面流失（坡地表层土壤）、地下漏失（裂隙土）和沟岸侵蚀（沟壁土）是喀斯特流域的三种主要产沙方式。喀斯特坡地土壤，无论是非耕作土还是耕作土都含有 ^{137}Cs，而裂隙土和沟壁土产沙基本不含 ^{137}Cs，通过径流泥沙或沉积泥沙与表层土壤 ^{137}Cs 比活度的对比，可以定性或定量确定喀斯特地区坡地表层土壤对流域产沙的贡献。但由于裂隙土和沟壁土基本不含 ^{137}Cs，^{137}Cs 法不能区分这两种源地土体的产沙贡献率（张信宝等，2017）。

坡地表层土壤和洼地沉积泥沙的 ^{137}Cs 比活度（表 7-11）对比分析表明：耕作洼地与非耕作洼地小流域的主要产沙方式存在差异，有的是地面流失，如坡地地面流失强烈的普定石人寨小流域；有的是地下流失和沟岸侵蚀，如坡地地面流失轻微的桂林丫吉森林小流域。对于石人寨小流域，假设泥沙全部来自地面流失，利用混合模型可求得坡耕地和林草地的产沙贡献率分别为 67% 和 33%。需要指出的是，由于喀斯特地区土壤异质性强，应用示踪法判别泥沙来源时应特别注意样品的代表性及空间变异。

表 7-11　喀斯特洼地小流域泥沙来源

洼地类型	洼地名称	沉积泥沙 ^{137}Cs 平均含量 /(Bq/kg)	坡耕地 ^{137}Cs 含量 /(Bq/kg)	林草地 ^{137}Cs 含量 /(Bq/kg)	流域主要产沙源地
耕作洼地	石人寨（贵州普定）	2.80	0.85~1.78，平均为 1.34（$n=4$）	3.33~9.48，平均为 5.75（$n=5$）	坡耕地、林草地
非耕作洼地	丫吉（广西桂林）	7.42	—	11.78~24.86，平均为 19.17（$n=3$）	裂隙土、沟壁土

参 考 文 献

白晓永，张信宝，王世杰，等. 2009. 普定冲头峰丛洼地泥沙沉积速率的 ^{137}Cs 法测定. 地球与环境，37（2）：142-146.

崔鹏，王道杰，范建容，等. 2008. 长江上游及西南诸河区水土流失现状与综合治理对策. 中国水土保持科学，6（1）：43-50.

郭进，文安邦，严冬春，等. 2014. 复合指纹识别技术定量示踪流域泥沙来源. 农业工程学报，30（2）：94-104.

何永彬，李豪，张信宝，等. 2009a. 贵州茂兰峰丛草洼地小流域侵蚀产沙的 ^{137}Cs 法研究. 中国岩溶，28（2）：181-188.

何永彬，李豪，张信宝，等. 2009b. 贵州茂兰峰丛森林洼地泥沙堆积速率的 ^{137}Cs 示踪研究. 地球与环境，37（4）：366-372.

贾松伟，韦方强. 2009. 利用磁性参数诊断泥石流沟道沉积物来源——以云南蒋家沟流域为例. 泥沙研究，（1）：54-59.

俱战省，严冬春，文安邦，等. 2018. 塘库沉积的 ^{137}Cs 法断代测定三峡库区小流域产沙量. 地球与环境，46（1）：76-81.

李豪，张信宝，文安邦，等. 2009. 三峡库区紫色土坡耕地土壤侵蚀的 ^{137}Cs 示踪研究. 水土保持通报，29（5）：1-6.

李豪，张信宝，白晓永，等. 2010. 桂西北喀斯特丘陵区峰丛洼地小流域泥沙堆积的 ^{137}Cs 示踪研究. 泥沙研究，（1）：17-24.

李豪，张信宝，文安邦，等. 2016. 喀斯特峰丛洼地泥沙堆积的 ^{137}Cs 示踪研究——以丫吉试验场为例. 地球与环境，44（1）：57-63.

齐永青. 2006. 小流域侵蚀泥沙的 ^{137}Cs 法研究——以三峡库区开县春秋小流域为例. 北京：中国科学院研究生院.

齐永青，张信宝，贺秀斌，等. 2006. 川中丘陵区和三峡地区小流域侵蚀产沙的塘库沉积 ^{137}Cs 断代. 地理研究，25（4）：641-648.

史忠林，文安邦，严冬春，等. 2021. 基于磁化率和 ^{210}Pb$_{ex}$ 的金沙江下游小流域泥沙来源研究. 地球与环境，49（2）：125-133.

万国江，郑向东，Lee H N，等. 2010. 黔中气溶胶传输的 ^{210}Pb 和 ^{7}Be 示踪：I. 周时间尺度的解释. 地球科学进展，25（5）：492-504.

文安邦，张信宝，王玉宽，等. 2002. 长江上游 ^{137}Cs 法土壤侵蚀量研究. 水土保持学报，16（6）：1-3.

文安邦，张信宝，张一云，等. 2003. 云南东川泥石流沟与非泥石流沟 ^{137}Cs 示踪法物源研究. 泥沙研究，（4）：52-56.

文安邦，齐永青，汪阳春，等. 2005. 三峡地区侵蚀泥沙的 ^{137}Cs 法研究. 水土保持学报，19（2）：33-36.

文安邦，张信宝，李豪，等. 2008. 云南楚雄九龙甸水库沉积剖面 ^{137}Cs、^{210}Pb$_{ex}$ 和细粒泥沙含量的变化及其解译. 泥沙研究，（6）：17-23.

张信宝. 2005. 有关湖泊沉积 ^{137}Cs 深度分布资料解译的探讨. 山地学报，23（3）：294-299.

张信宝. 2017. 环境地学科研故事. 成都：四川科学技术出版社.

张信宝，柴宗新. 1996. 长江上游水土流失治理的思考——与黄河中游的对比. 水土保持科技情报，4：7-9.

张信宝，贺秀斌，文安邦，等. 2004. 川中丘陵区小流域泥沙来源的 ^{137}Cs 和 ^{210}Pb 双同位素法研究. 科学通报，49（15）：1537-1541.

张信宝，白晓永，刘秀明. 2011. 洼地沉积的 ^{137}Cs 断代法测定森林砍伐后的喀斯特小流域土壤流失量. 中国科学：地球科学，41（2）：265-271.

张信宝，龙翼，文安邦，等. 2012. 中国湖泊沉积物 ^{137}Cs 和 ^{210}Pb$_{ex}$ 断代的一些问题. 第四纪研究，32（3）：430-440.

张信宝，白晓永，李豪，等. 2017. 西南喀斯特流域泥沙来源、输移、平衡的思考——基于坡地土壤与洼地、塘库沉积物 ^{137}Cs 含量的对比. 地球与环境，45（3）：247-258.

张一澜，文安邦，俱战省，等. 2014. 基于 3S 和 ^{137}Cs 技术的三峡库区小流域泥沙输移比研究. 水土保持学报，28（3）：46-51.

Bettoli M，Cantelli L，Degetto S，et al. 1995. Preliminary investigations on ^{7}Be as a tracer in the study of environmental processes. Journal of Radioanalytical and Nuclear Chemistry，190（1）：137-147.

IAEA. 2014. Guidelines for using fallout radionuclides to assess erosion and effectiveness of soil conservation strategies. IAEA-TECDOC-1741，Vienna：International Atomic Energy Agency：213.

Mabit L，Benmansour M，Walling D E. 2008. Comparative advantages and limitations of the fallout radionuclides ^{137}Cs，^{210}Pb$_{ex}$ and ^{7}Be for assessing soil erosion and sedimentation. Journal of Environmental Radioactivity，99：1799-1807.

Ritchie J C，Ritchie C A. 2008. Bibliography of publication of ^{137}Cs studies related to erosion and sediment deposition. USDA-ARS Hydrology and Remote Sensing Laboratory，United States Department of Agriculture，Agricultural Research Service. https://www.ars.usda.gov/ARSUserFiles/80420510/Cesium137/BiblioCs1372008. pdf.

Shi Z L，Wen A B，Ju L，et al. 2013. A modified model for estimating soil redistribution on grassland by using ^{7}Be measurements.

Plant and Soil，362：279-286.

Shi Z L，Blake W H，Wen A B，et al. 2021. Channel erosion dominates sediment sources in an agricultural catchment in the Upper Yangtze basin of China：Evidence from geochemical fingerprints. Catena，199：105111.

Yan D C，Zhang X B，Wen A B，et al. 2012. Assessment of sediment yield in a small karst catchment by using Cs-137 tracer technique. International Journal of Sediment Research，27（4）：547-554.

Zhang X B，Higgitt D L，Walling D E. 1990. A preliminary assessment of the potential for using caesium-137 to estimate rates of soil erosion in the Loess Plateau of China. Hydrological Sciences Journal，35（3）：243-252.

Zhang X B，Zhang Y Y，Wen A B，et al. 2003. Assessment of soil losses on cultivated land by using the ^{137}Cs technique in the Upper Yangtze River Basin of China. Soil and Tillage Research，69：99-106.

Zhang X B，Qi Y Q，Walling D E，et al. 2006. A preliminary assessment of the potential for using ^{210}Pb$_{ex}$ measurement to estimate soil redistribution rates on cultivated slopes in the Sichuan Hilly Basin of China. Catena，68：1-9.

Zheng J J，He X B，Walling D E，et al. 2007. Assessing soil erosion rates on manually-tilled hillslopes in the hilly Sichuan Basin using ^{137}Cs and ^{210}Pb$_{ex}$ measurements. Pedosphere，17（3）：273-283.

第8章　长江上游水土流失与面源污染模拟

水土流失是面源污染的主要运输载体,它不仅会造成土壤有机质损失,降低土壤肥力,还会导致氮、磷等营养物质从土壤表层大量流失进入水体,造成面源污染,且水土流失携带的泥沙本身就是污染物,因泥沙是有机物、营养盐、金属等污染物的载体(Smith et al.,2001;石辉,1997;谢红梅和朱波,2003)。量化水土流失与面源污染对于控制水体富营养化及流域水环境综合治理具有重要意义,其中最有效和最直接的方法是建立模型,其核心是通过有限的数据模拟预测径流、泥沙与面源污染物的产生、迁移过程,从而揭示面源污染的产生和迁移规律(李怀恩等,1997)。面源污染模型研究始于 20 世纪 60 年代,随着研究的深入,已从最初的经验模型逐步发展至机理模型,而计算机技术与 3S(GIS、RS、GNSS)技术的发展也大力推动了模型研究(程炯等,2006;高扬等,2008)。

8.1　水土流失与面源污染模型概述

8.1.1　模型分类

完整的水土流失与面源污染模型一般由三个功能模块构成:水文模块、侵蚀泥沙模块和污染物负荷模块。根据模型构建方法与模拟的过程可将模型分为两大类,即经验模型和物理模型。其中,经验模型通常是依据因果关系及统计分析方法来建立污染负荷与流域土地利用或径流量之间的关系式,这类模型具有简洁和易懂的特点,能够通过简单的数据计算出污染负荷,实用性较强,因此在早期研究及大尺度研究区应用较为广泛。但是这类模型在描述污染物迁移规律方面存在缺陷,导致此类模型进一步应用受限,且经验模型地域性明显,也限制了模型的推广应用(程炯等,2006;Zhang et al.,2021)。而随着对面源污染过程、机理研究的深入和对污染物迁移转化监测力度的加大,以及计算机和地理信息系统(geographical information system,GIS)技术的广泛运用,物理模型逐步成为研究热点。物理过程模型模拟的是整个事件或系统的过程,其模拟方法并非对过程的简化,而是对原理和理论的推导,其参数可以通过实测或方程获取(牛志明等,2001;杨善莲等,2020)。根据模型的参数形式还可以分为集总式模型和分布式模型,集总式模型是将流域看成一个整体单元,不考虑单元内时空分异性,将单元的特征集总在一起,应用公式对其参数加以简化,以便将单元作为均匀系统处理,该类模型多采用经验公式,受区域影响较大,精度较低。分布式模型是指将流域划分成性质相同的独立单元,分别对各独立单元进行模拟,该类模型所需参数较多,但与集总式模型相比能识别出流域水土流失与面源污染的关键地区(黄志霖,2012)。

8.1.2　水土流失模型

目前常用的水土流失模型有 USLE/RUSLE、MUSLE、WEEP、USPED、SWAT、EUROSEM、LISEM、CSLE、江中善模型和皇甫川流域模型等，模型的结构和优缺点列于表 8-1 中。

表 8-1　国内外主要水土流失模型

国内外主要模型	优点/缺点
USLE/RUSLE	形式简单，考虑因素全面。主要应用于平原和缓坡地形区，不能计算沟蚀和沉积量，缺乏对侵蚀机理的剖析
WEEP	基于物理过程，可以预报每天或单次降水引起的土壤流失与沉积。参数多且难以获取
CSLE	结构简单，参数易获取，适合中国的土壤侵蚀环境。不能计算沟蚀和沉积量，缺乏对侵蚀机理的剖析
MUSLE	能更直接反映降水量对土壤侵蚀的作用，还能反映出泥沙随径流的输移过程。不能计算沟蚀
RUSLE2	基于经验及物理过程，描述了土壤颗粒的分离、迁移和沉积，并在时间尺度上以天为步长运行
G2	提供每月时间的分步评估结果并量化障碍物对径流的中断影响
USPED	能够识别并预测出研究区土壤侵蚀和沉积的空间分布。只能在降水量恒定的状态下实现该功能
SEDD	计算每个栅格的泥沙输移比，以此为基础计算每个栅格的产沙量。对 DEM 分辨率依赖度较高
WaTEM/SEDEM	分布式土壤侵蚀模型，可获得流域内侵蚀、泥沙运移和沉积的空间格局。模型参数具有一定地域性
江中善模型	形式简单，考虑了浅沟侵蚀因子。缺乏对侵蚀机理的剖析
SWAT	分布式模型，水文响应单元独立计算水循环的各个部分及其定量的转化关系。模型产沙采用修正通用土壤流失方程
EUROSEM	次降水的分布式物理模型，模拟流域内任何时刻地点的侵蚀状况。主要用于以缓坡为主的小流域
LISEM	分布式土壤侵蚀模型，可以研究侵蚀的时空分布。模型至少输入 24 层数据
皇甫川流域模型	利用大量野外观测资料。在其他流域的精度有待进一步验证

8.1.3　面源污染模型

1）输出系数模型

1976 年，美国国家环境保护局为预测静止水体的富营养化而建立了最初的输出系数模型，该模型的原理为应用多元线性回归分析建立在河流中各种污染负荷浓度与相应流域土地利用之间的关系上。模型的提出为面源污染研究提供了新思路，但模型只能预测和评价土地利用类型比较单一的研究区的面源污染，且预测和评价的精度受限。随着研究深入，1996 年英国学者 Johnes 等在前人成果的基础上，提出了更细致、更完备的输出系数模型。

输出系数模型的优点在于避开了面源污染发生的复杂过程，且所需参数少，操作简便，具有一定的精度。Johnes 输出系数模型表达式为

$$L = \sum_{i=1}^{n} E_i A_i (I_i) + p_i \qquad (8\text{-}1)$$

式中，L 为研究区域面源污染负荷；i 为研究区域污染源的种类；E_i 为第 i 种污染源的输出系数；A_i 为第 i 种污染源的分布面积；I_i 为第 i 种污染源营养物输入量；p_i 为第 i 种污染物由降水输入的数量。

2）PLOAD 模型

PLOAD（pollutant loading estimator）模型是一个基于 GIS 进行简化的面源污染负荷模型，由美国弗吉尼亚州的 CH2M-Hill 团队开发，并在 BASINS 系统中为它提供技术支持和功能整合与拓展（Edwards and Miller，2001）。模型以年降水量、土地利用和最佳管理措施为基础，计算不同子流域和土地利用的面源污染负荷。它采用出口系数法或美国国家环境保护局的简单方法，在年平均值的水平上，估算用户指定的任意面污染 PLOAD 与 BASINS 系统连接，它根据现有图层与模型的接口一一对应。PLOAD 与 BASINS 系统的嵌合使模型能够更好地估算面源负荷、相对贡献及最佳管理措施产生的负荷削减（刘慧，2020）。

3）生物地球化学模型

生物地球化学模型由于具有较完善的生物地球化学机理与相关物理过程的表达方程，对基于物质与能量平衡的循环过程具有较系统的模拟能力，特别是生态系统碳、氮、磷循环与迁移转化过程，所以该模型的发展有利于面源污染的精确模拟。

DNDC（DeNitrification-DeComposition）模型由美国新罕布什尔大学开发和发展（Li et al.，1992）。该模型是对土壤中碳（C）和氮（N）循环过程进行全面描述的机理模型，可以用来模拟碳、氮等元素在土壤—植被—大气之间的迁移转化等过程，如 CO_2、N_2O 和 CH_4 等温室气体的排放及估算，土壤有机碳（SOC）的动态变化，各形态氮的迁移，是目前国际上较为成功的生物地球化学循环模型之一。反硝化和有机质的分解是导致碳和氮从土壤中丢失的主要生物地球化学过程。DNDC 模型是农业生态系统中一系列控制碳和氮迁移转化的生物化学和地球化学反应机制的计算机模拟表达，主要由两大部分组成：第一部分包括土壤气候、农作物生长和土壤有机质分解三个子模型，利用生态驱动因子（即气候、土壤、植被以及人类活动）来模拟土壤环境条件［即土壤的温度、湿度、pH、氧化还原电位（Eh）以及相关化学底物浓度梯度］；第二部分包括反硝化过程、硝化过程以及发酵过程三个子模型，模拟土壤环境条件对微生物活动的影响，计算植物-土壤系统中二氧化碳（CO_2）、甲烷（CH_4）、铵氮（NH_3）、氧化亚氮（N_2O）以及氮气（N_2）的排放。DNDC 模型中所采用的函数主要来自物理学、化学、生物学的经典法则和实验室研究所产生的经验方程。DNDC 模型构建了一座架在基本生态驱动因子和碳氮生物地球化学循环之间的桥梁（图8-1）。

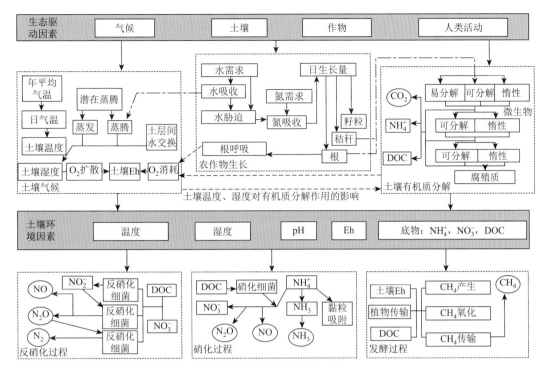

图 8-1　DNDC 模型结构

DNDC 模型虽然具有较完善的碳、氮生物地球化学过程的描述能力，但对水文、泥沙过程的刻画不足，早期模型很难用于模拟面源污染负荷，近年来经过 Deng 等（2011a，2011b）在传统 DNDC 模型的基础上嵌入 SCS（soil conservation service）曲线和修改通用土壤流失方程（modified universal soil loss equation，MUSLE），已初步具备面源污染模拟能力。

8.1.4　水土流失与面源污染耦合模型

1. CREAMS/GLEAMS 模型

为满足美国农业部（United States Department of Agriculture，USDA）自然资源保护局专家评估农业区域的面源污染，并比较替代管理实践影响的要求，由美国农业部农业研究局的多个学科科学家组成的研究团队开发了 CREAMS（chemicals，runoff，and erosion from agricultural management systems）模型（Knisel and Douglas-Mankin，2012），CREAMS 模型分为三个模块，分别为水文模块、侵蚀模块和化学模块。其中，水文模块是整个模型的基础，原因在于地表及土壤水分运动的量和速率是模拟污染物移动的核心，该模块可模拟降水中的地表入渗、土壤水分运动、土壤及植物的蒸发量并计算出径流总量（Knisel，1980）。根据降水资料的不同，水文模块计算径流量分两种方法：当降水资料为日降水量时采用 SCS 曲线来估算日平均径流量；当采用逐时或逐分钟降水数据时，采用 Green-Ampt 入渗方程模拟径流过程（张建，1995），后一种方法计算精度和资料获取难度高于前一种（Knisel and Still，1987）。对于侵蚀模块，Foster 等修改了通用土壤流失方程（USLE）以模拟日侵蚀来取代长期平均年侵蚀,并根据水文模块模拟输出的数据及降水资料计算坡面和沟道的侵蚀量。此模型无须校准或收集研究数据来确定参数值,且模型用户可以选择6 种陆地、河道和池塘的排列方式(陆地,陆地-池塘,陆地-河道,陆地-河道-池塘,陆地-河道-河道,陆地-河道-河道-池塘)来适配研究区。化学模块分为养分和农药两个部分,养分部分通过水文模块、侵蚀模块的输出数据与养分数据相结合,可模拟计算出径流和泥沙挟带吸附的 N、P 量以及 N、P 的淋洗量(Knisel and Still,1987);农药部分是根据简化的流程概念开发的,旨在响应不同的管理选择,该部分考虑了施用农药后在土壤和植物叶片中每天的一级降解。

CREAMS 模型是一个应用于田块尺度(field-scale)、集总参数,且可模拟以日为计时步长的连续模型,所谓田块尺度满足的条件是指土地利用状况单一、土壤相对均质、降水均匀、耕作措施单一(张建,1995)。CREAMS 模型的基本概念被接受且模型的价值获得认证后,模型的组件连接度得到了进一步优化以便获得持续反馈;同时简化投入,并解决了作物轮作和动物粪便施用等问题,使模型具有更好的土壤代表性。1987 年,通过渗透路径改善土壤分层的 GLEAMS(groundwater loading effects of agricultural management systems)模型开始发展,到 1993 年,水文、侵蚀、农药和植物养分等模块陆续改进完善。GLEAMS 模型主要改进部分包括:气候记录从 20 年增加到了 50 年,基于土壤含水量模拟灌溉,农药数量从 10 种增加到 366 种等(Knisel and Douglas-Mankin,2012)。GLEAMS 模型同样由水文、侵蚀、养分和农药这几个模块组成,且将类似于 EPIC 模型中使用的基本的 N 和 P 过程掺入养分部分中,并对农药模块进行修订,考虑了成分(代谢物)的降解顺序,原因在于这部分可能会对环境有更大的影响(Knisel and Still,1987)。GLEAMS 模型和 CREAMS 模型相同,都是以日为步长的集总参数的连续模型。

CREAMS 模型在国内应用较少,张建(1995)在黄土坡地模拟径流并计算侵蚀量,虽模拟结果与其他方法存在可比性,但模型应用需要一定经验,参数选择、化合物流失等方面还需进一步提高和完善。除此之外,CREAMS 模型在国内多用于研究降水侵蚀力时的参照,符素华等(2002)、吴明作等(2011)、朱雪梅等(2011)先后在北京、河南、四川等地验证了 CREAMS 模型中降水侵蚀力计算公式具有精度较高、方法简洁且空间分异性较小的特点,证明 CREAMS 模型中的降水侵蚀力计算公式在研究土壤侵蚀时具有重要应用价值。GLEAMS 模型在国内主要应用于 N 和 P 的模拟,王吉苹和曹文志(2007)、张东升等(2007)在福建省九龙江流域及南京市应用 GLEAMS 模型进行硝态氮淋失估算模拟氮素来源去向分类和量化,结果证实 GLEAMS 模型模拟结果具有一定参照意义。虽然 CREAMS 模型和 GLEAMS 模型在各地多年的应用表明这两个模型模拟结果具有一定的准确性,但由于模型应用尺度的局限性,这两种模型并未考虑研究区自然环境的多样性,如土壤、地形和土地利用情况的差异性(郝改瑞等,2018),且由于模型参数简单,多依赖于经验公式和参数,模型的精度和外延性存在缺陷(张东升等,2007)。

2. ANSWERS 模型

1980 年,Beasley 等为获得农业和非农业流域水质、水量及其产生影响的土地使用、管理和保护措施等信息开发了 ANSWERS（areal nonpoint source watershed environment response simulation）模型。在设计和开发 ANSWERS 时，首先构建了一个概念模型，它描述了发生在以农业为主导的流域内的许多过程，然后用数学结构逻辑地描述过程和交互，最后将其拟合到数学模型中。模型结构包括水文模块，沉积物分离/运输模块以及描述陆地、地下和河道流动水分运动所需的若干线路组件。ANSWERS 是一个综合模型，其主要优势来自分布式分析方法，有效地解释了许多相关因素区域的重要性。Storm 等（1988）开发了估算农业流域磷损失的子模型并纳入 ANSWERS 模型中。该模型加入了非平衡解吸方程用于解释土壤磷向地表径流的解吸，较全面地描述了地表径流、地下排水、沉积和磷化学动力学过程。到 1996 年，Bouraoui 和 Dillaha（1996）开发了一种基于事件的、无须校准即可使用的面源污染管理模型 ANSWERS-2000。新模型使用 Green-Ampt 方程来模拟渗透，并通过结合叶面积指数来模拟作物生长，同时将 ANSWERS 转换为连续模拟模型。此模型在降水事件期间使用 60s 的时间步长，在降水事件之后使用每日时间步长。

ANSWERS 模型在国外得到广泛应用，但该模型模拟的降水径流普遍偏大，原因在于应用尺度不同、仪器偏差及地域差异等（潘沛等，2008）。同时 ANSWERS 模型的主要弱点是其侵蚀模块采用经验方程，且仅能模拟泥沙总量（张玉斌和郑粉莉，2004）。ANSWERS 模型是主要针对欧洲平原地区研发的分散型物理模型（张玉斌和郑粉莉，2004），因此在国内应用并不广泛。

3. HSPF 模型

HSPF（hydrological simulation program-fortran）模型于 1981 年由 Robert Carl Johanson 提出，它起源于 1966 年斯坦福模型（Stanford watershed model，SWM），是将数学方法应用于水文计算和水文预报形成的流域水文模型（董延军，2009）。HSPF 是一个以基本单元为子流域，时间步长可以在 1min～1d 内任意设置的半分布式模型。它可以对中小流域 1d 内逐时甚至更小时间尺度的产汇流、产汇污过程进行事件性的连续模拟（张恒等，2012）。1996 年 HSPF 模型被整合到点源-面源综合评估模型 BASINS 里面，利用 ArcView 软件对空间数据的存储和处理能力，HSPF 能够自动提取模拟区域所需要的地形、地貌、土地利用、土壤、植被及河流等数据，开展面源污染负荷的长时间连续模拟（董延军，2009）。HSPF 模型运用 Fortran 语言编写，包含水文模拟程序（HSP）、农业径流管理模型（ARM）和面源污染负荷模型（NPS），这种结构便于用户使用时修改和维护数据（Li et al.，2017）。

HSPF 模型结构分为三个模块，分别是透水地模块（PERLND）、不透水地模块（IMPLND）和河道及水库模块（RCHRES）。其中，透水地模块可以模拟林地、农用地、草地及城镇用地中透水部分的产流与产污；不透水地模块可以模拟城镇用地中不透水部分的产流与产污；而河道及水库模块主要模拟河道及水库等地表水体中水量及各种污染物的汇流、汇污（包括点源的输入），同时还可以模拟物质在地表水体中的生化反应过程。模型结构示意图如图 8-2 所示。

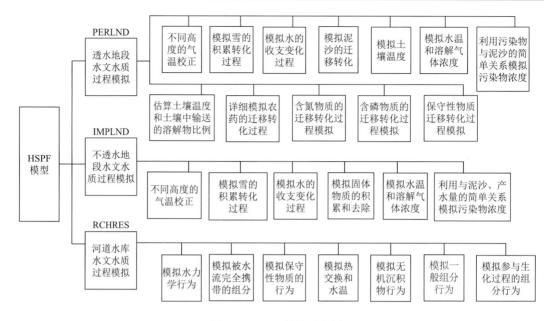

图 8-2 HSPF 结构示意图

基于三个基本模块，HSPF 模型可以实现对水文部分、泥沙部分、生物耗氧量（BOD）、溶解氧（DO）、N、P 等的模拟。由于 HSPF 时间步长可以实现 1min～1d 的任意设置，可以模拟每场降水事件下的水文过程，且降水这一水文过程是影响面源污染的主要因素，因此在水文模拟方面 HSPF 相较于其他模型具有绝对优势。HSPF 模拟降水产生的水文过程以 SWM 为基础，但对其中的一些参数进行了修正，考虑了降水、截留、蒸发、表层滞留存储、渗滤等水文过程，为模型后续模块提供了良好基础。

来自地表的泥沙是城市、农田和林地水体中最常见的污染物之一，它使水体浑浊，掩埋鱼卵，限制了水库的容量，并且是营养物和有毒化学物质的载体。面源污染物很大一部分是以泥沙为载体进入水体的（董延军，2009）。HSPF 模型的泥沙部分可以模拟地表泥沙的产生和搬运过程，前者模拟降水冲击引起的土壤基质飞溅脱落，原理为降落在土壤上的降水产生的动能使颗粒分离，然后这些颗粒可以通过地表径流来运输。后者在模拟分离泥沙冲刷时，估算了地表径流的输沙能力，并将其与可用的分离泥沙量进行了比较。用于模拟泥沙剥蚀和迁移过程的数学方程是基于 Meyer 和 Wischmeier 所提出的降水对土壤表面侵蚀的算法（邢可霞等，2005）。

HSPF 模型对透水地面和不透水地面 BOD 的模拟较为简单，采用的方法是利用与地表径流、壤中流、地下水出流的线性关系来计算。而 DO 的模拟采用与水温的关系来计算。河流中 BOD 和 DO 的模拟考虑了 BOD 的衰减、底泥释放以及大气复氧与底泥需氧量等过程（邢可霞等，2005）。HSPF 模型对氮的模拟考虑了氮在多种环境介质之间的迁移转化过程，主要是氮在土壤和水体中的传输和反应过程。氮的种类包括无机氮（硝氮、亚硝氮、铵氮）和有机氮，也可以根据存在形态分为泥沙吸附态、溶解态和有机态，总氮计算的是其总和（梅立永等，2007）。

4. 通用流域污染负荷（GWLF）模型

GWLF（generalized watershed loading function）模型是 1987 年由康奈尔大学的 Haith 和 Shoenaker 两位学者提出的半集总半分布式的流域负荷模型（Haith and Shoenaker，1987），能够评估负荷流域水系中的溶解态氮磷和总氮、总磷的月负荷量。此外，该模型还提供月均土壤侵蚀、沉积物量、河川径流量以及面源污染源解析（刘艳等，2014），设计用于中尺度流域（不超过 1 万 km²）。模型原理是基于水量平衡方程，使用实际测得的逐日降水量和逐日平均温度数据来模拟流域内不同土地利用类型所产生的地表径流，土壤侵蚀计算采用的是修正后的通用土壤流失方程，地下水过程的模拟是采用基于日水量平衡的集总参数式算法进行，营养盐通量的计算是使用基于经验的流域和浓度来进行。虽然 GWLF 模型考虑了多种土地利用类型所产生的负荷量，但是模型假定的每种土地利用类型在实际模拟过程中的计算是一样的。另外，模型不能对污染源地区进行空间区分，仅仅是对来自不同污染源地区的负荷量进行简单加和（沙健，2014）。GWLF 模型功能主要包括（沙健，2014）：

（1）评估流域逐月的河川径流量及其来源组成，即地表径流和地下水潜流各自所占的比例。

（2）评估流域逐月的沉积物产量，包括农村地区因水土流失导致的泥沙量以及城市不透水下垫面的沉积物冲刷。

（3）评估流域逐月的营养盐负荷量。现有模型主要针对总氮、总磷污染进行分析，包括对溶解性总氮、全形态总氮、溶解性总磷及全形态总磷在模拟周期内逐月的月总污染物通量进行模拟。

（4）解析流域污染负荷来源。包括不同污染物形态，即溶解态和吸附态负荷各自所占的比例，不同负荷贡献途径包括地表径流、地下水、农村生活、城市径流、点源等负荷方式各自所占的比例，以及不同土地利用类型区域上所产生的污染物负荷贡献的比例。

（5）预测与评价未来流域可能的污染负荷趋势。基于已经建好的模型，通过改变模型关键参数或输入数据的方法，预测治理措施实施或自然条件变化下的流域污染负荷响应趋势，为面向未来的流域管理提供决策支持信息。

目前针对 GWLF 模型的研究主要包括对 TMDLs 的支持、GWLF 模型在不同流域和不同地区的适用性研究以及对模型的改进及应用几个方面。Ning 等（2002，2006）应用 GWLF 模型，结合 3S 技术对中国台湾地区面源污染负荷和水土流失进行了评估，并根据 TMDLs 制定了最佳管理措施，取得了较好的成果。Chang（2013）使用 GWLF 模型在宾夕法尼亚州萨斯奎哈纳河（Susquehanna River）6 个子流域和康内斯托加河（Conestoga River）5 个子流域进行了土地利用变化对流域径流量和氮磷等营养盐负荷的影响研究。何因等（2009）将 GWLF 模型应用于天津市于桥水库流域，利用沙河流域 1999 年水量、水质数据进行校准，初步估算出于桥水库上游流域的面源负荷。杜新忠等（2014）利用 GWLF 模型，对农村生活及畜禽养殖模块进行改进，模拟了柳河上游的月径流及总氮负荷，并基于模型结果分析了各污染源的贡献率及其季节性差异。刘艳等（2014）在新安江干流黄山段利用 GWLF 与一维河道水质模型（QUAL2Kw）联用进行研究，以实现水质模型在以面源污染为主导的河段开展应用；赵越等（2015）研究了基于GWLF 模型的新安江流域面源污染特征。

5. SWAT 模型

SWAT（soil water assessment tool）模型是 1994 年由美国农业部（USDA）农业研究中心的 Arnold 教授等提出来的日步长的连续性分布式水文物理模型（Arnold et al.，1998；Santhi et al.，2001）。该模型以 SWRRB（simulator for water resources in rural basins）为基础，融合了 CREAMS 模型、GLEAMS 模型和 EPIC 模型等的优势功能，其主要运行模式是将研究区内的气象、土壤、地形、植被、土地管理措施等以具体信息的形式输入模型中，利用模型内预设的参数计算方法，直接模拟水流、泥沙输移、营养物迁移等物理过程，功能较完备，可以用作地表水和地下水的水量和水质的模拟，预测不同情景模式下的污染物输出变化（秦云，2017；李云翊，2018）。

从 SWAT 提出到现在的数十年来，模型不断改进优化，功能逐步完善：SWAT94.2 引入了多水文响应单元（hydrologic response units，HRU）的概念。SWAT96.2 新增了施肥和灌溉管理措施，增加了植物冠层截留、彭曼潜在蒸散发公式，土壤侧向流动计算模块和营养物质方程，可模拟杀虫剂迁移。SWAT98.1 则改进了融雪、水质计算、营养成分循环模块，新增了放牧、施肥管理措施。SWAT99.2 改进了稻田/湿地模块，增加了 SWMM 模型中城镇冲刷方程。SWAT2000 增加了细菌运移、Gree-Ampt 入渗模块，径流计算新增了马斯京根法，改进了天气发生器、高程处理过程，修改了热带地区休眠计算功能。SWAT2005增加了气象情景预测功能、细化了日降水分布，增加了参数敏感性分析以及自动校准模块。SWAT2009 则改进了天气情景预测、细菌运移模块，且增加了污水系统建模功能。SWAT2012 则改善了操作页面，删除了参数敏感性分析和自动校准功能（李云翊，2018）。SWAT 模型在面源污染方面的研究主要围绕水文过程、土壤侵蚀过程和污染物的迁移转过程，因此 SWAT 模型设计了水文子模块、土壤侵蚀子模块和污染物负荷子模块三个部分来对应相应过程。各模块相关原理如下。

1）水文子模块

水文过程有两大重要部分，前一部分为水循环的陆地部分，通常决定着流入子流域主河道的泥沙、径流以及污染物的量；后一部分为水循环的演算部分，主要控制泥沙、径流向流域口的传输和迁移。SWAT 模型的水文子模块则是根据水平衡方程进行，其表达式如下：

$$SW_t = SW_o + \sum_{i=1}^{t}(R_{day} - Q_{surf} - E_a - W_{seep} - Q_{gw}) \tag{8-2}$$

式中，SW_t 为土壤最终含水量，mm；SW_o 为土壤最初含水量，mm；t 为时间步长，d；R_{day} 为第 i 天的降水量，mm；Q_{surf} 为第 i 天的地表径流量，mm；E_a 为第 i 天的蒸发蒸腾量，mm；W_{seep} 为第 i 天土壤剖面的渗透量和测流量，mm；Q_{gw} 为第 i 天地下水的出流量，mm。

2）土壤侵蚀子模块

土壤侵蚀主要由降水及径流的作用而导致，土壤侵蚀通常使用 MUSLE 方程来进行计算，MUSLE 是基于 USLE 进一步改正的。相对于通用土壤流失方程（USLE），MUSLE 通过引入径流因子来取代降水动能，提高产沙量的预测精度，同时其可以用于单次暴雨事件，MUSLE 的表达式为

$$m_{\text{sed}} = 11.8 \times (Q_{\text{surf}} \times q_{\text{peak}} \times A_{\text{hru}})^{0.56} \times K_{\text{USLE}} \times C_{\text{USLE}} \times P_{\text{USLE}} \times \text{LS}_{\text{USLE}} \times \text{CFRG} \tag{8-3}$$

式中，m_{sed} 为土壤流失量，t；Q_{surf} 为地表径流，mm/h；q_{peak} 为洪峰径流，m³/s；A_{hru} 为水文响应单元的面积，hm²；K_{USLE} 为土壤侵蚀因子；C_{USLE} 为植被覆盖和管理因子；P_{USLE} 为保持措施因子；LS_{USLE} 为地形因子；CFRG 为粗碎屑因子。

3）污染物负荷子模块

污染物负荷子模块分为两个部分：氮循环及其计算和磷循环及其计算。

（1）氮循环及其计算。SWAT 模型主要模拟了土壤剖面、浅层含水层中的氮。氮的化学性质不稳定且循环过程很复杂，包括矿化与固定作用、植物吸收、渗滤、挥发和反硝化作用等。

SWAT 模型分别对溶解态氮和吸附态氮的污染负荷进行模拟计算。在模拟计算溶解态氮时，模型考虑了地表径流流失、渗流流失等不同流失过程对计算结果的影响。在模拟计算吸附态氮时，模型依据描述有机氮随土壤流失的输移负荷函数对其进行计算，该函数于 1976 年由 Mcelroy 等提出，SWAT 模型采用的是经 Williams 和 Hann 修正的版本，其表达式如下：

$$\rho_{\text{orgN}_{\text{surf}}} = 0.001 \times \rho_{\text{orgN}} \times \frac{m}{A_{\text{hru}}} \times \varepsilon_{\text{N}} \tag{8-4}$$

式中，$\rho_{\text{orgN}_{\text{surf}}}$ 为吸附态氮的流失量（以 N 计），kg/hm²；ρ_{orgN} 为表层 10cm 土壤中的氮素浓度，kg/t；m 为土壤流失量，t；A_{hru} 为水文响应单元的面积，hm²；ε_{N} 为氮富集系数，该参数是随土壤流失的吸附态氮浓度与土壤表层吸附态氮浓度的比值。

（2）磷循环及其计算。按照形态的不同，磷可分为溶解态磷和吸附态磷（有机磷和矿物质磷）。在 SWAT 模型中，溶解态磷和吸附态磷的计算方法不同。由于磷和土壤颗粒容易发生吸附，因此地表径流中吸附态磷较多，溶解态形式的磷很少。其中，溶解态磷用下面公式计算：

$$P_{\text{surf}} = \frac{P_{\text{solution,surf}} \times Q_{\text{surf}}}{\rho_{\text{b}} \times h_{\text{surf}} \times k_{\text{d,surf}}} \tag{8-5}$$

式中，P_{surf} 为通过地表径流流失的溶解态磷（以 P 计），kg/hm²；$P_{\text{solution, surf}}$ 为表层 10cm 土壤中溶解态磷，kg/hm²；Q_{surf} 为地表径流，mm；ρ_{b} 为土壤溶质密度，mg/m³；h_{surf} 为表层土壤深度，mm；$k_{\text{d, surf}}$ 为土壤磷分配系数，是表层 10cm 土壤中溶解态磷的浓度与地表径流中溶解态磷浓度的比值。

在计算吸附态磷时，SWAT 模型主要依据 Williams 和 Hann 修正后的输移负荷函数来实现，该函数描述了吸附态磷随土壤转移过程，其表达式如下：

$$m_{P_{surf}} = 0.001 \times \rho_P \times \frac{m}{A_{hru}} \times \varepsilon_P \qquad (8\text{-}6)$$

式中，$m_{P_{surf}}$ 为溶解态磷流失量（以 P 计），kg/hm^2；ρ_P 为表层 10cm 土壤中吸附态磷的浓度，kg/t；m 为土壤流失量，t；A_{hru} 意义同上；ε_P 为磷富集系数（闫雪嫚，2018）。

SWAT 作为相对成熟的模型，在国内外的面源污染研究方面均得到了广泛应用，且效果较好。SWAT 模型的应用主要围绕氮磷循环、径流量、泥沙量计算进行，并在验证模型可用性的基础上进行不同气候条件下的对比模拟（Behera and Panda，2006；Yasin and Clemente，2013），同时针对模型参数进行了敏感性分析（Lenhart et al.，2002）、不确定性分析等（Muleta and Nicklow，2005），为后续研究提供了较多参考资料。

6. AnnAGNPS 模型

AnnAGNPS（annualized agricultural non-point source pollution model）是由美国农业部开发研制而成的用于模拟评估流域地表径流、泥沙侵蚀和氮磷营养盐流失的连续型分布式参数模型。该模型是在 AGNPS 模型基础上发展而来的，AGNPS 在应用中虽取得较好的效果，但由于它是单事件模型，在应用中有许多局限性。与 AGNPS 相比，AnnAGNPS 模型的改进之处在于：以日为基础连续模拟一个时段内每天及累计的径流、泥沙、养分、农药等输出结果，可用于评价流域内面源污染长期影响；根据地形水文特征进行流域集水单元（cell）的划分，且模拟的流域尺度更大，从 AGNPS 适用的几公顷（hm^2）到 20000hm^2 发展到 AnnAGNPS 最大可适用流域面积达 3000km^2（李硕和刘磊，2010）；与 GIS 较好地集成，模型参数大多可自动提取，模拟结果的显示度得以显著提高；采用 RUSLE 预测泥沙生成等（洪华生等，2005）。此外，AnnAGNPS 模型还包括一些特殊的模型计算点源、畜牧养殖场产生的污染物，土坝、水库和集水坑对径流、泥沙的影响（王飞儿等，2003）。但 AnnAGNPS 模型的模拟运算需要依托强大的数据库，参数系统包含 8 大类 31 小类 500 余个参数（赵串串等，2018）。

由于面源污染机理过程的复杂性，AnnAGNPS 模型做了如下的假定：①不考虑降水的空间变异，整个流域采用统一的降水参数，这也是模型模拟流域不宜过大的原因；②单元格可以是任意形状，但是内部的径流只有唯一的方向；③单元格内的参数是均匀和统一的；④模型的运行步长为 1d，假定所有计算成分（径流、泥沙、营养盐和农药）在第 2d 模拟开始前都已到达流域出口；⑤模拟期间点源的流量和营养盐浓度为常量；⑥模型只考虑地面水，忽略地下水的影响；⑦对于迁移中沉降在溪流的颗粒态营养盐和农药，模型忽略其以后的影响（李家科等，2009）。

AnnAGNPS 模型的最新版本为 Version 5.5（2018 年 9 月），模型基础模块包括水文子模型、土壤侵蚀子模型和污染物迁移子模型三个子模型。水文计算法则为土壤水分平衡方程与地表径流模型（SCS-CN）。泥沙输出计算法则为修订的通用水土流失方程 RUSLE，HUSLE 模型计算沉积物由坡面进入沟道的输移率，河道泥沙输移计算则基于 Bagnold 水流挟沙力方程和改进的 Einstein 储存平衡方程。化学物质迁移模型块中，采用 EPIC 模型和 GLEAM 模型模拟氮、磷、有机碳和杀虫剂等物质的日动态变化。主要计算公式如下：

水平衡方程为

$$\mathrm{SM}_{t+1} = \mathrm{SM}_t + \frac{\mathrm{WI}_t + Q_t + \mathrm{PERC}_t + \mathrm{ET}_t + Q_{\mathrm{lat}} + Q_{\mathrm{tile}}}{Z} \tag{8-7}$$

式中，SM_t 为土层某时间步长起始水分百分含量，%；SM_{t+1} 为土层某时间步长终止时水分百分含量，%；WI_t 为水分输入量，mm；Q_t 为表面径流量，mm；PERC_t 为水分渗出量，mm；ET_t 为蒸发量，mm；Q_{lat} 为侧流量，mm；Q_{tile} 为管道流，mm；Z 为土层厚度，mm；t 为步长时间，d。

地表径流模型为

$$Q = \frac{(\mathrm{WI} - 0.2S)^2}{\mathrm{WI} + 0.8S} \tag{8-8}$$

$$S = 254 \times \left(\frac{100}{\mathrm{CN}} - 1\right) \tag{8-9}$$

式中，Q 为地表径流量，mm；WI 为土壤输入水量，mm；S 为水土保持无量纲滞留系数；CN 为径流曲线数。

通用水土流失方程 RUSLE 为

$$A = R \cdot K \cdot L \cdot S \cdot C \cdot P \tag{8-10}$$

式中，A 为土壤年侵蚀量，$\mathrm{t/hm}^2$；R 为降水侵蚀力因子；K 为土壤可蚀性因子；L 为坡长因子；S 为坡度因子；C 为覆盖管理因子；P 为水土保持工程措施因子（田耀武等，2011a，2011b）。

AnnAGNPS 模型由数据输入和编辑系统、营养盐负荷估算模块、模拟结果输出模块构成。各个模块中又包含了若干其他子模块或子程序，这些模块或程序共同统一在 AnnAGNPS 之中，分别完成数据输入、污染物负荷模拟和结果输出等工作（图 8-3）。

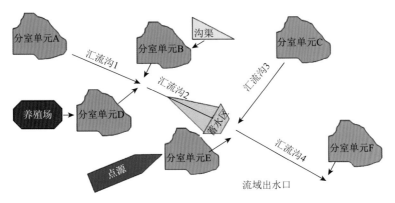

图 8-3　AnnAGNPS 中模拟的主要过程

AnnAGNPS 模型在国外起步较早，因此许多学者利用该模型在不同的流域和环境条件下进行研究，且成果颇丰。Young 等（1989）首次在美国中北部的 20 个流域应用 AGNPS 模型进行研究应用，且模拟效果良好。而后 Yuan 和 Bingner（2001）利用 AnnAGNPS 模型在密西西比三角洲进行了径流量和泥沙产量的预测研究，其结果表明模型模拟结果较好，但单个降水事件模拟结果较差。Suttles 等（2003）使用 AnnAGNPS 模型在美国东南沿海平原进行模拟研究，结果发现流域总出口的观测径流是模拟值的 100%，而流域上游的年径流量模拟值是实际监测值的 1/3～1/2，流域下游的径流量模拟值更靠近实测值。Shrestha 等（2006）利用 AnnAGNPS 模型对尼泊尔的 Masrang Khola 流域进行模拟，结果表明模型对径流量的模拟效果较好，而对洪峰流量和泥沙量的模拟结果不好。Kliment 等（2008）分别利用 AnnAGNPS 和 SWAT 模型对捷克 Blanka 河流域（374km²）进行模拟，采用 10 年日流量和泥沙产量对模型进行率定和验证，结果显示，SWAT 模型适用于长期连续模拟，而 AnnAGNPS 模型对短期降水事件的模拟更为精确。Pease 等（2010）运用 AnnAGNPS 模型对美国北达科他州 Pingree 上游的典型农业流域 Pipestem Creek 流域的面源污染进行评估，结果表明，该模型预测径流量为 0.31m³/s，而实测值为 0.46m³/s，模拟效果较好。而将模型预测的氮、磷和沉积物与观测到的相对物进行比较时，得到它的相关性较差。该模型的糟糕表现很可能是研究区域规模庞大以及土地使用和管理实践的高度可变性造成的。

国内关于 AnnAGNPS 的研究起步较晚，在陈欣和郭新波（2000）评价了 AGNPS 模型在我国南方丘陵区小流域应用的可行性之后，AGNPS 系列模型也逐渐得到我国学者的关注。王飞儿等（2003）运用 AnnAGNPS 模型对千岛湖流域农业面源污染物输出总量及时空分布进行了预测分析，结果表明在一定误差范围内该模型模拟效果可接受。黄金良等（2005）在九龙江流域对 AnnAGNPS 模型进行了应用和检验，结果表明模型对地表径流的模拟能力要强于对泥沙和氮磷营养盐的模拟，对总磷和泥沙输出的模拟结果表现出了较大的不确定性。贾宁凤等（2006）在以黄土丘陵沟壑区的晋西北河曲县中西部的砖窑沟流域为例建立 AnnAGNPS 模型数据库的同时，进行了该地区土壤侵蚀定量评价，且模拟结果较为理想，并强调了参数本地化的重要性。程炯等（2007）对位于珠江三角洲北部的新田小流域进行了 AnnAGNPS 模型模拟研究，其结果表明总磷模拟效果最佳，且模拟效果优劣与雨量大小有关。孟春红和赵冰（2007）也证明了 AnnAGNPS 模型在重庆市渝北区御临河流域应用基本可行。邹桂红等（2007，2008a）以大沽河典型小流域为研究区，以日、月、年为时间尺度验证了 AnnAGNPS 模型在该研究区的可行性，并在模型参数优化、校准和验证的基础上模拟了不同管理措施对面源污染的削减效果。高扬等（2008）以中国科学院盐亭紫色土农业生态试验站为例，对比分析了 AnnAGNPS 模型和 SWAT 模型面源污染的适用性，结果证实 AnnAGNPS 更适用于紫色土典型流域。花利忠等（2008，2009）将三峡库区大宁河流域作为研究区，在进行相关参数评价的基础上建立了 AnnAGNPS 模型数据库，并对该流域的径流和泥沙进行了定量评价，着重强调了基流分割的重要性，结果表明 AnnAGNPS 适用于该流域的侵蚀产沙定量评价，而后又利用大宁河流域内 8 年气象资料及控制站点的水文资料分析了流域泥沙输移特征，为侵蚀产沙和泥沙输移研究提供了新手段。田耀武等（2011b）以秭归县县域为单位进行了 AnnAGNPS 模型模拟，结果表明，以县域为单位的结果存在不确定性，但其结果相对客观，进而以此估算了全县的生态服务价值。王晓燕和林青慧（2011）以潮河大阁水文站以上流域作为研究子流域，探究 DEM 分辨率及子流域划分对 AnnAGNPS 模型模拟的影响，为后续研究中空间数据选择提供了参考。高银超等（2012）以三峡库区小江流域为例，建立了 AnnAGNPS 模型，模拟结果能较好地反映流域的面源污染情况。席庆等（2014）基于 AnnAGNPS

模型机制，选取可能对模型产生影响的地形、水文气象、田间管理、土壤 4 大类 31 个参数，以太湖地区典型低山丘陵小流域——中田河流域为实验区，利用扰动分析方法评价了模型参数对水文水质模拟结果的敏感性，为模型参数选取和校准提供了参考价值。娄永才和郭青霞（2018）也在前人的基础上，为了降低 AnnAGNPS 模型模拟计算的不确定性，采用修正的摩尔斯（Morris）分类筛选法，分析参数对模型模拟结果影响的敏感性程度。在此基础上，尝试综合利用一阶误差分析法（FOEA）和自助法（bootstrap）、不确定性分析方法识别重要的不确定性参数，不确定分析也是该模型后续研究的一大方向。

AnnAGNPS 模型虽然在我国起步较晚，但近年来各学者的研究取得了较为丰硕的成果。我国地域辽阔，地形条件和气象状况千差万别，模型的适用性虽在一些地区得到了验证，但其适用性、影响因素、敏感性和不确定性等各方面还应深入研究。

8.1.5　现有模型的问题

国内关于水土流失面源污染的模型研究起步较晚，基础观测资料累计少，限制了模型参数本地化，导致模型外延性较差，且耕作制度和耕作方式的差异引起的土壤结构、养分存留、地表特征等的变化可能改变氮、磷流失特征，但已有研究多关注单一种植模式下作物耕作季节氮、磷的流失特征，有关不同种植模式间的氮、磷流失特征的研究相对较少（席庆等，2014）。

8.2　DNDC 模型改进及其在长江上游水土流失与面源污染模拟的应用

基于水文过程开发的分布式水土流失与面源污染模型，一般可以有效模拟流域内不同控制因素的空间异质性对径流、泥沙、养分迁移过程的影响。但该类模型在描述生态系统养分循环及其在生态系统迁移转化过程的能力不足。相反，基于生物地球化学循环过程开发的模型由于水文过程特别是水平向水分流与泥沙输移的描述不足，一般难以有效地对养分随着径流迁移进行模拟（Li et al.，2006；Tonitto et al.，2010）。因此，面源污染量化研究前沿已趋向基于生物地球化学循环过程模型与水文模型耦合发展，如 DNDC 模型的发展（Li et al.，2006；Deng et al.，2011a）。

8.2.1　DNDC 模型的改进与发展

Deng 等（2011a）在生物地球化学循环模型（DNDC）的基础上嵌入水文模块 SCS 曲线（用于径流过程模拟）和侵蚀模块 MUSLE 方程（用于土壤侵蚀过程模拟），研发了改进的 Hydro-DNDC 模型，其可有效模拟径流和养分在水平方向和垂直方向上的迁移过程（图 8-4）。该模型已在长江上游典型小流域得到了参数率定和验证（Deng et al.，2011a）。

该模型进一步通过沟道过程及其降解参数的完善，在紫色土丘陵区的典型农业小流

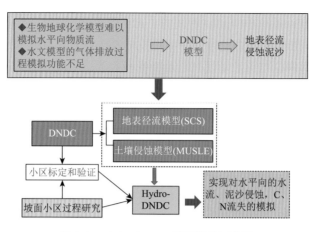

图 8-4 Hydro-DNDC 模型结构示意图

域——盐亭万安小流域（图 8-5）应用。万安小流域总面积为 12.36km² ，其中林地 5.43km²（43.9%），旱地 4.65km²（37.6%），水旱轮作田 1.63km²（13.2%），居民地 0.45km²（3.7%），道路及其他用地 0.20km²（1.6%）。

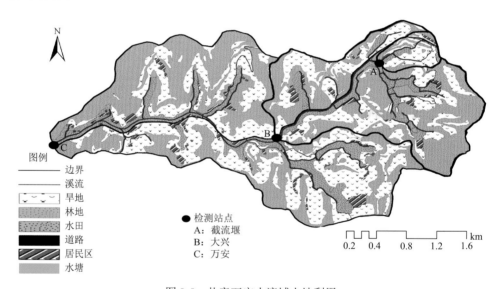

图 8-5 盐亭万安小流域土地利用

8.2.2 模型率定与验证

Hydro-DNDC 模型的参数率定主要利用万安小流域的子流域（截流堰）2007～2009 年的径流、泥沙、氮迁移数据对模型水文、土壤侵蚀、氮流失等进行参数率定。每一步率定时均先采用年数据进行粗率定，再用月数据进一步率定。

1. 径流过程模拟

采用 2007～2009 年截流堰支沟的径流量实测值对模型进行校准。①年流量平衡：

2007～2009 年实测的径流量介于 182726.4～219167.1m³，模型模拟值介于 179755.3～228342.8m³，模拟偏差介于–9.4%～4.2%，模拟结果较理想（表 8-2）。②月流量平衡：在年水量平衡的基础上，进一步调整敏感参数 CN 值的取值，使其月径流量的模拟值与监测值趋势一致。2007～2009 年实测的月径流量介于 27.5～76707.4m³，月径流量模拟值介于 0～91342.4m³。图 8-6 显示了截流堰支沟 2007～2009 年月径流量模拟值与实测值之间的对应

表 8-2　DNDC 对年径流量的模拟

模拟期		实测值/m³	模拟值/m³	模拟偏差 Dv/%
率定期	2007 年	182726.4	188445.8	3.1%
	2008 年	198369.8	179755.3	−9.4%
	2009 年	219167.1	228342.8	4.2%
	均值	200087.8	198848.0	−0.7%
验证期	2010 年	190939.4	202949.0	6.3%
	2011 年	234704.7	206014.4	−12.2%
	均值	212822.1	204481.7	−3.0%

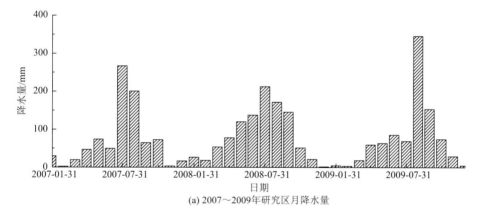

(a) 2007～2009年研究区月降水量

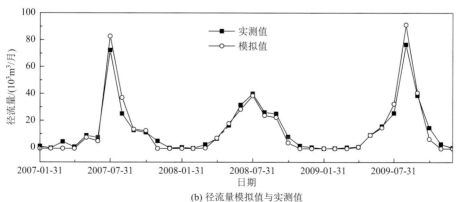

(b) 径流量模拟值与实测值

图 8-6　截流堰支沟率定期的径流量模拟值与实测值对比

关系，月流量模拟值与实测值曲线走向基本一致，模型较好地反映了小流域的水文过程，且径流实测值与模拟值 1∶1 关系图的决定系数（$R^2 = 0.974$）较高 [图 8-7（a）]，反映了参数率定期径流模拟结果很理想。

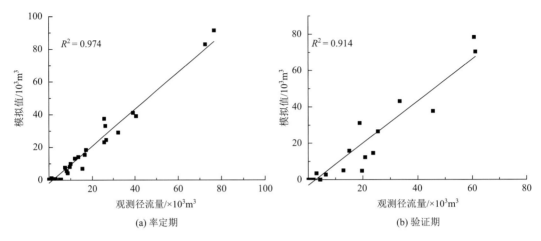

(a) 率定期

(b) 验证期

图 8-7 截流堰支沟月径流量模拟值与观测值 1∶1 关系图

利用 2007~2009 年实测径流数据对模型校准后，并利用 2010~2011 年实测径流数据对模型进行验证。表 8-2 显示了验证期年径流模拟结果，2010 年、2011 年实测的径流量分别为 190939.4m³、234704.7m³，其对应的模拟值分别为 202949.0m³、206014.4m³，模拟偏差分别为 6.3%、−12.2%，因此，校准期年径流模拟结果也较为理想。

从月径流过程的模拟而言，2010~2011 年实测月径流量介于 68.9~60639.8m³，模型模拟值介于 0~78341m³。如图 8-8 所示，月径流模拟值与实际观测值走向趋势基本一致。但与模型率定结果类似，模型低估了旱季径流，高估了雨季个别月的径流量。总体而言，模型较好地反映了径流的实际月变化过程，且月径流模拟值与实际观测值 1∶1 关系拟合曲线相关系数为 $R^2 = 0.914$ [图 8-7（b）]，说明验证期模型对径流的模拟结果较好。

从 DNDC 模型对截流堰支沟的径流过程模拟结果来看，旱季月径流量模拟值均远小于实测值。该结果与 Yuan 和 Bingner（2001）的报道相似，可能模型高估了植物生长水分

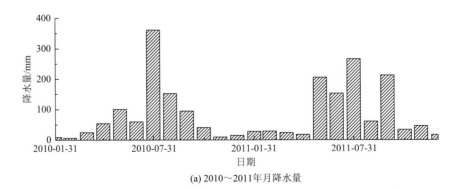

(a) 2010~2011年月降水量

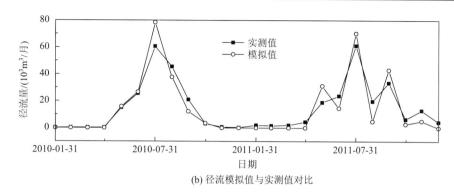

(b) 径流模拟值与实测值对比

图 8-8　截流堰支沟验证期径流模拟值与实测值对比

的需求，而实际上植物旱季水分蒸腾和消耗较小，导致壤中流产生。尽管如此，年径流、月径流的模拟值与实测值均具较好相关关系，相对于每年、每月的模拟值与观测值之间的误差，多年、多月的模拟结果平均误差明显较小，如模型率定期和验证期多年平均模拟偏差分别为−0.7%和−3.0%，说明模型较更加适合应用于长期模拟评价。

2. 土壤侵蚀过程模拟

Hydro-DNDC 模型中计算土壤侵蚀量使用的是 MUSLE 模型，MUSLE 模型中对侵蚀影响敏感的因子包括植物根系生物量、作物管理因子（C）和水土保持措施因子（P）等，而作物管理因子 C 和土壤可蚀性因子 R 是模型产沙量模拟最敏感的因子（Polyakov et al.，2007）。作物管理因子 C 与地表覆盖度、冠层覆盖度关系密切，而地表覆盖度、冠层覆盖度与泥沙输出呈负相关关系，即地表覆盖度和叶冠覆盖率越低，泥沙输出量越大。根据土地利用类型、作物生长状况，参考各文献中的作物管理因子的参数取值（游松财和李文卿，1999；蔡崇法等，2000；倪九派等，2001），调整作物管理因子 C 以校准模型。在此基础上同时微调 MUSLE 模型中水土保持措施因子，使得模拟土壤侵蚀量与实际观测值最大限度地接近，从而实现模型土壤侵蚀量的模拟校准（Polyakov et al.，2007）。表 8-3 显示了模型率定期（2007～2009 年）截流堰支沟土壤侵蚀量观测值与模拟值之间的关系。结果表明，年土壤侵蚀量模拟偏差介于 5.6%～9.7%，年均模拟相对误差为 7.3%（表 8-3），模型模拟结果理想。

表 8-3　截流堰支沟土壤侵蚀量观测值与模拟值之间的关系

模拟期		实测值/t	模拟值/t	模拟偏差 Dv/%
率定期	2007 年	58.0	63.6	9.7%
	2008 年	52.6	56.1	6.7%
	2009 年	62.8	66.3	5.6%
	均值	57.8	62.0	7.3%
验证期	2010 年	58.7	62.9	7.2%
	2011 年	63.3	70.5	11.4%
	均值	61.0	66.7	9.3%

图 8-9 为截流堰支沟土壤侵蚀模拟值与实测值关系。2007～2009 年月土壤侵蚀实际观测值介于 0.01～29.0t，土壤侵蚀模拟值介于 0～37.6t。虽然模型对旱季土壤侵蚀量估计偏低，雨季偏高，最高可达 8.6t，但月侵蚀量模拟值与实测值曲线走向基本一致，说明模型模拟较好地反映了该典型农业支沟的土壤特征，且泥沙量实测值与模拟值的决定系数 $R^2 = 0.981$，表明模型的土壤侵蚀过程模拟结果较理想。

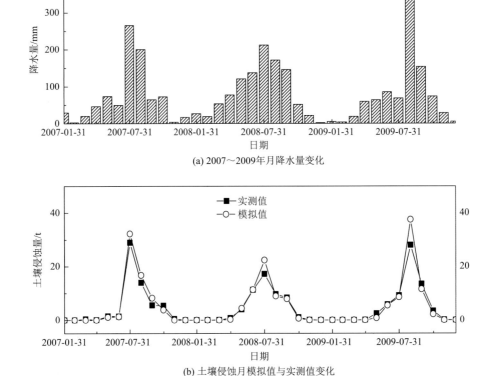

(a) 2007～2009年月降水量变化

(b) 土壤侵蚀月模拟值与实测值变化

图 8-9   截流堰支沟土壤侵蚀模拟值与实测值关系图

在 2010～2011 年验证期，截流堰农业-集镇-林地复合支沟小流域土壤侵蚀泥沙量实测值分别为 58.7t 和 63.3t，而模型模拟值分别为 62.9t 和 70.5t，模拟偏差分别为 7.2%和 11.4%，年均模拟偏差为 9.3%。总体而言，年土壤侵蚀泥沙量模拟结果比较令人满意。图 8-10 为改进 DNDC 模型土壤侵蚀量模拟值与实测值对比。2010～2011 年月土壤侵蚀量实际观测值介于 0.01～40.8t，2007～2011 年月土壤侵蚀量模型模拟值介于 0～41.0t，而且模拟值与实测值的决定系数达 $R^2 = 0.937$，模拟结果令人满意。

3. 氮流失过程模拟

氮肥过量施用导致活性氮在土壤系统中发生累积（Zhu et al.，2009），并随地表径流和壤中流进入水体。因此，对于农田氮的面源输出，化肥施用量、植物的氮素需求量是

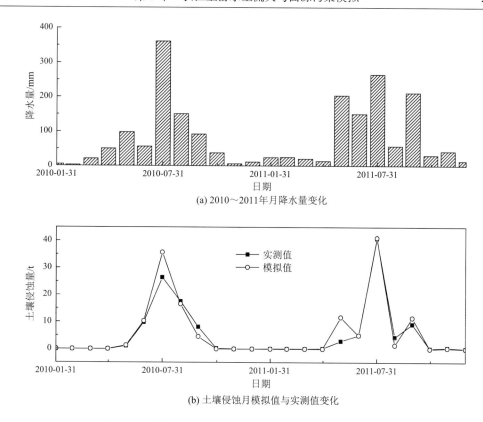

(a) 2010～2011年月降水量变化

(b) 土壤侵蚀月模拟值与实测值变化

图 8-10　改进 DNDC 模型土壤侵蚀模拟值与实测值对比

最为敏感的影响因子。改进 DNDC 模型提供了各种作物的生长参数，但主要参数多源自北美观测资料，模拟时需要根据研究区域的特定情况进行修正。因此，本书通过微调化肥施用量以及作物生长参数中作物最优产量参数来使模拟值与实测值最大限度地接近。本书以截流堰农业支沟 2007～2009 年的径流总氮（TN）、泥沙吸附态氮（PN）和溶解性氮（DN）的实测值校准模型。表 8-4 显示了校准期的 TN、PN、DN 的年实测值与年模拟值间的差异。其中，2007～2009 年 TN 年模拟偏差分别为 5.6%、5.9%、3.8%，PN 年模拟偏差分别为 5.6%、10.3%、5.6%，DN 年模拟偏差分别为 5.7%、4.7%、3.3%，而率定期（2007～2009 年）TN、PN 和 DN 的年均模拟偏差分别为 5.0%、7.1%、4.6%，模拟结果较为理想（表 8-4）。

表 8-4　截流堰支沟改进 DNDC 模型面源氮模拟与实测结果

模拟期		TN			PN			DN		
		实测值/kg	模拟值/kg	Dv/%	实测值/kg	模拟值/kg	Dv/%	实测值/kg	模拟值/kg	Dv/%
率定期	2007 年	822.7	869.0	5.6	224.7	237.2	5.6	597.9	631.8	5.7
	2008 年	1001.4	1060.3	5.9	205.1	226.3	10.3	796.3	834.0	4.7
	2009 年	1121.1	1163.4	3.8	233.9	246.9	5.6	887.3	916.5	3.3
	均值	981.7	1030.9	5.0	221.2	236.8	7.1	760.5	794.1	4.6

续表

模拟期		TN			PN			DN		
		实测值/kg	模拟值/kg	Dv/%	实测值/kg	模拟值/kg	Dv/%	实测值/kg	模拟值/kg	Dv/%
验证期	2010年	888.1	947.8	6.7	199.5	222.5	11.5	688.6	725.3	5.3
	2011年	1002.6	922.4	−8.0	194.8	211.7	8.7	807.8	710.7	−12.0
	均值	945.4	935.1	−1.1	197.2	217.1	10.1	748.2	718.0	−4.0

在对截流堰支沟面源氮输出的年负荷校准后，应用 2007～2009 年逐月氮迁移通量实测数据对模型模拟值进行校准。如图 8-11 所示，TN、PN 月实测值与模拟值曲线走向基本一致，模拟值较好地反映了氮迁移的实际情况，且 TN、PN 的逐月模拟值与实测值间的决定系数分别为 0.945、0.980，模拟效果比较理想。

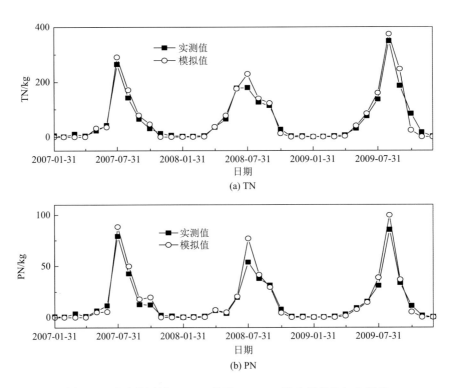

图 8-11　率定期改进 DNDC 模型 TN、PN 流失模拟值与实测值

在 2010～2011 年验证期，截流农业支沟的 TN 累积迁移量实测值分别为 888.1kg 和 1002.6kg，而模型模拟值分别为 947.8kg 和 922.4kg，模拟偏差分别为 6.7% 和−8.0%（表 8-4）。同时，PN 和 DN 模拟偏差分别介于 8.7%～11.5% 和−12.0%～5.3%。可见，验证期氮迁移通量模拟误差较小。同时验证期 TN、PN 月实测值与模拟值曲线走向基本一致（图 8-12），说明模拟结果比较理想。

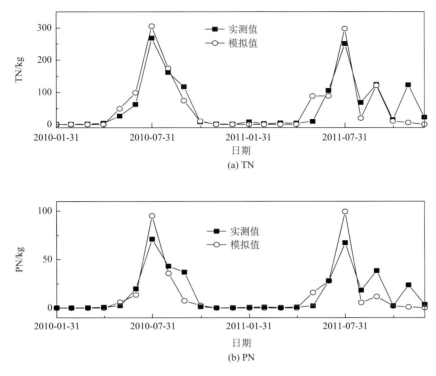

图 8-12　验证期改进 DNDC 模型 TN、PN 流失模拟值与实测值

结果表明，虽然 TN、PN、DN 迁移负荷的年、月模拟偏差较小，模拟较理想，但验证期的氮迁移负荷模拟偏差增大。前人研究也发现类似现象，相对于径流、土壤侵蚀模拟，面源污染模型对营养盐模拟的精度偏低（Yuan and Bingner，2001）。Parajuli 等（2009）运用 AnnAGNPS 模型对美国堪萨斯州流域氮、磷的通量进行模拟，模拟值与实测值之间同样具有一定的差距。一方面，由于氮迁移过程受到极为复杂的物理、化学、生物过程的影响，而面源污染模型通过一定的数学算法研究氮等营养盐在水、空气、土壤等介质中淋溶、输移、转化过程，并将各过程及其影响因素进行简化。因此，面源污染模型不可能完全模拟出污染物输移转化真实过程（Yuan and Bingner，2001）。另一方面，氮的迁移过程模拟受径流、土壤侵蚀模拟精度的影响，从而导致模拟偏差的累积，模拟精度偏低（Yuan and Bingner，2001；黄金良等，2005）。尽管模型的校准和率定会提高模型输出数据的准确性，但是为了提高数学模型对面源污染的精确模拟，对面源污染物的迁移过程和机制的进一步研究是必需的。

利用截流农业支沟 2007～2011 年水土流失与氮素面源污染实测数据对改进 DNDC 模型进行参数率定和验证，结果表明模型可以对长江上游农业小流域水土流失与面源污染过程进行有效模拟，且模拟精度由高到低为径流＞泥沙＞氮迁移。同时，径流、泥沙和氮迁移长期模拟精度较高，平均模拟误差相对较小，检验了改进 DNDC 模型在长江上游农业小流域氮迁移过程模拟的适用性。

8.2.3 万安小流域水土流失与氮素面源污染模拟

1. 小流域径流过程模拟

图 8-13 显示了 2011 年大兴、万安小流域径流月模拟值与实测值之间的关系，大兴、万安小流域月径流模拟值与实测值之间走向基本一致，模拟值较好地反映了径流的真实月变化过程。但与模型率定和验证过程类似，模型对旱季流域出口径流量的估计偏小，而对雨季个别月的径流量模拟值偏大。例如，万安小流域 2011 年 7 月径流实测值为 236.59 万 m^3，而模型模拟值为 304.96 万 m^3，模拟值高估 28.9%。2011 年万安小流域年径流量为 684.79 万 m^3，月均径流量为 57.07 万 m^3，模型模拟年径流量为 626.43 万 m^3，月均径流量为 52.20 万 m^3，年模拟偏差为 –8.5%。模型对大兴、万安小流域径流特征能够较好模拟。

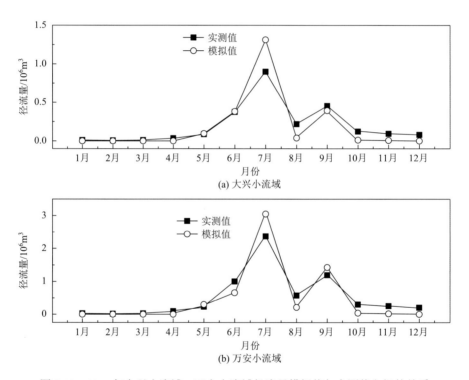

图 8-13   2011 年大兴小流域、万安小流域径流月模拟值与实测值之间的关系

2. 小流域土壤侵蚀过程模拟

图 8-14 显示了 2011 年大兴、万安小流域土壤月侵蚀泥沙模拟值与观测值。大兴、万安小流域土壤月侵蚀量介于 0.3～654.7t，月均土壤侵蚀量为 104.9t，而模型模拟月土壤侵蚀量介于 0～782.8t，月均土壤侵蚀量为 122.6t。总体而言，改进 DNDC 模型能够较好地模拟大兴、万安小流域 2011 年土壤侵蚀月特征及其与降水的关系（图 8-14）。但是，雨季泥沙模拟值偏高，这可能与模型模拟的雨季径流较高有关，此外可能与模型对泥沙沟道沉

降考虑不足有关。在泥沙从源头进入河道后，由于河道变宽、坡度减缓、径流能量的降低，泥沙含量也不断降低。随着流域尺度的增大，这种衰减变化更加显著。但是，改进 DNDC 模型在考虑土壤侵蚀量时简单地采用了 10% 的衰减系数（Deng et al.，2011b）。因此，模型今后应对沟道过程予以进一步改进。

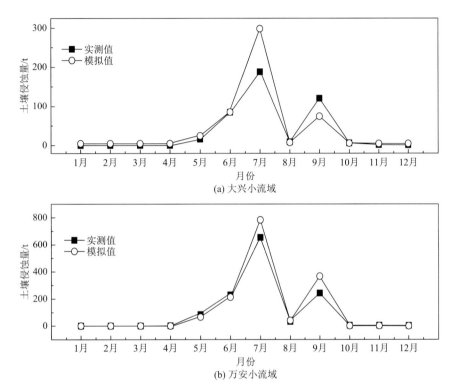

(a) 大兴小流域

(b) 万安小流域

图 8-14　2011 年大兴小流域、万安小流域土壤月侵蚀泥沙模拟值与实测值

3. 小流域氮素面源污染的时空特征

通过改进 DNDC 模型对万安小流域的径流、土壤侵蚀、氮流失过程进行模拟发现，氮的流失通量存在显著的季节性差异，体现了氮迁移主要集中在雨季的特点。其中，2011 年 7～9 月 TN、PN、DN 流失负荷分别占全年流失负荷的 86.6%、83.2%、87.4%。这主要与该小流域所在区域的季风性气候有关，该区域 7～9 月降水集中、降水量大（占全年降水量的 50.5%）。同时，该小流域农业用地比重较高，占土地总面积的近 50%，农业生产活动强度较大，氮肥使用量高，未被农作物有效利用的氮肥累积在土壤中，在雨季降水产生以后，这些氮随着地表径流、壤中流流失并进入河道。

改进 DNDC 模型对流域内土地利用、地形、管理措施导致的氮素面源污染空间变异进行描述，结合地理信息系统，计算小流域氮流失速率的空间分布状况（图 8-15）。2011 年万安小流域氮的流失与土地利用类型密切相关，TN 流失负荷介于 3.14～129.7kg/hm² （图 8-15）。农业用地导致的面源氮流失负荷占流域总氮污染负荷的 59%，TN 平均流失负荷为 33.3kg/hm²。而根据实际观测结果统计计算得出，集镇居民点、道路等不透水界面氮流失负荷占总流失负荷的 18%，但是 TN 年平均流失负荷非常高，分别达到 129.7kg/hm^2 和 48.6kg/hm^2，说明万安小流域农业用地以及集镇居民点等不透水界面是该小流域氮流失的主要来源。

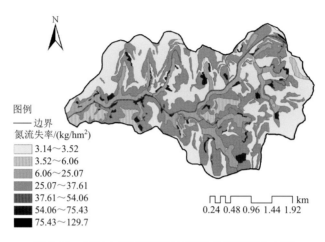

图 8-15　万安小流域径流年氮流失负荷空间分布图

8.3　应用 AnnAGNPS 模型模拟长江上游水土流失与面源污染

8.3.1　川中丘陵小流域水土流失与面源污染模拟

1. 模型参数的率定

AnnAGNPS 模型的 CN 值（curve number）是用来反映降水前流域特征的一个综合参数，它与流域前期土壤湿润状况（antecedent moisture condition，AMC）、坡度、植被、水文状况、土地利用和土壤类型等因素有关。为确定和区分 CN 值，美国土壤保持局按照不同的土壤渗透性能和产流能力的大小，将土壤分为 4 种水文类型：A（透水）、B（较透水）、C（较不透水）、D（接近不透水）。CN 值最终的率定根据模型的自动校准而得，见表 8-5。

表 8-5　径流曲线数 CN 值的率定

土地利用类型	水文土壤类型 CN 值			
	A	B	C	D
玉米	75.8	79.7	88.4	91.1
小麦、水稻	74.1	79	88.4	90.4
油菜	75	79.7	89.1	90.4
林地	41.9	62.7	79.7	85
城镇	85	87.1	93.9	95.1

2. 小流域径流模拟

径流校准与验证是在年水量平衡、月流量平衡和日流量平衡 3 个层次上完成的。SCS 径流曲线数 CN 是影响地表径流量最敏感的参数,它反映了土壤的供水能力(Borah and Bera,2004;Polyakov et al.,2007)。因此,通过反复调试 CN 值来校准径流量,可基本实现流量校准。本书采用 2004～2005 年万安小流域出口径流量实测值进行径流的校准。首先实现年水量平衡。2004 年和 2005 年实测的直接径流量分别为 84915.2m³ 和 70692.5m³(表 8-6),其对应的模拟流量分别为 102472.3m³ 和 70651.7m³,模拟偏差分别为 20.67%和 −0.06%,模拟结果较为理想。在此基础上,利用小流域的地形特征、模型的取值范围、经验值及其他流域的取值作为参考,反复调试敏感参数 CN 的取值,使月径流的模拟值与实测值趋势一致。如图 8-16 所示,在月平均径流校准模拟中,曲线走向一致,较好反映了小流域的水文过程,但个别月份模拟值与观测值存在一定误差。实测值和模拟值的决定系数分别为 0.98 和 0.93。对于次降雨径流的校准与验证,本书均以降水量＞10mm 的降水事件的日观测值与模拟值进行对比,校准和验证模型。图 8-17 为验证期实测与模拟的月直接径流,次降雨径流的模拟值和实测值的决定系数为 0.9792,模拟效果较好。模型校准后,采用 2006～2008 年实测直接径流数据进行模型验证,年径流验证结果见表 8-6,模拟偏差分别为−5.24%、1.09%、−2.05%,模拟结果理想。2006～2008 年月径流验证结果见图 8-17 和表 8-6,其决定系数分别为 0.99、0.97、0.98。

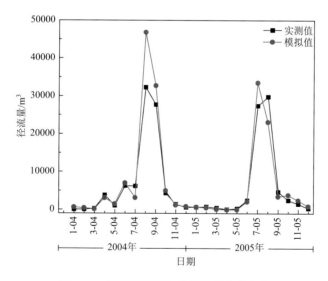

图 8-16　校准期实测与模拟的月直接径流

表 8-6　AnnAGNPS 模型对径流的模拟效果

模拟阶段		年直接径流量/m³			月直接径流量/m³			R^2
		实测值	模拟值	模拟偏差 Dv/%	实测值	模拟值	模拟偏差 Dv/%	
校准期	2004 年	84915.2	102472.3	20.67	6991.6	8539.4	22.14	0.98
	2005 年	70692.5	70651.7	−0.06	5891.0	5887.6	−0.06	0.93

续表

模拟阶段		年直接径流量/m³			月直接径流量/m³			R^2
		实测值	模拟值	模拟偏差 Dv/%	实测值	模拟值	模拟偏差 Dv/%	
验证期	2006 年	85425.3	80947.1	−5.24	7118.8	6929.6	−2.66	0.99
	2007 年	93101.4	94115.7	1.09	7758.5	7962.0	2.62	0.97
	2008 年	98740.9	96721.6	−2.05	8228.4	8365.1	1.66	0.98
均值		86575.1	88981.7	2.88	7197.7	7536.7	4.74	0.97

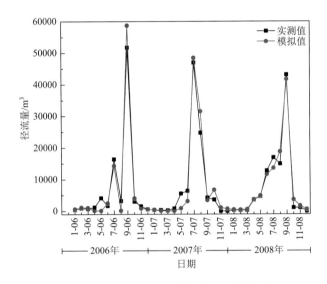

图 8-17　验证期实测与模拟的月直接径流

3. 氮磷面源污染负荷模拟

以万安小流域出口 2008 年 TN、TP 实测值校准模拟值，其中，校准期的 TN 和 TP 的年模拟偏差分别为−26.06%和 21.65%，而对于验证期（2004～2007 年）TN 和 TP 的年均模拟偏差分别为−5.63%和−3.74%（表 8-7）。但是 TP 模拟偏差变幅在−43.3%～30.58%，模拟精度较差，这与黄金良等（2005）的研究结果一致，其原因可能是磷在暴雨事件下输出形态以泥沙结合态为主，磷较易发生吸附、降解、迁移等复杂的环境行为过程，从而导致模拟偏差的累积，使磷负荷输出较难估算，模拟精度受限。

表 8-7　小流域面源污染氮磷年负荷模拟与实测值比较

模拟阶段		TN			TP		
		实测值/kg	模拟值/kg	Dv/%	实测值/kg	模拟值/kg	Dv/%
校准期	2008 年	368.7	272.6	−26.06	56.8	44.5	21.65
验证期	2004 年	320.5	287.5	−10.3	45.4	43.3	−4.63

续表

模拟阶段		TN			TP		
		实测值/kg	模拟值/kg	Dv/%	实测值/kg	模拟值/kg	Dv/%
验证期	2005 年	343.7	314.7	−8.43	41.8	23.7	−43.3
	2006 年	312.0	286.6	−8.14	49.7	64.9	30.58
	2008 年	345.0	358.0	3.77	55.4	53.2	−3.97
	均值	330.3	311.7	−5.63	48.08	46.28	−3.74

本书采用 2008 年逐月观测数据进行逐月的 TN、TP 负荷模型校准，TN 的月校准模拟偏差为 23.3%，决定系数为 0.4912，模拟效果不理想；TP 的月模拟偏差为 9.3%，校准的决定系数为 0.9322；验证期采用 2004 年的实测数据，TN、TP 月校准的模拟偏差分别为 6%、9.3%，决定系数分别为 0.8753、0.9829，模拟结果可以接受（高扬等，2008）。

4. AnnAGNPS 模拟结果的不确定性

模型流域水文特征将流域划分为一定的分室（cell）单元，对于一些面积较小的土地利用类型，如荒草地、公路、堤坝、坑塘等，并入了各分室面积比例较大的土地利用类型中，模拟得到的土地利用类型与面积和实际有偏差，可能造成模拟结果的不确定性。AnnAGNPS 模型最大的局限性体现在假设上，模型以日为时间步长进行模拟，假定所有的径流、泥沙、营养盐负荷在下一个时间步长模拟前都已到达流域出口，这是对该模型在截流小流域有效应用的最主要限制因素，对结果的不确定性有一定的影响（Lyndon et al.，2010）。根据 AnnAGNPS 模型的特点，首先需要校准径流过程，其次是侵蚀泥沙，最后才是氮磷负荷的迁移。因此，径流与侵蚀出现的误差，会转移且扩大到模型的其他环节，从径流量、泥沙到氮磷营养盐误差逐渐累加。此外，模型参数需要大量、长期的野外监测，一些参数由于缺少观测结果而采用模型默认参数，这些因素均可能增加模型模拟结果的不确定性（Polyakov et al.，2007）。

8.3.2　三峡库区典型小流域水土流失与面源污染模拟

高银超等（2012）运用 AnnAGNPS 模型对三峡库区小江流域 2002～2004 年的径流量、输沙量、氮磷负荷量进行模拟估算，并分别采用宝塔窝水文站 2002～2004 年实测数据对径流和泥沙模拟值进行校准和验证，采用小江流域出口 2002～2004 年实测年均数据对总氮、总磷模拟负荷进行校准和验证（表 8-8），通过敏感性分析确定了影响流域面源污染负荷输出的主要因子，结果表明模型模拟结果相对可靠，适合三峡库区流域面源污染负荷评价。

表 8-8　AnnAGNPS 对小江流域氮、磷输出模拟值与实测值比较

年份	TN			TP		
	模拟值/t	实测值/t	偏差/%	模拟值/t	实测值/t	偏差/%
2002	5111.0	4221.3	21.1	303.6	240.6	26.18
2003	8295.7	6757.0	22.8	374.9	384.7	−2.5
2004	11600.0	10552.7	9.9	732.0	631.8	15.9

根据模型模拟结果，模型对径流输出的模拟精度高于对泥沙和养分的输出模拟，小江流域多年年均泥沙输出量为 261.89 万 t，总氮输出为 8335.23t，总磷输出为 436.86t。通过敏感性分析，初步查明影响污染负荷的主要因素，其中，降水量、施肥、地表状况及耕作条件等对面源污染物输出负荷影响较大，对这些参数的采集和调整是衡量模型模拟精度的关键。研究成果对于 AnnAGNPS 模型在三峡库区的应用具有一定的示范性。

8.3.3　AnnAGNPS 模型在长江上游水土流失与面源污染模拟的实用性

AnnAGNPS 模型自开发以来，在美国、澳大利亚、马来西亚、捷克、尼泊尔以及我国等许多国家和地区得到了广泛应用，在长江上游也有一定的应用。该模型应用侧重在模型的适应性检验、模型参数敏感性分析和流域管理措施效果模拟等方面（高扬等，2008）。高龙华（2006）根据重庆渝北区御临河小流域 2000 年的 7 场降雨实测数据，对 AnnAGNPS 模型参数进行了调试，并对模型的有效性进行了验证。王静（2006）以丹江库区黑沟河流域为研究对象，采用 AnnAGNPS 模型对该流域 2004 年的面源污染负荷进行了模拟，验证了该模型在丹江库区低山丘陵型流域应用的可行性，通过 5 场降雨事件的比较，发现 AnnAGNPS 模型对总氮的模拟能力较强，模拟偏差在 ±10% 以内；对泥沙的模拟偏差为 4%～27%，模拟精度一般，模型对总磷的模拟表现出较大的不确定性。综观国内外对 AnnAGNPS 模型的研究和应用，在模型适应性检验方面的研究成果较多，对参数敏感性分析和流域面源管理措施效果模拟的研究成果相对较少或不系统。归纳模型在国内外不同区域或流域的适应性检验成果，可以总结一般规律为：模型对径流和面源污染的模拟基本在可接受的精度范围内，对地表径流的模拟能力较对泥沙和氮磷营养盐的模拟能力强，对总磷输出的模拟表现出了较大的不确定性；年、月时间尺度模拟精度高于单场降雨的模拟精度；单场降雨雨量越大，模拟效果越好；大尺度区域模拟精度低于小尺度区域；对洪峰流量估计过高等。另外，可以看出，AnnAGNPS 模型今后的方向是：结合应用区域的实际对模型进行修正或完善；提高模型对径流、泥沙，特别是对营养盐的模拟精度；加强对面源污染管理措施效果模拟的研究等（李家科等，2009）。此外，模型相关基础观测数据等缺乏成为制约 AnnAGNPS 模型应用与发展的主要因素。

8.4　长江上游流域面源污染负荷及其时空变化

8.4.1　输出系数模型

国内外估算宏观（流域或区域）的面源污染负荷主要采用输出系数模型（export coefficient model，ECM）（蔡明等，2004；李娜等，2016），其核心是测算每个计算单元（人、畜禽或单位土地面积）的污染物产生量，将每个计算单元的平均污染物产生量与面积相乘后再累加，估算研究范围内面源污染的潜在产生量。经典的输出系数模型表达如下述方程，国内外输出系数法的相关研究结果，大多基于该模型或稍做改进。

$$L_\mathrm{D} = \sum_{i=1}^{n} E_i[A_i(I_i)] + p \tag{8-11}$$

式中，E_i 为排放源 i 单位面积的污染物排放系数[其中，人畜排放物的单位为 kg/(ca·a)，土地使用的单位为 kg/km^2]；A_i 为土地使用方式 i 覆盖的流域面积（km^2）或人口/牲畜类型 i 的数量；I_i 为养分源 i 的投入量，kg；p 为随降水输入的养分，kg。

8.4.2　输出系数模型的改进

传统的输出系数模型未考虑降水、地形等因素的空间变化及其影响（Ding et al.，2010），计算结果为溶解态的污染物负荷，吸附态的污染物模拟计算能力不足。Shen 等（2013）综合降水、地形对面源污染的影响，以及修改通用水土流失方程对泥沙结合态污染物迁移进行拟合，修改的输出系数模型（IECM）主要包括溶解态（L_D）和吸附态（L_A）污染物的计算。修改的输出系数模型如下：

$$L_\mathrm{D} = \sum_{i=1}^{n} \alpha\beta E_i[A_i(I_i)] + p \tag{8-12}$$

式中，L_D 为溶解态污染物损失量，kg；α 为降水影响因子；β 为地形影响因子；E_i 为排放源 i 单位面积的污染物输出系数[其中，人畜排放物的单位为 kg/(ca·a)，土地使用的单位为 kg/km^2]；A_i 为土地使用方式 i 覆盖的流域面积（km^2）或人口/牲畜类型 i 的数量；I_i 为养分源 i 的投入量，kg；p 为随降水输入的养分，kg。

$$L_\mathrm{A} = D_\mathrm{r} \cdot A \cdot Q \cdot \eta \tag{8-13}$$

式中，L_A 为进入河流的吸附态污染物损失量，kg；Q 为土壤吸附态污染物背景值，kg/kg；η 为土壤污染物的富集比例；D_r 为泥沙输移比；A 为单位面积土壤流失量，t/km^2，该值可以通过 MULSE 进行计算：

$$A = R \cdot K \cdot L \cdot S \cdot C \cdot P \tag{8-14}$$

式中，R 为降水/径流系数；K 为土壤可侵性因子；L 为坡长因子；S 为坡度因子；C 为植被覆盖与管理因子；P 为水土保持措施因子；L、S、C 和 P 因子由实际区域和标准样地土壤流失量的比值确定。

降水和面源（non-point source load，NPS）损失的关系通过以下方程确定：

$$\alpha_{DN} = \alpha_{tDN} \cdot \alpha_{sDN} = \frac{15.8907r^2 - 24712.1655r + 9851784.2910}{289579.19} \frac{R_j}{\overline{R}} \quad (8\text{-}15)$$

$$\alpha_{DP} = \alpha_{tDP} \cdot \alpha_{sDP} = \frac{0.0273r^2 - 26.5101r + 11215.8465}{8226.91} \frac{R_j}{\overline{R}} \quad (8\text{-}16)$$

式中，α_{DN} 和 α_{DP} 为可溶性氮磷损失量的降水影响因子；R_j 和 R 分别为某一给定年份网格 j（1km×1km）年降水量和整个研究流域平均降水量，mm；r 为某一给定年份年降水量，mm。

地形影响因子 β 是基于面源负荷和坡度的正相关关系生成的：

$$\beta = \frac{L_D(\theta_j)}{L_D(\overline{\theta})} = \frac{c\theta_j^d}{c\overline{\theta}^d} = \frac{\theta_j^d}{\overline{\theta}^d} \quad (8\text{-}17)$$

式中，L_D 为可溶性污染物负荷，kg；θ_j 为网格 j（1km×1km）的坡度，(°)；$\overline{\theta}$ 为整个流域的平均坡度，13.67°；c 和 d 为常数。面源负荷与坡度的关系来自 Ding 等（2010）。

土壤流失设置基于土壤流失量 A 在其他因子不变时与降水/径流因子 R 显著正相关的假设。在相同条件下，A 与 R 的关系可表示如下：

$$A_j = \frac{R_{USLE.j}}{R_{USLE.avg}} \times A_{USLE.avg} \quad (8\text{-}18)$$

式中，A_j 为第 j 年的土壤流失量，t；$R_{USLE.j}$ 为第 j 年的降水/径流因子；$R_{USLE.avg}$ 为年均降水/径流因子；$A_{USLE.avg}$ 为年均土壤流失量，t，可按式（8-19）计算：

$$A_{USLE.avg} = M_{avg} \cdot S \quad (8\text{-}19)$$

式中，M_{avg} 为网格 j（1km×1km）的年均土壤侵蚀模数，该参数通过中国科学院南京土壤研究所获得；S 为土壤面积。

降水/径流因子 R 通过 Wischemeier 方程计算：

$$R = \sum_{i=1}^{12}\left[1.735\exp\left(1.5\log\frac{p_i^2}{p} - 0.8188\right)\right] \quad (8\text{-}20)$$

式中，p_i 为第 i 月降水量；p 为年降水量。因此，式（8-18）可转换为

$$A_j = \frac{\sum_{i=1}^{12}\left[1.735\exp\left(1.5\log\frac{p_{ij}^2}{p_j} - 0.8188\right)\right]}{\sum_{i=1}^{12}\left[1.735\exp\left(1.5\log\frac{p_{i.avg}^2}{p_{avg}} - 0.8188\right)\right]} \cdot M_{avg} \cdot S \quad (8\text{-}21)$$

式中，p_{ij} 为第 j 年 i 月的降水量；p_j 为第 j 年的降水量；$p_{i.avg}$ 为年均月降水量；p_{avg} 为年均降水量。

8.4.3 利用改进输出系数模型计算长江上游面源污染负荷及其时空分配

Shen 等利用观测数据对上述 IECM 模型开展了参数空间化及模型验证，验证了该模型能够较好地应用于流域或区域的面源污染计算（Ding et al.，2010；Shen et al.，2013），结果表明，长江上游流域在 20 世纪 80 年代以前城市用地的溶解态氮磷负荷强度较高，分别达到 1.26t/(hm²·a) 和 0.064t/(hm²·a)（图 8-18），易引起水体污染。这一时期之后溶解态

氮磷负荷强度最高的是旱地，均值分别达到了 3.14t/(hm²·a)和 0.28t/(hm²·a)。而 1960～
2003 年，水田和果园的溶解态氮负荷强度也有明显增加。1980 年以前，森林的吸附态氮
磷负荷强度较高。果园由于大量的肥料施用，其吸附态氮的负荷在 1980 年达到峰值，为
1.35t/(hm²·a)。虽然旱地和水田也有较多肥料施用，但是由于作物种植密度更高，因此吸
附态氮磷的损失更少。将农业用地转化为草地可有效降低如图 8-18 所示的污染物负荷强
度，因此该措施可用于控制面源污染。

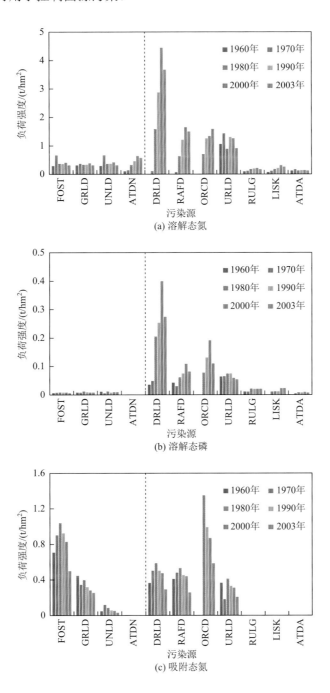

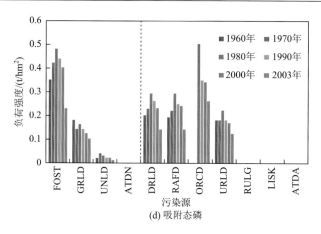

(d) 吸附态磷

图 8-18　不同来源的污染负荷强度

FOST 为森林，GRLD 为草地，UNLD 为未使用土地，ATDN 为自然大气氮沉降，DRLD 为旱地，RAFD 为水田，
ORCD 为果园，URLD 为城市用地，RULG 为农村用地，LISK 为畜牧养殖，ATDA 为人类活动大气氮沉降

　　就污染物的来源而言，旱地是溶解态氮的主要来源，且在 2003 年前都保持较大幅度的增长。在长江上游占主导地位的传统耕作措施和坡耕地也在一定程度上加剧了溶解态氮在该地区的负荷（图 8-19）。溶解态磷在土壤易被吸附，迁移过程受到多种因素的

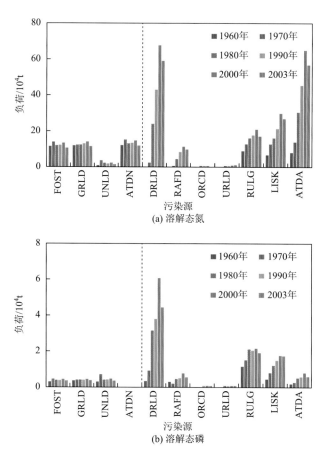

(a) 溶解态氮

(b) 溶解态磷

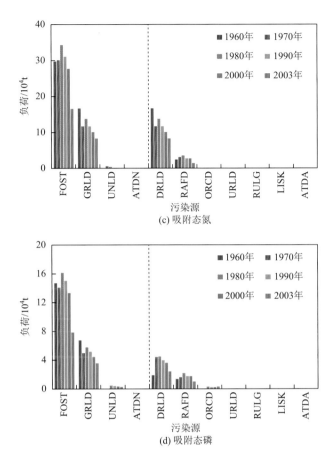

图 8-19　不同来源的污染负荷

FOST 为森林，GRLD 为草地，UNLD 为未使用土地，ATDN 为自然大气氮沉降，DRLD 为旱地，RAFD 为水田，
ORCD 为果园，URLD 为城市用地，RULD 为农村用地，LISK 为畜牧养殖，ATDA 为人类活动大气氮沉降

共同影响，因此整体迁移速度较慢。但在农业用地反复大量施用液态有机肥可导致可溶性磷在土壤中的含量快速升高，损失加剧，这一情况在旱地尤为明显。森林吸附态氮磷负荷最高，为总量的 55% 和 57%，而草地的吸附态氮磷负荷也达到总量的 24% 和 21%（图 8-19）。相比之下，旱地和水田的吸附态氮磷负荷在各人类活动中占主导。

总体而言，在研究溶解态氮磷和吸附态氮磷负荷的分配中，人类活动主要影响溶解态氮磷，而吸附态氮磷则更多受到自然过程的影响。溶解态氮磷在 2000 年前持续增长，旱地负荷最高，分别达到 67.6 万 t 和 6.1 万 t，且主要集中在四川省，但随后明显下降。吸附态氮磷表现有所不同，其负荷在森林（>50%）和草地（>20%）最高，且在 1980 年后就开始下降。人类活动是可溶性氮磷负荷提升的重要原因，其中施肥是这一变化的重要驱动因子；而自然过程是影响吸附态氮磷负荷的主要原因。因此，通过改变田间管理方式减少溶解态氮磷以及将农业用地转化为草地而不是森林以降低吸附态氮磷可作为控制面源污染的有效措施。

参 考 文 献

蔡明，李怀恩，庄咏涛，等. 2004. 改进的输出系数法在流域非点源污染负荷估算中的应用. 水利学报，35（7）：40-45.

蔡崇法，丁树文，史志华，等. 2000. 应用 USLE 模型与地理信息系统 IDRISI 预测小流域土壤侵蚀量的研究. 水土保持学报，14（2）：19-24.

陈欣，郭新波. 2000. 采用 AGNPS 模型预测小流域磷素流失的分析. 农业工程学报，16（5）：44-47.

陈媛，郭秀锐，程水源，等. 2012. SWAT 模型在三峡库区流域非点源污染模拟的适用性研究. 安全与环境学报，12（2）：146-152.

程炯，林锡奎，吴志峰，等. 2006. 非点源污染模型研究进展. 生态环境，15（3）：641-644.

程炯，吴志峰，刘平，等. 2007. 珠江三角洲典型流域 AnnAGNPS 模型模拟研究. 农业环境科学学报，26（3）：842-846.

第一次全国污染源普查领导小组. 2009. 第一次全国污染源普查：农业污染源肥料流失系数手册.

董延军. 2009. 流域水文水质模拟软件（HSPF）应用指南. 郑州：黄河水利出版社.

杜新忠，李叙勇，张汪寿，等. 2014. 基于 GWLF 模型的流域总氮负荷模拟及污染源解析. 水资源与水工程学报，25（3）：19-23.

段淑怀，路炳军，王晓燕. 2007. 浅谈北京市山区水土流失与非点源污染. 中国水土保持，（9）：10-11，52，60.

符素华，段淑怀，吴敬东，等. 2002. 北京山区次降雨侵蚀力. 水土保持学报，16（1）：37-39，57.

高龙华. 2006. 遥感和 GIS 支持下流域非点源污染模型研究. 南京：河海大学.

高扬，朱波，周培，等. 2008. AnnAGNPS 和 SWAT 模型对非点源污染的适用性研究——以中国科学院盐亭紫色土生态试验站为例. 上海交通大学学报（农业科学版），26（6）：567-572.

高银超，鲍玉海，唐强，等. 2012. 基于 AnnAGNPS 模型的三峡库区小江流域非点源污染负荷评价. 长江流域资源与环境，21（S1）：119-126.

郝改瑞，李家科，李怀恩，等. 2018. 流域非点源污染模型及不确定分析方法研究进展. 水力发电学报，37（12）：1-11.

何因，秦保平，李云生，等. 2009. GWLF 模型的原理、结构及应用. 城市环境与城市生态，22（6）：24-27.

洪华生，黄金良，张珞平，等. 2005. AnnAGNPS 模型在九龙江流域农业非点源污染模拟应用. 环境科学，26（4）：63-69.

胡宏祥，马友华. 2008. 水土流失及其对农业非点源污染的影响. 中国农学通报，24（6）：408-412.

花利忠，贺秀斌，颜昌宙，等. 2008. 三峡库区大宁河流域 AnnAGNPS 模型参数评价. 水土保持学报，22（4）：65-69，74.

花利忠，贺秀斌，颜昌宙，等. 2009. 三峡库区大宁河流域径流泥沙的 AnnAGNPS 定量评价. 水土保持通报，29（6）：148-152.

黄金良，洪华生，杜鹏飞，等. 2005. AnnAGNPS 模型在九龙江典型小流域的适用性检验. 环境科学学报，25（8）：1135-1142.

黄志霖. 2012. 三峡库区典型小流域非点源污染研究：基于 GIS 与 AnnAGNPS 模型. 北京：中国环境科学出版社.

贾宁凤，段建南，李保国，等. 2006. 基于 AnnAGNPS 模型的黄土高原小流域土壤侵蚀定量评价. 农业工程学报，22（12）：23-27.

李怀恩，沈晋，刘玉尔. 1997. 流域非点源污染模型的建立与应用实例. 环境科学学报，17（2）：141-147.

李家科，李怀恩，李亚娇. 2009. AnnAGNPS 模型研究及应用进展. 西北农林科技大学学报（自然科学版），37（2）：225-234.

李娜，韩维峥，沈梦楠，等. 2016. 基于输出系数模型的水库汇水区农业面源污染负荷估算. 农业工程学报，32（8）：224-230.

李硕，刘磊. 2010. AnnAGNPS 模型在激水河流域产水、产沙的模拟评价. 环境科学，31（1）：49-57.

李云翊. 2018. 基于 SWAT 模型的抚河上游流域土地利用变化情景下的水文响应研究. 南昌：南昌大学.

刘慧. 2020. 基于 PLOAD 模型的面源污染模拟研究. 水科学与工程技术，（6）：67-70.

刘艳，曹碧波，李川，等. 2014. QUAL2Kw-GWLF 模型联用在新安江干流黄山段的应用研究. 水资源与水工程学报，25（6）：163-168，75.

龙天渝，刘敏，刘佳. 2016. 三峡库区非点源污染负荷时空分布模型的构建及应用. 农业工程学报，32（8）：217-223.

娄永才，郭青霞. 2018. 岔口小流域 AnnAGNPS 模型参数敏感性分析. 生态与农村环境学报，34（3）：207-215.

梅立永，赵智杰，黄钱，等. 2007. 小流域非点源污染模拟与仿真研究——以 HSPF 模型在西丽水库流域应用为例. 农业环境科学学报，26（1）：64-70.

孟春红，赵冰. 2007. 御临河流域农业面源污染负荷的研究. 中国矿业大学学报，36（6）：794-799.

倪九派，傅涛，李瑞雪，等. 2001. 应用 ARC/INFO 预测芋子沟小流域土壤侵蚀量的研究. 水土保持学报，15（4）：29-33.

牛志明，解明曙，孙阁，等. 2001. 非点源污染模型在土壤侵蚀模拟中的应用及发展动态. 北京林业大学学报，23（2）：78-84.

潘沛，刘凌，梁威. 2008. 非点源污染模型 ANSWERS-2000 的水文子模型研究. 水土保持研究，15（1）：103-106.

秦云. 2017. 基于 SWAT 模型的梁子湖流域非点源污染分析. 武汉：湖北大学.

沙健. 2014. 通用流域污染负荷模型（GWLF）的改进与应用实践研究. 天津：南开大学.

石辉. 1997. 水土流失型非点源污染. 水土保持通报，17（7）：100-102.

孙金华，朱乾德，练湘津，等. 2013. 平原水网圩区非点源污染模拟分析及最佳管理措施研究. 长江流域资源与环境，22（S1）：75-82.

田耀武，黄志霖，肖文发. 2011a. 基于 AnnAGNPS 模型的三峡库区秭归县非点源污染输出评价. 生态学报，31（16）：4568-4578.

田耀武，黄志霖，肖文发. 2011b. 基于 AnnAGNPS 模型的三峡库区秭归县生态服务价值. 中国环境科学，31（12）：2071-2075.

万晔，段昌群，王玉朝. 2004. 基于 3S 技术的小流域水土流失过程数值模拟与定量研究. 水科学进展，15（5）：650-654.

王静. 2006. 丹江库区黑沟河流域农业非点源污染研究. 武汉：华中农业大学.

王飞儿，吕唤春，陈英旭，等. 2003. 基于 AnnAGNPS 模型的千岛湖流域氮、磷输出总量预测. 农业工程学报，19（6）：281-284.

王吉苹，曹文志. 2007. 应用 GLEAMS 模型评估我国东南地区农业小流域硝态氮的渗漏淋失. 生态与农村环境学报，23（1）：28-32.

王礼先，孙保平，余新晓. 2004. 中国水利百科全书：水土保持分册. 北京：中国水利水电出版社.

王晓燕，林青慧. 2011. DEM 分辨率及子流域划分对 AnnAGNPS 模型模拟的影响. 中国环境科学，31（S1）：46-52.

吴明作，申冲，杨喜田，等. 2011. 河南省降雨侵蚀力时空变异与不同算法比较研究. 水土保持研究，18（2）：10-13，20.

席庆，李兆富，罗川. 2014. 基于扰动分析方法的 AnnAGNPS 模型水文水质参数敏感性分析. 环境科学，35（5）：1773-1780.

向霄，钟玲盈，王鲁梅. 2013. 非点源污染模型研究进展. 上海交通大学学报（农业科学版），31（2）：53-60.

谢红梅，朱波. 2003. 农田非点源氮污染研究进展. 生态环境，12（3）：349-352.

邢可霞，郭怀成，孙延枫，等. 2004. 基于 HSPF 模型的滇池流域非点源污染模拟. 中国环境科学，24（2）：102-105.

邢可霞，郭怀成，孙延枫，等. 2005. 流域非点源污染模拟研究——以滇池流域为例. 地理研究，24（4）：549-558.

闫雪嫚. 2018. 石头口门水库汇水流域非点源污染模拟与风险评价，长春：吉林大学.

杨爱民，王浩，孟莉. 2008. 水土保持对水资源量与水质的影响研究. 中国水土保持科学，6（1）：72-76，92.

杨善莲，郑梦蕾，刘纯宇，等. 2020. 农业面源污染模型研究进展. 环境监测管理与技术，32（3）：8-13.

杨彦兰，申丽娟，谢德体，等. 2015. 基于输出系数模型的三峡库区（重庆段）农业面源污染负荷估算. 西南大学学报（自然科学版），37（3）：112-119.

游松财，李文卿. 1999. GIS 支持下的土壤侵蚀量估算. 自然资源学报，14（1）：62-68.

张东升，史学正，于东升，等. 2007. 城乡交错区蔬菜生态系统氮循环的数值模拟研究. 土壤学报，44（3）：484-491.

张恒，曾凡棠，房怀阳，等. 2012. 基于 HSPF 及回归模型的淡水河流域非点源负荷计算. 环境科学学报，32（4）：856-864.

张建. 1995. CREAMS 模型在计算黄土坡地径流量及侵蚀量中的应用. 土壤侵蚀与水土保持学报，1（1）：54-57.

张玉斌，郑粉莉. 2004. ANSWERS 模型及其应用. 水土保持研究，11（4）：165-168.

赵串串，章青青，冯倩，等. 2018. 基于农业非点源污染模型的灞河流域径流模拟与分析. 环境污染与防治，40（4）：460-464.

赵越，齐作达，赵康平，等. 2015. 基于 GWLF 模型的新安江上游练江流域面源污染特征解析. 水资源与水工程学报，26（3）：5-9.

朱雪梅，晏巧伦，邵继荣，等. 2011. 基于 CREAMS 模型的川北低山深丘区降雨侵蚀力 R 简易算法研究. 江苏农业科学，39（4）：428-430.

邹桂红，崔建勇. 2007. 基于 AnnAGNPS 模型的农业非点源污染模拟. 农业工程学报，23（12）：7-11.

邹桂红，崔建勇，刘占良，等. 2008a. 大沽河典型小流域非点源污染模拟. 资源科学，30（2）：288-295.

邹桂红，崔建勇，孙林. 2008b. 农业非点源污染模型 AnnAGNPS 适用性检验. 第四纪研究，28（2）：371-378.

Knisel W G，Foster G R，郑贞瑝. 1987. CREAMS：评价最优管理方案的模型系统. 水土保持科技情报，（4）：23-26.

Arnold J G，Srinivasan R，Muttiah R S，et al. 1998. Large area hydrologic modeling and assessment part：Model development1. Journal of the American Water Resources Association，34（1）：73-89.

Beasley D F，Huggins L J，Monke E. 1980. Answers：a model for watershed planning. Transactions of the ASAE - American Society of Agricultural Engineers，23（4）：938-944.

Behera S, Panda R K. 2006. Evaluation of management alternatives for an agricultural watershed in a sub-humid subtropical region using a physical process based model. Agriculture Ecosystems and Environment, 113 (1-4): 62-72.

Borah D K, Bera M. 2004. Watershed-scale hydrologic and nonpoint-source pollution models: Review of applications. Transactions of the ASAE, 47 (3): 789-803.

Bouraoui F, Dillaha T A. 1996. ANSWERS-2000: Runoff and sediment transport model. Journal of Environmental Engineering-Asce, 122 (6): 493-502.

Chang H. 2013. Basin Hydrologic response to changes in climate and land use: The conestoga river basin. Pennsylvania. Physical Geography, 24 (3): 222-247.

Deng J, Zhou Z, Zhu B, et al. 2011a. Modeling nitrogen loading in a small watershed in southwest China using a DNDC model with hydrological enhancements. Biogeosciences, 8 (10): 2999-3009.

Deng J, Zhu B, Zhou Z, et al. 2011b. Modeling nitrogen loadings from agricultural soils in Southwest China with modified DNDC. Journal of Geophysical Research-Biogeosciences, 116: G02020.

Ding X, Liu L. 2019. Long-Term Effects of Anthropogenic Factors on Nonpoint Source Pollution in the Upper Reaches of the Yangtze River . Sustainability, 11 (8): 2246.

Ding X, Shen Z, Hong Q, et al. 2010. Development and test of the Export Coefficient Model in the Upper Reach of the Yangtze River. Journal of Hydrology, 383 (3-4): 233-244.

Edwards C, Miller M. 2001. PLOAD Version 3.0 user's manual. USEPA, Washington DC. 2001.

Haith D A, Shoenaker L L. 1987. Generalized watershed loading functions for stream flow nutrients. Water Resources Bulletin, 23 (3): 471-478.

Harmel R D, King K W. 2005. Uncertainty in measured sediment and nutrient flux in runoff from small agricultural watersheds. Transactions of the ASAE, 48 (5): 1713-1721.

Johnes P J. 1996. Evaluation and management of the impact of land use change on the nitrogen and phosphorus load delivered to surface waters: the export coefficient modelling approach. Journal of hydrology, 183 (3-4): 323-349.

Johnson M S, Coon W F, Mehta V K, et al. 2003. Application of two hydrologic models with different runoff mechanisms to a hillslope dominated watershed in the northeastern US: A comparison of HSPF and SMR. Journal of Hydrology, 284 (1-4): 57-76.

Kliment Z, Kadlec J, Langhammer J. 2008. Evaluation of suspended load changes using AnnAGNPS and SWAT semi-empirical erosion models. Catena, 73 (3): 286-299.

Knisel W G. 1980. CREAMS: A field scale model for chemicals, runoff, and erosion from agricultural management systems. Department of Agriculture, Science and Education Administration.

Knisel W G, Still D A. 1987. GLEAMS: Groundwater loading effects of agricultural management systems. Transactions of The Asae, 30 (5): 1403-1418.

Knisel W G, Douglas-Mankin K R. 2012. CREAMS/GLEAMS: Model Use, Calibration, and Validation. Transactions of the ASABE, 55 (4): 1291-1302.

Lenhart T, Eckhardt K, Fohrer N, et al. 2002. Comparison of two different approaches of sensitivity analysis. Physics and Chemistry of the Earth, 27 (9): 645-654.

Li C, Frolking S, Frolking T A. 1992. A model of nitrous oxide evolution from soil driven by rainfall events: 1. Model structure and sensitivity. Journal of Geophysical Research: Atmospheres, 97: 9759-9776.

Li C, Farahbakhshazad N, Jaynes D B, et al. 2006. Modeling nitrate leaching with a biogeochemical model modified based on observations in a row-crop field in Iowa. Ecological Modelling, 196 (1-2): 116-130.

Li Z, Luo C, Jiang K, et al. 2017. Comprehensive performance evaluation for hydrological and nutrients simulation using the hydrological simulation program-fortran in a mesoscale monsoon watershed, China. International Journal of Environmental Research and Public Health, 14 (12): 1599.

Line D E, Mclaughlin R A, Osmond D L, et al. 1998. Nonpoint sources. Water Environment Research, 70 (4): 895-912.

Lyndon M P, Oduorb P, Padmanabhan G. 2010. Estimating sediment, nitrogen, and phosphorous loads from the Pipestem Creek watershed，North Dakota，using AnnAGNPS. Computers and Geosciences，36（3）：282-291.

Muleta M K，Nicklow J W. 2005. Sensitivity and uncertainty analysis coupled with automatic calibration for a distributed watershed model. Journal of Hydrology，306（1-4）：127-145.

Ning S K，Jeng K Y，Chang N B. 2002. Evaluation of non-point sources pollution impacts by integrated 3S information technologies and GWLF modelling. Water Science and Technology，46（6-7）：217-224.

Ning S K，Chang N B，Jeng K Y，et al. 2006. Soil erosion and non-point source pollution impacts assessment with the aid of multi-temporal remote sensing images. Journal of Environmental Management，79（1）：88-101.

Parajuli P B，Nelson N O，Frees L D，et al. 2009. Comparison of AnnAGNPS and SWAT model simulation results in USDA-CEAP agricultural watersheds in southcentral Kansas. Hydrological Process，23（5）：748-763.

Pease L M，Oduor P，Padmanabhan G. 2010. Estimating sediment，nitrogen，and phosphorous loads from the Pipestem Creek watershed，North Dakota，using AnnAGNPS. Computers amd Geosciences，36（3）：282-291.

Polyakov V，Fares A，Kubo D，et al. 2007. Evaluation of a non-point source pollution model，AnnAGNPS，in a tropical watershed. Environmental Modelling and Software，22（11）：1617-1627.

Santhi C，Arnold J G，Williams J R，et al. 2001. Validation of the swat model on a large rwer basin with point and nonpoint sources. Jawra Journal of the American Water Resources Association，37（5）：1169-1188.

Shen Z，Chen L，Ding X，et al. 2013. Long-term variation（1960—2003）and causal factors of non-point-source nitrogen and phosphorus in the upper reach of the Yangtze River. Journal of Hazardous Materials，252：45-56.

Shrestha S，Babel M S，Das Gupta A，et al. 2006. Evaluation of annualized agricultural nonpoint source model for a watershed in the Siwalik Hills of Nepal. Environmental Modelling and Software，21（7）：961-975.

Smith K A，Jackson D R，Pepper T J. 2001. Nutrient losses by surface runoff following the application of organic manures to arable land：Nitrogen. Environmental Pollution，112（1）：41-51.

Storm D E，Dillaha T A，Mostaghimi S，et al. 1988. Modeling phosphorus transport in surface runoff. American Society of Agricultural Engineers Microfiche Collection，31（1）：117-127.

Suttles J B，Vellidis G，Bosch D D，et al. 2003. Watershed scale simulation of sediment and nutrient loads in Georgia coastal plain streams using the annualized AGNPS model. Transactions of the Asae，46（5）：1325-1335.

Tonitto C，Li C，Seidel R，et al. 2010. Application of the DNDC model to the Rodale Institute Farming Systems Trial：Challenges for the validation of drainage and nitrate leaching in agroecosystem models. Nutrient Cycling in Agroecosystems，87（3）：483-494.

Wang X，Hao F，Cheng H，et al. 2010. Estimating non-point source pollutant loads for the large-scale basin of the Yangtze River in China. Environmental Earth Sciences，63（5）：1079-1092.

Yasin H Q，Clemente R S. 2013. Application of SWAT Model for hydrologic and water quality modeling in Thachin River Basin，Thailand. Arabian Journal for Science and Engineering，39（3）：1671-1684.

Young R A，Onstad C A，Bosch D D，et al. 1989. AGNPS：A non-point source pollution model for evaluating agricultural watersheds. Journal of Soil & Water Conservation，44（2）：168-173.

Yuan Y，Bingner R L. 2001. Evaluation of AnnAGNPS on Mississippi delta MSEA watersheds. Transactions of the Asae，44（5）：1183-1190.

Zhang Y，Wu H，Yao M，et al. 2021. Estimation of nitrogen runoff loss from croplands in the Yangtze River Basin：A meta-analysis . Environ Pollut，272：116001.

Zhu B，Wang T，Kuang F H，et al. 2009. Measurements of nitrate leaching from a hillslope cropland in the Central Sichuan Basin，China. Soil Science Society of America Journal，73（4）：1419-1426.

第9章　长江上游水土流失与面源污染控制对策与建议

9.1　长江上游生态屏障建设的迫切需求

长江流域水、土等资源过度开发，导致长江水环境污染、生态退化问题日益凸显，"长江大保护"已成为长江可持续发展的迫切需求，国家《长江经济带发展规划纲要》强调长江流域"生态优先，绿色发展，共抓大保护，不搞大开发"的战略目标。长江上游流域面积约 105 万 km^2，径流量 4840 亿 m^3，相当于长江河川径流总量（大通站）的 49%，长江上游丰富、质优的水资源不仅滋育了整个长江流域，并且将通过"南水北调"工程供给干旱缺水的北方地区，是名副其实的中华"水塔"。长江上游是我国坡耕地分布最为集中的地区，坡耕地面积约 1.3 亿亩，占全国坡耕地总面积的 41%，占区内耕地面积的 72%。坡耕地是当地农民赖以生存的基础，是区域粮食自给和国家粮食安全的根本保障。传统坡地农业以种植业为主，粮食作物比重大，坡耕地机械化程度低，耕垦劳动强度大、效率低，经济发展滞后；近年来青壮劳力外出打工，耕地荒废，缺乏特色农产品与产业，农村"贫困化""空洞化"态势明显。同时坡耕地耕作粗放，水土流失严重（长江上游年均土壤侵蚀量 14.2 亿 t，其中 60%来自坡耕地），养分流失量高（紫色土坡耕地氮损失高达施肥量的 13.1%，总磷损失 4.3%），造成面源污染问题日益突出（Zhu et al.，2012）。而四川省、重庆市的农业源总氮与总磷负荷分别占区域氮磷污染总负荷的 53%和 57%，说明农业面源污染已成为长江上游水环境的首要污染源，并已导致上游水环境功能退化，阻碍长江上游社会经济可持续发展，并且对三峡库区乃至中下游的水环境、水生态安全造成巨大压力。可见，长江上游绿色发展（水土流失与面源污染减控）、生态屏障建设和保障长江"一泓清水浩荡东流"已成为迫切需求。

9.2　长江上游水土流失与面源污染演变趋势

9.2.1　长江上游土壤侵蚀已得到初步抑制

据 2013 年第一次全国水利普查水土保持情况公报，四川省土壤侵蚀面积下降到不足土地面积的 30%，总体土壤侵蚀强度由 1995 年的中度侵蚀下降到轻度侵蚀，嘉陵江输沙率由 1995 年的 7500t/a 下降到 2011 年的 2530t/a。长江干流泥沙含量也迅速降低，2011 年长江干流朱沱站输沙率较 20 世纪 50 年代下降 84%。可见，长江上游土壤侵蚀总体已得到初步抑制。自 20 世纪 70 年代始，长江上游开展了大规模水土保持生态建设工程，荒山造林与植被恢复取得显著成效，特别是长江上游防护林如"桤柏混交林"等模式的迅速推广，该区森林植被得以迅速恢复，尤其是自 1998 年以来的"退耕还林"、小流域水土流失治理和近期的"山水林田湖草"综合治理等生态屏障建设工程的实施，该区森林覆盖率已上升至 36.4%，流域已基本形成"顶林、腰地、坡果、谷田"的农林镶嵌景观（冯明义和张信宝，2001）。而综合泥沙负荷演变和降水侵蚀力，采用退耦理论研究了长江上游泥沙负荷演变与人类活动的退耦过程和人类活动对泥沙负荷演变的总体贡献（图 9-1）。20 世纪 80 年代中期河流泥沙负荷较大，主要与"一五""大炼钢铁""三线建设"和农村改革前期不稳定因素等密切相关，而 70 年代河流泥沙负荷较小是受"农业学大寨"运动期间大搞农田基本建设和采取"挑沙面土""边沟背沟"等传统水土保持措施的影响，80 年代中期后河流减沙明显，主要受社会经济稳定有序发展、水土保持工程的实施及大兴水库建设等影响（图 9-1）；各流域人类活动对泥沙演变的贡献差别大，金沙江、乌江泥沙负荷减少主要是人类活动所致（韦杰和贺秀斌，2010），人类活动对嘉陵江、岷江和整个长江上游泥沙负荷减少的贡献分别为 91.2%、71.5%和 95.1%。虽然侵蚀泥沙减少的贡献有一些争论，但水利工程建设和水土保持生态建设工程的贡献毋庸置疑（许炯心，2009）。

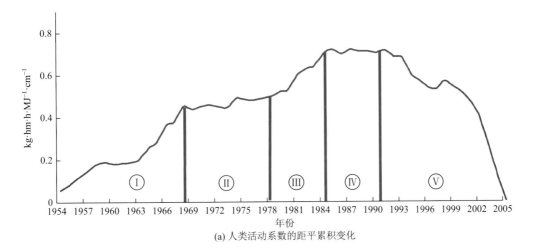

(a) 人类活动系数的距平累积变化

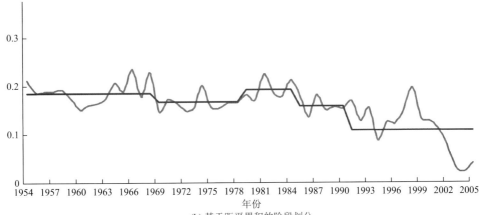

(b) 基于距平累积的阶段划分

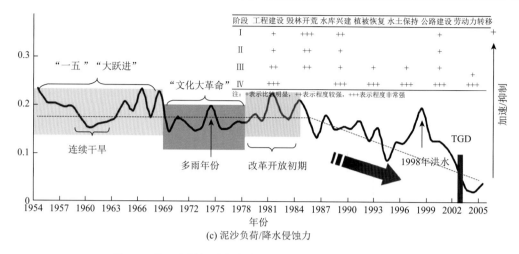

图 9-1　长江上游泥沙负荷变化与人类活动退耦宏观判识图

9.2.2　长江上游面源污染日趋严重

　　长江上游坡耕地面积大，农业生产对化肥投入依赖大，特别是近年来耕地面积减少，农田化肥用量仍持续增加（图 9-2），1990～2014 年化肥用量稳步增长，增幅为 75.2%。2015 年，四川省年使用化肥总量近 300 万 t。而单位面积的化肥投入量也呈增长趋势，以氮肥为例，从 20 世纪 80 年代到 21 世纪初，四川盆地氮肥用量平均从 108kg N/(hm^2·a)增加到 323kg N/(hm^2·a)[1][2]。大量化肥投入虽然对紫色土农业持续高产贡献极大，但因紫色土水土流失严重，存在较大养分损失风险。近期通过盐亭站大型自由排水采集器（Free-drain Lysimeter）的长期监测发现（Zhu et al.，2009），紫色土坡耕地（6.5°）常规小麦-玉米轮作制度下，紫色土年累积损失的氮素为（42.9±5.2）kg/hm^2，约占全年氮肥用量的 13.2%，并且发现紫色土约 90%的氮素主要通过壤中流（淋溶）损失（图 9-3），地表径流与泥沙损失仅占 12%（Zhu et al.，2009），这与农业部门面源污染排污系数监测得到的紫色土坡耕地氮素以地表径流损失为主的结论不同（任天志等，2015）；紫色土磷素损失以泥沙为主，年累积流失量为（1.82±0.35）kg/hm^2，约占磷肥施用量的 4.2%（图 9-3）。据此计算，长江上游紫色土坡耕地的农田氮素面源污染负荷为 9.72 万 t，农田磷面源污染负荷为 0.51 万 t。而生态环境部、国家统计局、农业农村部近期发布的《第二次全国污染源普查公报》显示，四川省农业源贡献的总氮、总磷负荷分别占 40.2%、58.4%（中华人民共和国生态环境部等，2020），面源污染问题日益突显，已从过去的局部向区域、流域发展，导致川中丘陵区地下水硝酸盐超标，严重影响当地群众身体健康（川中丘陵区高达 0.6%食道癌致病率，远高于全国平均水平 0.2%），溪流河水难以满足水环境功能（III类水），对长江流域水环境、水生态安全造成巨大压力。因此，面源污染伴随水土流失而生，尽管水土流失已得到抑制，但面源污染已成为长江上游新时期亟待解决的生态环境退化问题。

---

① 四川统计年鉴. 2000～2011.

② 重庆统计年鉴. 2000～2011.

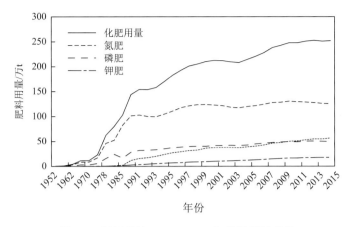

图 9-2　四川盆地 1952～2015 年化肥用量变化

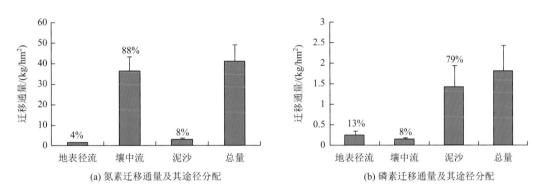

(a) 氮素迁移通量及其途径分配　　　　　　　(b) 磷素迁移通量及其途径分配

图 9-3　紫色土坡地氮磷迁移路径与通量

9.2.3　长江上游水土流失与面源污染控制的主要问题

1. 局部区域水土流失形势仍然严峻

金沙江中上游、嘉陵江上游处于地形急变带，坡陡谷深，泥石流、滑坡等重力侵蚀发育，高寒地区冻融侵蚀频发，加之近年来横断山区工程建设力度加大，如矿山开采、公路铁路和水电建设等导致的新增工程侵蚀略有增加。此外，据水利部门监测，金沙江、嘉陵江中上游水沙均有一定程度的增加，局部区域水土流失加剧。但总体而言，长江上游土壤侵蚀呈现出面积持续减少、强度明显下降等特点。未来长江上游土壤侵蚀治理重心应从综合治理转向生态调控，以提升生态功能为主，寻求土壤侵蚀防治与农业高效生产、环境可持续发展的协同途径（史志华等，2020）。

2. 面源污染问题凸显，控制成效不佳

随着城市生活污水与工业污染治理力度不断加大，污水处理终端的建设和诸多水环境治理工程的实施，点源污染逐渐得到控制，但面源污染治理仍面临巨大挑战，成为流域水环境治理的难点（Ongley et al.，2010；Guo et al.，2019）。面源污染来源广、迁移过程复杂，加之其随机性、不确定性，导致人们对其水污染机理认识不清。城镇面源与农业面源混杂，种植业、养殖业、农村生活污染在小流域共存，导致面源污染过程的复杂性和治理难度加大。传统的面源污染防控更多地从"源头"做工作，注重种植业的减量与水土保持，也取得了重要进展（张福锁等，2006；Cui et al.，2018），但由于长江上游坡耕地土层薄，土壤水肥保蓄困难，加之岩性土特有的优势流发育，种植业通过淋溶或优势流排出的污染物难以控制。此外，城镇面源污染、农村分散生活污染以及复合面源污染治理进展缓慢，面源污染防控任重道远。

3. 水土流失与面源污染防控的科技支撑有待加强

长江上游水土流失与面源污染治理尽管取得了重要进展，但在新时期全球变化、侵蚀环境变化与社会经济发展的需求下，本学科仍然面临诸多科学技术问题。水土流失与面源污染过程与机理方面，针对长江上游复杂侵蚀环境下的坡面水文、侵蚀产沙和径流、泥沙与污染物耦合迁移过程及相应机制尚不明晰，特别是长江上游优势流驱动的径流、泥沙与污染物协同作用过程与机理有待深入理解；流域景观异质性引起的坡面侵蚀、流域产沙及污染物传输间非线性变化规律和作用机制仍不清楚，径流、泥沙与面源污染在生态系统、景观和流域多尺度效应及其流域过程模型有待发展（冷疏影等，2004）；水土保持与面源污染措施配置方面，理论研究滞后于生产实践需求；规模化农业开发中生态、生产与生活功能协同运行机制不完善；水土保持与污染治理措施的减控效果的变化规律及其影响因素仍不清楚，水土流失与面源污染治理精准评价的技术与方法体系不健全（Gao et al.，2018）。尤其长江上游的水土流失与面源污染研究起步较晚，同步、系统和连续多尺度观测研究不多，导致水土流失与面源污染的关键源和污染路径识别困难，宏观上评估缺乏适合方法与标准等问题更为突出，水土流失与面源污染防控的科技支撑有待进一步强化。

4. 面源污染管控、治理的政策与法规缺失

面源污染的有效治理和控制，不仅是一个技术问题，更是政治、体制、经济问题。因此，这就需要政府在理论研究的基础上，制定具体的管理计划和措施，建立相应的法律、法规，经济、环境和社会效益协调一致，发挥政府的管理职能并实施这些具体可行的政策是面源污染治理的关键。

9.3　长江上游水土流失与面源污染控制的对策建议

水土流失与面源污染防控是十分复杂的生态环境问题，它涉及污染源、污染机制、尺度效应与监督管控等多方面问题，非常具有挑战性，特别是在面源污染的污染源识别、污染负荷的模型估算、风险的空间识别、入水体（河）负荷、面源污染治理关键技术监督管理等方面需要系统突破，特建议开展以下重点工作。

1. 强化水土流失与面源污染的协同监测

建立规范、标准的面源污染监测方法，加快实施行政区、流域的水土流失与面源污染

监测规划，构建完善的天地一体化监测网络。加强水土流失与农业面源遥感识别、入水体浓度与通量监测、受纳水体水质和流量监测，制定统一的农业面源监测技术规范，逐步构建长江上游流域水土流失与面源污染天地一体化监测"一张网"。利用高分遥感监测技术，对小城镇、农田、养殖点、农村居民点等典型污染源开展时空遥感动态监测。优先在高风险地区，设置对照断面和控制断面，加强对暴雨、汛期等重点时段和农田退水、农村生活集聚区和养殖集聚区等区域的监测。尽快查明多类型种植业（粮食、蔬菜、果园）面源污染和分散养殖、居民点造成的面源污染物来源、输移特征和输出负荷及其对水环境的影响，获取面源污染排污系数、入河系数及其空间特征。

2. 水土流失与面源污染风险的空间识别与精准评估

利用水土流失与面源污染长期监测数据，在充分理解生态系统、集水区与流域多尺度水文、泥沙与面源污染迁移、传输过程与机理基础上，集成、研发流域生态水文-侵蚀过程模型，并与碳氮磷生物地球化学模型耦合，构建流域水土流失与面源污染耦合模型；进一步结合地理信息系统和数字地理模型，建立水土流失与面源污染数据管理信息系统和环境风险评估方法、标准与指标体系以及风险识别的方法与技术手段，提出长江上游江河源区、低山丘陵区、主要农区（成都平原、盆地丘陵区、山地农业区）和城乡统筹区的水土流失与面源污染风险管控与防治分区规划，为有效管理、监督和防治水土流失与面源污染提供科技支撑。

3. 水土流失与面源污染流域最佳管理技术体系

重点突破种植业、分散养殖污染和分散居民点生活污染源头治理相关的经济实用、简易高效的关键技术，集成研发作物搭配与水土保持、径流调控等技术的生态、经济适应性，在农业、农村水土流失与面源污染源头控制技术体系基础上，加强流域全程控制系统的研究；依据土地消纳能力，合理确定养殖规模，推动种养循环，实现种植业、养殖业、居民点及流域面源污染协同控制；进一步发展基于自然净化机理（NBS）的泥沙与面源污染物过程拦截、生态阻控技术，经过多种土地利用的组装和集成，评估其生态、经济和环境的适应性，构建"源头减量—循环利用—过程拦截—末端治理"全流域防控技术体系，积极推进长江上游特色农产品优势区建设，建立生态高值农业示范区，实现重要农产品和特色农产品向资源环境较好、生态系统稳定的优势区集中，构建、完善面向流域的面源污染最佳管理技术体系，实现长江上游流域生态清洁与河流健康。

4. 面源污染控制的法规与管理条例

研究面源污染来源、负荷、效应及其管控对区域或流域生态、经济、环境和社会的影响，经过统计分析和模型评估，健全法律法规政策标准规范。完善水土流失与面源污染防治、农业生态环境保护法规，制定完善肥料管理、农业用水等对农业面源污染有重大影响的行政法规，细化用水、化肥、农药实施细则，推动合理灌溉、施用化肥、喷洒农药等环境友好的农业生产方式。适时评估农业面源污染防治相关政策标准执行情况，完善政策顶层设计，健全监督监测技术方法标准规范。在农业面源污染防治实施方案、农田退水、水产养殖尾水治理等方面,指导各地因地制宜完善政策与标准规范。执行农田灌溉水质标准,防止污染土壤、地下水和农产品。规范突发环境事件应急管理工作,防止在处理事故过程中,将废水、废液直接排入农田。研究制定水土流失与面源污染防治绩效考核办法,明确考核范围、指标、内容、方式等。以《第二次全国污染源普查公报》为基础,补充摸底调查数据,确定绩效考核基量。以化肥农药施用量、高风险控制单元数量比例、畜禽粪污综合利用率等指标为重点,对农业面源污染防治前后进行效果评估,作为绩效考核的主要依据。

参 考 文 献

冯明义, 张信宝. 2001. 川中丘陵区生态恢复与重建初步研究. 山地学报, 19: 148-151.

冷疏影, 冯仁国, 李锐, 等. 2004. 土壤侵蚀与水土保持科学重点研究领域与问题. 水土保持学报, 18 (1): 1-6, 26.

任天志, 刘宏斌, 范先鹏, 等. 2015. 全国农田面源污染排放系数手册. 北京: 中国农业出版社.

史志华, 刘前进, 张含玉, 等. 2020. 近十年土壤侵蚀与水土保持研究进展与展望. 土壤学报, 57 (5): 1117-1127.

韦杰, 贺秀斌. 2010. 人类活动对嘉陵江流域泥沙负荷的影响. 长江流域资源与环境, 19 (2): 196-201.

许炯心. 2009. 长江上游干支流近期水沙变化及其与水库修建的关系. 山地学报, 27 (4): 385-393.

张福锁, 马文奇, 陈新平. 2006. 养分资源综合管理理论与技术概论. 北京: 中国农业大学出版社.

中华人民共和国生态环境部, 国家统计局, 中华人民共和国农业农村部. 2020. 第二次全国污染源普查公报.

Cui Z L, Zhang H Y, Chen X P, et al. 2018. Pursuing sustainable productivity with millions of smallholder farmers. Nature, 555 (7696): 363-366.

Gao G Y, Fu B J, Zhang J J, et al. 2018. Multiscale temporal variability of flow-sediment relationships during the 1950s—2014 in the Loess Plateau, China. Journal of Hydrology, 563: 609-619.

Guo C, Chen Y, Xia W, et al. 2019. Eutrophication and heavy metal pollution patterns in the water suppling lakes of China's south-to-north water diversion project. Science of the Total Environment, 711: 134543.

Ongley E D, Zhang X, Yu T. 2010. Current status of agricultural and rural non-point source pollution assessment in China. Environmental Pollution, 158 (5): 1159-1168.

Zhu B, Wang T, Kuang F, et al. 2009. Measurements of nitrate leaching from a hillslope cropland in the Central Sichuan Basin, China. Soil Science Society of America Journal, 73 (4): 1419-1426.

Zhu B, Wang Z, Wang T, Dong Z. 2012. Non-point-source nitrogen and phosphorus loadings from a small watershed in the Three Gorges Reservoir area. Journal of Mountain Science, 9 (1): 10-15.

索　引

附　图

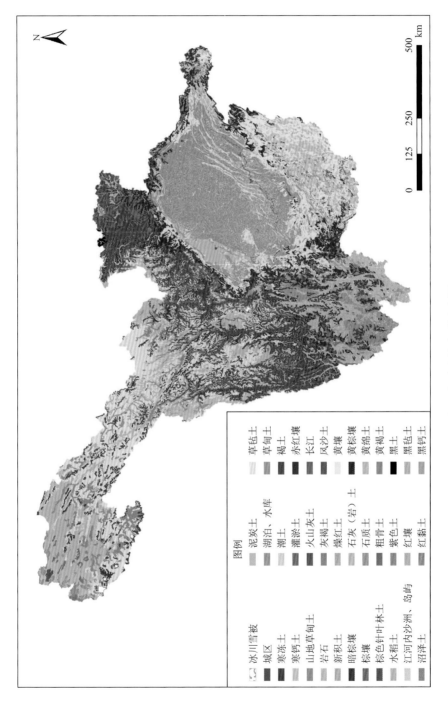

图例

冰川雪被	泥炭土	草毡土
城区	湖泊、水库	草甸土
寒冻土	潮土	褐土
寒钙土	灌淤土	赤红壤
山地草甸土	火山灰土	长江
岩石	灰褐土	风沙土
新积土	燥红土	黄壤
暗棕壤	石灰（岩）土	黄棕壤
棕壤	石质土	黄绵土
棕色针叶林土	粗骨土	黄褐土
江河内沙洲、岛屿	紫色土	黑土
沼泽土	红壤	黑毡土
	红黏土	黑钙土

长江上游土壤类型分布图